STATISTIQUE INTERNATIONALE

DE L'AGRICULTURE

STATISTIQUE INTERNATIONALE

STATISTIQUE INTERNATIONALE

DE L'AGRICULTURE

RÉDIGÉE ET PUBLIÉE

PAR LE SERVICE DE LA STATISTIQUE GÉNÉRALE DE FRANCE

(MINISTÈRE DE L'AGRICULTURE ET DU COMMERCE)

NANCY

IMPRIMERIE ADMINISTRATIVE DE BERGER-LEVRAULT ET Cie

11, RUE JEAN-LAMOUR, 11

MDCCCLXXVI

PRÉFACE

Par une décision du congrès international de statistique de La Haye, de 1869, confirmée en 1872 au congrès de Saint-Pétersbourg, la France a été chargée de dresser une statistique internationale de l'agriculture.

Immédiatement après la clôture du congrès de Saint-Pétersbourg, le service de la Statistique générale de France se mit en mesure d'exécuter cette décision, et son premier soin fut de rédiger un questionnaire où devaient figurer, dans un ordre méthodique, les éléments à recueillir. Il avait été entendu que la France aurait, pour la rédaction de son questionnaire, la liberté réservée à chaque État pour la préparation des statistiques internationales. Pénétrés, d'ailleurs, des difficultés de notre tâche, nous nous sommes abstenus d'entrer dans des détails sur lesquels l'interrogation eût été embarrassante, et nous nous sommes bornés à demander les chiffres les plus essentiels, à la seule condition que ces chiffres fussent présentés sous la même forme et ramenés aux mesures métriques, pour être comparables entre eux.

Notre programme, établi dans cet esprit, se réduit à quatre objets principaux, savoir :

1° Les superficies cultivées et non cultivées ;

2° Les produits des diverses cultures rapportées aux surfaces qu'elles occupent ;

3° Les animaux de ferme considérés comme produits et comme instruments de travail ;

4° Les systèmes d'exploitation, les procédés de culture et l'outillage agricole.

Ces quatre parties de notre statistique agricole se divisent ainsi :

La première, qui a pour but la connaissance du *territoire agricole,* se subdivise en trois sections comprenant : 1° les terres labourables (céréales, farineux, cultures potagères et maraîchères, cultures industrielles, prairies artificielles et fourrages annuels, jachères mortes et cultures non dénommées) ; 2° les autres superficies productives, savoir : vignes, bois et forêts, prairies naturelles et vergers, pâturages et pacages, que nous avons nettement distingués des terres incultes ; 3° les terres incultes, montagnes, rochers, etc.

Dans la seconde partie, consacrée aux *produits des cultures,* nous nous sommes bornés à demander, relativement aux céréales et autres farineux, aux plantes oléagineuses et textiles, aux betteraves et généralement à toutes les plantes industrielles, telles que le tabac, la garance, le safran, la chicorée, etc., trois renseignements essentiels, savoir : le nombre d'hectares cultivés, la quantité de semence employée par hectare, le produit moyen de la récolte par hectare ensemencé, en réservant, s'il y a lieu, pour un travail ultérieur, ce qui concerne le prix moyen et la valeur de ces produits. Quant aux cultures potagères et maraîchères, pour éviter les complications qui résulteraient de la grande variété des produits récoltés, on a simplement demandé la valeur en francs produite par la récolte moyenne d'un hectare. Pour les prairies artificielles, les fourrages annuels et pour les prairies naturelles, on s'est contenté de l'indication de la superficie et du rendement par hectare. Pour les pacages et pâturages, dont le produit est si aléatoire, nous n'avons demandé que la superficie exploitée.

La troisième partie comprend, dans un premier tableau, le nombre des *animaux domestiques* des diverses espèces, et, dans le second, le nombre des animaux livrés à la boucherie, leur poids brut et leur rendement en viande.

La quatrième partie, qui se rapporte à l'*économie rurale,* c'est-à-dire aux divers systèmes d'exploitation du sol, aux procédés de culture et à l'outillage agricole, devait, nous le savions, offrir de sérieuses difficultés, et c'est pourquoi nous avions réduit notre questionnaire à ses éléments les plus simples.

Les renseignements demandés sur ces divers points devaient se rapporter à l'année 1873 ; mais, pour nous rendre compte de la situation normale de l'agriculture de chaque pays, nous avons jugé à propos de faire consigner dans les colonnes ouvertes à cet effet, les résultats d'une *année moyenne* calculés sur les cinq dernières années (de 1869 à 1873 inclusivement).

Dès le mois de novembre 1872, des exemplaires de notre questionnaire ont été envoyés aux préfets des départements français et aux directeurs des bureaux de statistique de tous les États étrangers. Grâce au zèle et au travail intelligent des commissions cantonales et des administrations préfectorales, les réponses des départements français ont été généralement assez pertinentes et précises pour nous permettre d'établir, sous la forme de tableaux réguliers, la situation agricole de notre pays. Mais le résultat est loin d'avoir été aussi satisfaisant pour la plupart des États étrangers; le royaume des Pays-Bas est le seul dont la statistique agricole ait été rédigée suivant nos modèles. Ce travail remarquable est l'œuvre du savant M. de Baumhaüer.

Nous avons divisé les différents États interrogés par nous en quatre catégories, selon le degré d'exactitude de leurs réponses à notre programme :

1° Ceux qui l'ont rempli à peu près complétement;

2° Ceux qui ne l'ont rempli que d'une manière imparfaite;

3° Ceux qui, sans répondre directement au questionnaire, nous ont adressé des renseignements utiles;

4° Ceux qui se sont abstenus de toute participation à notre travail.

En dehors de la France et de la Hollande, sur les vingt-six États de l'Europe auxquels nous avons adressé notre questionnaire, on peut considérer comme ayant fourni des réponses à peu près complètes, la Norvége, le Danemark, la Finlande, la Bavière, le Wurtemberg, la Saxe-Royale, Bade, Hesse-Darmstadt, Saxe-Altenbourg, Saxe-Weimar, la Hongrie et la Roumanie.

Nous avons reçu des données incomplètes de la Suède, qui a confondu en un seul total toutes les céréales; de la Grande-Bretagne, qui n'a donné, en fait de cultures, que les superficies, sans faire connaître ni la semence ni le produit moyen.

Nous n'avons obtenu aucune réponse des États suivants: l'Autriche, la Prusse, la Russie, la Suisse, l'Italie, l'Espagne, le Portugal, la Turquie, la Grèce et la Serbie. Nous avons espéré jusqu'au dernier moment que la Russie, dont les travaux de statistique agricole ont été remarqués au congrès de géographie tenu l'an dernier à Paris, nous enverrait des documents qui, d'après des promesses formelles, devaient nous être adressés vers la fin de l'année 1875. La Prusse a déclaré que les éléments d'une statistique agricole du royaume n'avaient pas, jusqu'alors, été réunis ; elle annonçait néanmoins l'envoi prochain d'un dénombrement des bestiaux. Le bureau fédéral suisse a fait connaître qu'il n'était pas en mesure de répondre à notre programme. « Tous les renseignements que nous possédons sur ce point se rap- « portent, dit-il, à l'éducation du bétail et à l'entretien des pâturages « dans les Alpes, et la plupart des cantons sont encore privés de ca- « dastre. On estime les terres d'une manière approximative et en se « servant d'une manière fictive, par exemple de l'*ouvrée* pour la vigne, « du *Kuhrecht* pour le pâturage. » La statistique agricole n'ayant jamais été dressée en Espagne, l'Institut géographique a fait une tentative pour obtenir des réponses même incomplètes à notre questionnaire ; mais les événements politiques l'ont fait échouer. L'Autriche a pensé qu'il y avait lieu de subordonner la confection d'une statistique internationale agricole aux résolutions que la commission permanente de statistique de Stockholm pourrait provoquer à ce sujet dans le congrès de statistique de Buda-Pesth. Enfin, l'Italie a fait savoir qu'elle n'avait point de statistique agricole organisée et ne pouvait satisfaire à nos demandes. Elle a, toutefois, produit depuis un travail isolé de recensement du bétail.

Les États-Unis nous ont adressé un rapport étendu, qui, sans répondre directement à nos questions, nous a fourni des informations intéressantes sur la situation agricole de l'Union. Le Canada nous a envoyé quatre volumes du dernier *Census*, où nous avons puisé un grand nombre de renseignements du plus haut intérêt. Enfin, les colonies anglaises d'Australie nous ont fait parvenir des documents qui ont pu être complétés au moyen de statistiques locales.

Ces documents, ainsi mis en œuvre, ont été placés à la suite d'observations communiquées par des départements français et par des gouvernements étrangers ; ils forment une série d'annexes importantes du travail statistique proprement dit que nous publions aujourd'hui.

Le présent volume se compose :

1° D'une *introduction* générale, où sont résumés et comparés entre eux les résultats constatés ;

2° De *tableaux* présentant la situation agricole de la France et celle de la Hollande, et de *tableaux récapitulatifs* concernant les divers États de l'Europe et les États-Unis d'Amérique ;

3° De *notices agricoles*, soit générales, soit locales, sur divers pays de l'Europe, de l'Amérique et de l'Océanie.

Une *table analytique* des matières marque nettement les divisions de ce volume, qui se termine par une *table alphabétique*, destinée à faciliter les recherches de ceux qui voudront le consulter.

Nous avons fait tous nos efforts pour tirer le meilleur parti des documents, trop peu nombreux à notre gré, qu'il nous a été donné de recueillir, et nous avons la conscience de n'avoir rien négligé pour remplir, dans ces conditions, la tâche confiée à la Statistique française par les congrès de 1869 et de 1872.

TABLE DES MATIÈRES

TABLEAUX RÉCAPITULATIFS PAR DÉPARTEMENT.

Première section. — TERRITOIRE.

Deuxième section. — PRODUIT DES CULTURES.

Troisième section. — Animaux domestiques.

Quatrième section. — Économie rurale.

II. — HOLLANDE (Statistique agricole de la).

RÉSUMÉS GÉNÉRAUX PAR PROVINCE.

III. — DOCUMENTS AGRICOLES

RELATIFS AUX DIVERS ÉTATS DE L'EUROPE.

IV. — DOCUMENTS RELATIFS AUX ÉTATS-UNIS.

TROISIÈME PARTIE. — NOTICES AGRICOLES SUR DIVERS PAYS.

I. — FRANCE.

Chapitre Ier. — *Renseignements généraux.*

Chapitre II. — *Renseignements particuliers par département.*

II. — HOLLANDE.

Chapitre Ier. — *Renseignements généraux.*

Chapitre II. — *Renseignements particuliers par province.*

III. — AUTRES ÉTATS D'EUROPE.

IV. — AUSTRALIE.

V. — ÉTATS-UNIS.

VI. — CANADA.

PREMIÈRE PARTIE

INTRODUCTION

INTRODUCTION

CHAPITRE PREMIER

TERRITOIRE AGRICOLE

I. — *France.*

Depuis 1840, date de la première enquête agricole entreprise par le service de la Statistique générale de France, le territoire de notre pays a éprouvé des modifications qu'il est utile de rappeler.

Jusqu'en 1860, la surface des 86 départements qui formaient la France proprement dite a été évaluée à 52,769 mille hectares.

A la suite de l'annexion de la Savoie et du comté de Nice, le nombre des départements s'est élevé à 89. Après avoir pris soin de rectifier les chiffres afférents à ces nouveaux territoires, nous croyons pouvoir porter à 54,355 mille hectares l'étendue totale de notre pays à cette époque.

En 1871, en vertu du traité de Francfort, la France a perdu le département du Bas-Rhin en entier, presque tout le Haut-Rhin, et une partie plus ou moins importante des départements de la Meurthe, de la Moselle et des Vosges, en sorte que sa contenance se trouve actuellement réduite à 52,905 mille hectares, superficie à peu près égale à celle qu'elle occupait avant 1860.

Avant de dire quelle est, par nature de culture, l'étendue du territoire agricole de la France, il ne sera pas sans intérêt de la comparer, en procédant par grandes divisions, à celle qui lui a été attribuée lors des trois précédentes enquêtes, en 1840, 1852 et 1862.

Toutefois, nous ne pouvons donner le tableau de ces variations sans faire une observation préalable sur les pacages et pâturages, comme aussi sur les terres absolument incultes. Jusqu'en 1862 inclusivement, les pacages et pâturages avaient été confondus avec les landes et les bruyères et compris, par conséquent, dans les terres incultes; mais ces terres incultes paraissent n'avoir pas été relevées en totalité. En 1873, au contraire, le questionnaire a prescrit de donner l'évaluation aussi exacte que possible des terres incultes proprement dites, en les séparant des pacages et pâturages. Il y aurait donc lieu de craindre que les résultats relevés à ces quatre époques ne fussent pas parfaitement comparables entre eux, si l'on n'avait le soin de laisser de côté à la fois les pâturages et les terres incultes.

Cette réserve faite, nous avons pu établir, ainsi qu'il suit, pour les quatre années considérées, la répartition du territoire productif de la France :

ÉTENDUE COMPARÉE DU TERRITOIRE PRODUCTIF (en milliers d'hectares).

DIVISIONS DU TERRITOIRE.	1840.	1852.	1862.	1873.
Céréales et farineux	16,253	17,123	17,763	16,997
Autres cultures	1,050	1,100	1,223	1,316
Prairies artificielles et fourrages	1,831	2,858	3,159	3,095
Jachères	6,783	5,705	5,148	4,863
Terres labourables	25,917	26,786	27,293	26,301
Prairies naturelles et vergers	4,198	5,057	5,021	4,224
Vignes	1,972	2,191	2,321	2,583
Bois et forêts	8,436	8,600	9,035	8,357
Autres terrains productifs	14,606	15,848	16,377	15,164
Total du territoire productif (pâturages non compris)	40,523	42,634	43,670	41,465
Territoire général de la France	52,769		54,855	52,905

En rapportant ces diverses superficies au territoire total du pays, on obtient les chiffres suivants :

ÉTENDUE PROPORTIONNELLE DU TERRITOIRE PRODUCTIF (par kilomètre carré).

DIVISIONS DU TERRITOIRE.	1840.	1852.	1862.	1873.
Céréales et farineux	30,7	32,5	32,6	32,1
Autres cultures	2,0	2,1	2,2	2,5
Prairies artificielles et fourrages	3,5	5,4	5,8	5,8
Jachères	12,9	10,8	9,5	9,2
Terres labourables	49,1	50,8	50,1	49,6
Prairies naturelles et vergers	7,9	9,6	9,2	8,0
Vignes	3,8	4,1	4,3	4,9
Bois et forêts	16,0	16,3	16,6	15,8
Autres terrains productifs	27,7	30,0	30,1	28,7
Rapport du territoire productif (pâturages non compris) au territoire total	76,8	80,8	80,2	78,3

A la seule inspection de ces rapports, on voit que l'étendue de notre territoire productif n'a subi que peu de changements. Si, en effet, il y a eu progrès sensible de 1840 à 1852, ce progrès s'est trouvé atténué en 1862 par l'annexion de départements relativement peu fertiles. Quant à la décroissance constatée en 1873, elle peut être imputée presque exclusivement à la perte des départements alsaciens-lorrains, qui, au point de vue agricole, étaient classés au premier rang.

Toutefois, si l'on considère les périodes extrêmes, on constate qu'il y a eu une augmentation considérable dans les étendues affectées aux prairies artificielles, aux vignes et aux autres cultures (désignation dans laquelle on comprend les cultures maraîchères et les plantes industrielles), tandis qu'on ne remarque que des variations peu sensibles dans les superficies occupées par les céréales [1], les prairies naturelles, les pacages et les forêts. On constate de plus que l'étendue en jachères tend de plus en plus à diminuer.

II. — *Comparaisons internationales.*

Comparons maintenant la France aux États étrangers :

On trouvera à la page 96, un tableau faisant connaître, par nature de culture, la répartition du territoire agricole de 20 États européens. Dans cette répartition on a compris non-seulement les pacages et pâturages, mais encore les terres incultes, lesquelles, ajoutées aux terres labourables et aux autres terrains productifs, constituent ce que nous appelons le territoire agricole.

C'est à ce territoire et non plus au territoire total, comme on a dû le faire dans les tableaux précédents, que nous avons rapporté les diverses superficies exploitées. La comparaison ainsi faite, en effet, permet de ne pas tenir compte des inégalités, souvent très-considérables, que présentent les divers pays au point de vue des superficies des lacs et cours d'eau, voies de communications de toute espèce et propriétés bâties.

RÉPARTITION PROPORTIONNELLE DU TERRITOIRE AGRICOLE.

DÉSIGNATION DES ÉTATS.	TERRES LABOURABLES.						AUTRES TERRAINS PRODUCTIFS.				TOTAL du territoire exploité.	TERRES incultes.
	Céréales et farineux	Cultures potagères et maraîchères.	Cultures industrielles.	Prairies artificielles et fourrages annuels.	Jachères.	TOTAL.	Prairies naturelles et pâturages.	Vignes.	Bois et forêts.	TOTAL.		
Grande-Bretagne.	21,3	0,1	0,2	15,9	1,5	39,0	27,9	»	4,7	32,6	71,6	28,4
Irlande	15,3	»	0,7	12,5	0,1	28,6	56,3	»	1,7	58,0	86,6	13,4
Danemark. . . .	40,1	0,2	0,3	0,9	8,6	50,1	37,7	»	6,4	44,1	94,2	5,8
Norvége	0,7	»	»	1,3	0,1	2,1	1,9	»	24,0	25,9	28,0	72,0
Suède	3,4	0,1	0,1	1,6	0,8	6,0	4,8	»	41,5	46,3	52,3	47,7
Finlande.	1,4	0,1	0,1	»	0,7	2,3	5,6	»	61,3	66,9	69,2	30,8
Autriche.	26,1	0,5	0,1	4,5	0,2	31,4	28,3	0,8	32,6	61,7	93,1	6,9
Hongrie	26,5	»	1,1	1,0	7,3	35,9	25,4	1,4	27,1	53,9	89,8	10,2
Bavière	28,7	0,9	1,1	4,9	6,4	42,0	19,6	0,3	32,2	52,1	94,1	5,9
Saxe-Royale . . .	33,0	1,5	1,4	13,5	2,8	52,2	14,7	0,1	28,9	43,7	95,9	4,1
Wurtemberg. . .	31,5	0,4	1,9	6,6	4,7	45,1	20,3	1,0	32,2	53,5	98,6	1,4
Duchés allemands [2]	30,5	0,5	2,8	11,6	2,3	47,7	14,5	1,1	33,2	48,8	96,5	3,5
Hollande.	23,0	0,8	2,2	6,1	0,7	32,8	37,0	»	7,2	44,2	77,0	23,0
Belgique.	43,7	2,3	4,3	7,2	2,0	59,5	13,8	»	16,8	30,6	90,1	9,9
France.	34,7	1,0	1,8	6,3	9,9	53,7	15,0	5,3	17,0	37,3	91,0	9,0
Portugal.	13,5	0,6	1,0	0,1	8,3	23,5	22,7	2,5	8,1	33,3	56,8	43,2
Roumanie	25,3	1,5	0,8	»	1,7	29,3	21,3	0,8	16,9	39,0	68,3	31,7
						100,00						

Si, laissant de côté les terres incultes, on n'a égard qu'au territoire agricole exploité (terres labourables et autres terrains productifs), on obtient les rapports ci-après :

1. La superficie céréale a augmenté, en 30 ans, de moins de 5 p. 100.

2. On a compris sous la rubrique : *Duchés allemands*, les États de Bade, Hesse-Darmstadt, Saxe-Weimar et Saxe-Altenbourg.

RÉPARTITION PROPORTIONNELLE DU TERRITOIRE PRODUCTIF.

DÉSIGNATION DES ÉTATS.	TERRES LABOURABLES.						AUTRES TERRAINS PRODUCTIFS.			
	Céréales et farineux.	Cultures potagères et maraîchères.	Cultures industrielles.	Prairies artificielles et fourrages annuels.	Jachères.	TOTAL.	Prairies naturelles et pâturages.	Vignes.	Bois et forêts.	TOTAL.
Grande-Bretagne	29,8	0,1	0,2	22,2	2,1	54,4	39,0	»	6,6	45,6
Irlande	17,7	»	0,8	14,4	0,1	33,0	65,0	»	2,0	67,0
Danemark	42,6	0,2	0,3	1,0	9,1	53,2	40,0	»	6,8	46,8
Norvége	2,5	»	»	4,6	0,4	7,5	6,7	»	85,8	92,5
Suède	6,5	0,2	0,2	3,0	1,5	11,4	9,2	»	79,4	88,6
Finlande	2,1	0,1	0,1	»	1,0	3,3	8,1	»	88,6	96,7
Autriche	28,0	0,5	0,1	4,9	0,2	33,7	30,4	0,8	35,1	66,3
Hongrie	29,5	»	1,3	1,1	8,1	40,0	28,4	1,4	30,2	60,0
Bavière	30,5	1,0	1,2	5,2	6,8	44,7	20,8	0,3	34,2	55,3
Saxe-Royale	34,4	1,5	1,5	14,1	2,9	54,4	15,3	0,1	30,2	45,6
Wurtemberg	31,9	0,4	1,9	6,7	4,8	45,7	20,6	1,0	32,7	54,3
Duchés allemands	31,6	0,5	2,9	12,0	2,5	49,5	15,0	1,2	34,3	50,5
Hollande	29,8	1,0	2,9	7,9	0,9	42,5	48,1	»	9,4	57,5
Belgique	48,5	2,6	4,8	8,0	2,2	66,1	15,3	»	18,6	33,9
France	38,2	1,1	1,9	6,9	10,9	59,0	16,5	5,8	18,7	41,0
Portugal	23,7	1,1	1,7	0,2	14,6	41,3	39,9	4,6	14,2	58,7
Roumanie	37,0	2,2	1,2	»	2,5	42,9	31,2	1,2	24,7	57,1
	100,00									

On conclut de ce tableau que les pays qui renferment le plus de terres labourables sont, par ordre d'importance décroissante, la Belgique, la France et la Grande-Bretagne ; tandis que ceux qui, toute proportion gardée, contiennent le plus de terrains productifs, en dehors des terres labourables, sont, par suite de l'étendue de leurs forêts, la Finlande, la Norvége et la Suède.

En ce qui concerne les céréales et farineux, la Belgique tient le premier rang ; viennent ensuite le Danemark, la France et la Roumanie. La Belgique est également le pays qui cultive le plus de plantes potagères et maraîchères. Pour les cultures industrielles, le maximum se trouve en Hollande et dans les duchés allemands ; les prairies artificielles dominent dans la Grande-Bretagne et l'Irlande. Quant aux jachères, auxquelles les prairies artificielles tendent à se substituer dans les pays à culture intensive, c'est le Portugal et ensuite la France qui en offrent la plus grande proportion.

Si l'on considère les terrains productifs autres que les terres labourables, c'est-à-dire les prairies naturelles, les vignes, les bois et les forêts, on trouve que les prairies naturelles dominent en Irlande et dans la Grande-Bretagne ; les vignes en France, en Portugal, en Hongrie et en Roumanie ; et les bois et forêts en Finlande, en Norvége et en Suède. A l'égard de ces derniers, la France est au même rang que la Belgique ; il y a, au contraire, peu de forêts en Irlande, ainsi que dans le Danemark, la Grande-Bretagne et la Hollande.

On peut vouloir se rendre compte de l'étendue fourragère complète afférente aux différents États. A ce point de vue, le tableau ci-dessus permet de les classer ainsi :

RAPPORT DES PRAIRIES DE TOUTE NATURE AU TERRAIN PRODUCTIF.

Irlande	79,4	Wurtemberg	27,8
Grande-Bretagne	61,2	Duchés allemands	27,0
Hollande	56,0	Bavière	26,0
Danemark	41,0	France	23,4
Portugal	40,2	Belgique	23,3
Autriche	35,3	Suède	12,2
Roumanie	31,2	Norvége	11,3
Hongrie	29,5	Finlande	8,1
Saxe-Royale	29,4		

Nous rechercherons plus loin si, en ce qui concerne l'importance du bétail dans chaque pays, les faits ne fournissent pas un classement analogue.

Il nous paraît utile, avant de passer aux produits des cultures, de déterminer séparément, dans le tableau des superficies productives, la répartition proportionnelle des terres labourables et celle des autres terrains productifs.

Cette comparaison nous fournit les rapports ci-après :

RÉPARTITION SÉPARÉE DES TERRES LABOURABLES ET DES AUTRES TERRAINS PRODUCTIFS.

DÉSIGNATION DES ÉTATS.	TERRES LABOURABLES.						AUTRES TERRAINS PRODUCTIFS.			
	Céréales et farineux.	Cultures potagères et maraîchères.	Cultures industrielles.	Prairies artificielles et fourrages annuels.	Jachères.	TOTAL.	Prairies naturelles et pâturages	Vignes.	Bois et forêts.	TOTAL.
Grande-Bretagne	54,8	0,2	0,4	40,8	3,8	100,0	85,5	»	14,5	100,0
Irlande	53,7	»	2,4	43,6	0,3	100,0	97,0	»	3,0	100,0
Danemark	80,0	0,4	0,5	2,1	17,0	100,0	85,5	»	14,5	100,0
Norvége	33,2	»	»	61,3	5,5	100,0	7,2	»	92,8	100,0
Suède	57,0	1,8	1,7	26,3	13,2	100,0	10,4	»	89,6	100,0
Finlande	63,7	3,0	3,0	»	30,3	100,0	8,3	»	91,7	100,0
Autriche	83,3	1,4	0,3	14,4	0,6	100,0	45,9	1,2	52,9	100,0
Hongrie	73,8	»	3,2	2,7	20,3	100,0	47,3	2,4	50,3	100,0
Bavière	68,3	2,2	2,7	11,6	15,2	100,0	37,6	0,5	61,9	100,0
Saxe-Royale	63,2	2,8	2,8	25,9	5,3	100,0	33,6	0,2	66,2	100,0
Wurtemberg	69,8	0,9	4,2	14,6	10,5	100,0	37,9	1,9	60,2	100,0
Duchés allemands	63,8	1,0	5,9	24,2	5,1	100,0	29,7	2,4	67,9	100,0
Hollande	70,1	2,4	6,8	18,6	2,1	100,0	83,7	»	16,3	100,0
Belgique	73,4	3,9	7,3	12,1	3,3	100,0	45,1	»	54,9	100,0
France	64,7	1,9	3,2	11,7	18,5	100,0	40,3	14,1	45,6	100,0
Portugal	57,4	2,7	4,1	0,5	35,3	100,0	68,1	7,8	24,1	100,0
Roumanie	86,3	5,1	2,8	»	5,8	100,0	54,6	2,1	43,3	100,0

Relativement à l'étendue des terres labourables, c'est l'Autriche qui tient le premier rang pour les céréales, la Belgique pour les cultures potagères et maraîchères et les cultures industrielles; la Norvége et l'Irlande pour les prairies; le Portugal, la Finlande et la France pour les jachères.

Si l'on ne considère que les autres terrains productifs, on doit mettre en première ligne l'Irlande, l'Angleterre et le Danemark pour les prairies et pâturages; la France pour la vigne. En tête des pays forestiers on trouve, comme nous l'avons déjà remarqué, la Norvége, la Finlande et la Suède. Signalons comme n'ayant que très-peu de forêts, l'Irlande d'abord, puis la Grande-Bretagne, le Danemark, le Portugal et les Pays-Bas.

CHAPITRE II

PRODUIT DES CULTURES

Dans ce chapitre nous étudierons successivement les céréales, les farineux, les plantes potagères et maraîchères et les cultures industrielles. Nous dirons enfin quelques mots des prairies artificielles et naturelles.

§ 1er. — CÉRÉALES.

I. — *France.*

On a compris sous le titre de céréales, le froment et l'épeautre, le seigle, l'orge, l'avoine, le sarrasin, le maïs et le millet, ainsi que les mélanges de céréales, tels que le méteil (mélange de froment et de seigle), les mélanges d'orge et d'avoine, etc.

Notre premier soin doit être de déterminer, d'après les résultats des enquêtes de 1840, 1852, 1862 et 1873, le rapport de chaque céréale en particulier à l'ensemble de cette culture. Nos comparaisons ne portent que sur la superficie et la production en grains, aucun renseignement n'ayant été demandé, en 1873, sur la production de la paille.

DISTRIBUTION DES CÉRÉALES. — SUPERFICIES [1].

DÉSIGNATION DES CÉRÉALES.	1840.	1852.	1862.	1873.	MOUVEMENT de 1840 à 1873.	
					Accroissement.	Diminution.
Froment	3,816	4,546	4,785	4,655	809	»
Avoine	2,066	2,123	2,130	2,126	60	»
Seigle	1,774	1,428	1,238	1,278	»	496
Orge	818	677	698	747	»	71
Méteil	627	372	337	336	»	291
Sarrasin	435	462	429	453	18	»
Maïs	434	392	383	405	»	29
Ensemble	10,000	10,000	10,000	10,000	887	887

On voit que, malgré quelques fluctuations intermédiaires, les superficies de presque toutes les céréales et principalement du seigle et du méteil ont diminué au profit du froment; l'avoine, l'orge, le sarrasin et le maïs sont restés à peu près stationnaires.

Si l'on passe maintenant à la production en grains, on obtient les rapports ci-après :

1. Le millet et autres menus grains n'ont pu être compris dans cette comparaison.

DISTRIBUTION DES CÉRÉALES. — PRODUCTION EN GRAINS.

DÉSIGNATION DES CÉRÉALES.	1840.	1852.	1862.	1873.	MOUVEMENT de 1840 à 1873.	
					Accroissement.	Diminution.
Froment	3,646	4,209	4,151	3,835	235	»
Avoine	2,562	2,726	3,080	3,222	579	»
Seigle	1,457	1,115	945	951	»	495
Orge	873	757	778	854	»	8
Méteil	619	361	302	288	»	328
Sarrasin	444	461	413	443	5	»
Maïs	399	368	328	407	12	»
Ensemble	10,000	10,000	10,000	10,000	831	831

Cette distribution diffère assez notablement de celle des superficies; cela tient, comme nous le verrons plus loin, aux différences en sens contraire qui se sont produites dans le rendement à l'hectare. Il convient, d'ailleurs, pour se rendre compte de la valeur des accroissements ou des diminutions que nous venons de signaler dans la répartition des céréales, de comparer directement les nombres absolus.

SUPERFICIE CULTIVÉE (en milliers d'hectares).

DÉSIGNATION DES CÉRÉALES.	1840.	1852.	1862.	1873.	ACCROISSEMENT OU DIMINUTION POUR 100.			
					1840 à 1852.	1852 à 1862.	1862 à 1873.	1840 à 1873.
Froment	5,587	6,985	7,457	6,966	+ 25,0	+ 6,8	— 6,6	+ 24,7
Avoine	3,001	3,263	3,324	3,182	+ 8,7	+ 1,9	— 4,3	+ 6,0
Seigle	2,577	2,193	1,928	1,913	— 14,9	— 12,8	— 0,8	— 25,8
Orge	1,183	1,040	1,087	1,117	— 12,5	+ 4,4	+ 2,8	— 5,9
Méteil	911	573	514	503	— 37,1	— 10,1	— 2,1	— 44,8
Sarrasin	651	709	669	678	+ 8,9	— 5,7	+ 1,3	+ 4,1
Maïs	632	602	587	606	— 4,8	— 2,6	+ 3,2	— 4,1
	14,547	15,365	15,566	14,965	+ 5,6	+ 1,7	— 3,9	+ 2,9
Superficie de la France	52,769	52,769	54,355	52,905				
Proportion des terres cultivées en céréales	27,6	29,1	28,7	28,3				

Remarquons tout d'abord que, par rapport au territoire total de la France, la superficie céréale, telle qu'elle est donnée ci-dessus, n'a augmenté, de 1840 à 1873, que de 0,7 par kilomètre. De 1840 à 1852, l'augmentation avait été de 1,5, c'est-à-dire deux fois plus grande; mais les deux périodes suivantes ont accusé une diminution qui explique la faible augmentation définitivement acquise.

En résumé, le territoire cultivé en céréales, après avoir augmenté de 5.6, puis de 1.7 p. 100, a diminué de 3.9 p. 100 dans la dernière période, ce qui porte l'accroissement définitif à 2.9 p. 100.

Le seul accroissement notable que l'on puisse signaler a porté sur le froment; mais, par contre, les superficies ensemencées en méteil et en seigle ont considérablement diminué.

PRODUCTION EN GRAINS (en milliers d'hectolitres).

DÉSIGNATION DES CÉRÉALES.	1840.	1852.	1862.	1873.	ACCROISSEMENT OU DIMINUTION POUR 100.			
					1840 à 1852.	1852 à 1862.	1862 à 1873.	1840 à 1873.
Froment	69,558	95,262	109,457	83,861	+ 36,9	+ 14,9	— 23,4	+ 20,7
Avoine	48,900	61,695	81,119	70,493	+ 26,1	+ 31,5	— 13,1	+ 44,2
Seigle	27,812	25,235	24,897	20,779	— 9,3	— 1,3	— 16,5	— 25,3
Orge	16,661	17,130	20,515	18,733	+ 2,8	+ 19,8	— 8,7	+ 12,4
Méteil	11,829	8,171	7,972	6,287	— 30,9	— 2,4	— 21,1	— 47,0
Sarrasin	8,470	10,511	10,876	9,722	+ 24,1	+ 3,5	+ 10,6	+ 14,7
Maïs	7,620	8,335	8,648	8,918	+ 9,8	+ 3,8	+ 8,4	+ 17,1
	190,850	226,339	263,486	218,783	+ 18,5	+ 16,7	— 17,9	+ 14,6

Malgré les diminutions qui se sont produites sur presque toutes les céréales, de 1862 à 1873, il y a, pour la période entière, une augmentation de 13 p. 100, alors que celle des superficies n'est que de 3 p. 100 au plus. L'accroissement le plus sensible est celui de l'avoine; la production du seigle a, au contraire, diminué à peu près du quart, et celle du méteil dans une proportion plus considérable encore.

Quoi qu'il en soit, les différences qu'on vient de signaler n'en laissent pas moins subsister une augmentation dans le rendement de la plupart des céréales. C'est d'ailleurs ce que confirme directement le tableau suivant:

RENDEMENT PAR HECTARE.

DÉSIGNATION DES CÉRÉALES.	1840.	1852.	1862.	1873.	ACCROISSEMENT OU DIMINUTION POUR 100.			
					1840 à 1852.	1852 à 1862.	1862 à 1873.	1840 à 1873.
	hectol.	hectol.	hectol.	hectol.				
Froment	12,4	13,6	14,7	12,0	+ 1,2	+ 1,1	— 2,7	— 0,4
Avoine	16,3	18,9	24,4	22,1	+ 2,6	+ 5,5	— 2,3	+ 5,8
Seigle	10,8	11,5	12,9	10,9	+ 0,7	+ 1,4	— 2,0	+ 0,1
Orge	14,0	16,5	18,9	16,7	+ 2,5	+ 2,4	— 2,2	+ 2,3
Méteil	13,0	14,3	15,5	12,5	+ 1,3	+ 1,2	— 3,0	— 0,5
Sarrasin	13,0	14,8	16,3	14,3	+ 1,8	+ 1,5	— 2,0	+ 1,3
Maïs	12,1	13,8	14,7	14,7	+ 1,7	+ 0,9	»	+ 2,6
Moyennes	13,0	14,7	16,9	14,5	+ 1,7	+ 2,2	— 2,4	+ 1,5

Par suite des diminutions de rendement que l'année 1873 accuse par rapport à 1862, l'accroissement total du rendement de 1840 à 1873, c'est-à-dire en un tiers de siècle, n'est plus que de 1.5 p. 100. Et encore cet accroissement général doit-il être attribué principalement à l'avoine.

La faiblesse de l'augmentation que l'on vient de constater provient du ralentissement de la production dans l'année 1873, qui, à tous les points de vue, est restée bien au-dessous d'une année moyenne. Il nous semble donc qu'on se rendra mieux compte des mouvements *normaux* en comparant entre elles non plus les années 1862 et 1873, mais deux années moyennes calculées, à chacune de ces époques, sur une période de 5 ans.

RENDEMENT PAR HECTARE POUR UNE ANNÉE MOYENNE.

DÉSIGNATION DES CULTURES.	1858 à 1862.	1869 à 1873.
	hectol.	hectol.
Froment et épeautre	15,8	15,0
Avoine	24,4	22,1
Seigle	13,8	13,8
Orge	19,6	18,1
Méteil	16,5	15,4
Sarrasin	17,7	16,9
Maïs	15,9	16,0
Millet	17,7	13,8
	16,2	14,4

Cette comparaison laisse subsister l'infériorité du rendement actuel; il y a lieu de croire que cette diminution tient, en grande partie, à la perte de l'Alsace-Lorraine, dont les rendements en céréales ont toujours été très-élevés.

Le déficit de la récolte de 1873 résulte principalement de la faiblesse relative du rendement par rapport à la quantité de semence employée. Si nous comparons, en effet, à ce point de vue, les résultats de cette année à ceux de 1862, nous obtenons les rapports suivants :

RAPPORT DE LA PRODUCTION A LA SEMENCE.

DÉSIGNATION DES CÉRÉALES.	QUANTITÉ DE SEMENCE par hectare.		RENDEMENT MOYEN par hectare.		PRODUCTION par hectolitre de semence.	
	1862.	1873.	1862.	1873.	1862.	1873.
Froment et épeautre	2,01	2,17	14,80	12,04	7,36	5,55
Méteil	2,06	2,13	15,49	12,50	7,52	5,87
Seigle	2,03	2,09	12,91	10,86	6,36	5,19
Orge	2,17	2,10	18,87	16,75	8,70	7,98
Avoine	2,46	2,36	24,40	21,33	9,92	9,39
Sarrasin	0,39	0,86	16,26	14,35	37,82	16,69
Maïs	0,82	0,68	15,87	14,72	19,83	21,65
Millet	0,26	0,36	8,94	12,24	34,39	34,00

Ainsi, bien que l'on ait employé pendant cette année 1873, dont le rendement a été cependant si faible, une plus grande quantité de semence, la production de toutes les céréales, à l'exception du maïs, a subi une décroissance marquée.

II. — *Comparaisons internationales.*

Après avoir étudié les principaux résultats de la culture des céréales dans notre pays, il nous reste à comparer la France aux autres États de l'Europe.

C'est ce que nous avons fait dans le tableau suivant qui est divisé en deux parties, dont la première fait connaître à divers points de vue l'importance de la culture céréale, et la seconde contient, pour chaque espèce, le rendement moyen par hectare, et donne une idée de la fertilité relative du sol.

RENDEMENT PAR HECTARE.

NOMS DES ÉTATS.	RAPPORT POUR 100 DE LA SUPERFICIE CÉRÉALE				RENDEMENT MOYEN PAR HECTARE.								
	au territoire entier.	au territoire agricole.	au territoire productif.	aux terres labourables.	Froment.	Méteil.	Seigle.	Orge.	Avoine.	Maïs.	Sarrasin.	Millet et autres menus grains.	Moyenne générale.
Grande-Bretagne	15,0	18,3	25,6	46,9	26,0	—	30,0	34,0	40,0	—	—	—	32,6
Irlande	9,2	10,4	12,0	36,3	20,0	—	18,5	31,6	32,9	—	—	—	31,6
Danemark	27,0	37,3	39,6	74,3	17,0	—	13,0	20,0	26,0	—	11,0	28,0	20,4
Norvége	0,6	0,6	2,0	28,0	20,3	—	21,9	26,3	33,8	—	—	32,5	30,3
Suède	2,8	3,0	5,7	49,2	—	—	—	—	—	—	—	—	18,9
Finlande	1,3	1,4	2,0	60,4	15,5	—	15,2	19,9	19,6	—	16,5	10,0	17,1
Autriche	26,5	27,6	29,7	88,2	13,6	—	13,2	15,2	17,2	13,6	12,1	12,0	14,7
Hongrie	24,6	25,2	28,1	70,3	11,0	14,0	16,2	12,6	12,4	14,9	9,0	14,6	13,3
Prusse	28,4	—	—	—	15,3	—	15,0	22,5	29,5	—	—	—	20,1
Bavière	23,1	24,4	26,0	58,2	18,0	—	11,7	18,2	20,2	22,4	10,8	15,0	17,5
Saxe-Royale	25,5	26,4	27,6	50,7	23,5	—	22,9	28,7	40,1	—	15,0	—	36,0
Wurtemberg	26,1	27,0	27,4	59,9	29,0	—	16,0	21,3	25,9	19,6	15,0	15,0	27,6
Duchés allemands	23,2	24,2	25,1	51,5	20,0	13,3	17,5	23,3	26,1	28,3	14,0	14,0	21,2
Hollande	15,2	16,7	21,7	50,7	21,6	—	16,7	37,0	38,2	—	17,0	—	23,9
Belgique	32,8	36,3	40,3	60,9	24,3	20,2	22,1	30,6	37,0	—	21,7	—	29,8
France	28,4	30,6	33,7	57,1	15,0	15,4	13,8	18,1	22,1	16,0	16,9	13,8	16,7
Espagne	12,0	—	—	—	14,0	—	7,5	16,0	—	—	—	—	13,1
Portugal	11,6	13,3	23,4	56,7	11,5	—	7,4	14,3	16,0	13,5	—	—	10,8
Roumanie	24,2	24,4	35,8	83,4	12,0	—	20,0	20,0	30,0	30,0	17,0	28,0	22,2
Grèce et îles Ioniennes	7,2	—	—	—	11,8	—	10,0	16,9	17,0	15,6	10,0	10,0	13,0

On voit par ce tableau que, parmi les divers États considérés, c'est la Belgique et, après elle, la France et la Prusse qui consacrent la plus grande proportion de leur territoire à la culture des céréales. L'ordre des États se modifie un peu, comme le montre notre tableau, si l'on rapporte les cultures céréales, non plus au territoire agricole, mais au terrain productif, ou bien aux terres labourables.

La fertilité du sol varie suivant les espèces cultivées ; si nous embrassons l'ensemble des céréales, le tableau suivant montre qu'au point de vue de la fertilité générale, les divers pays se classent ainsi :

RENDEMENT PAR HECTARE, SANS DISTINCTION DES ESPÈCES.

Grande-Bretagne	32,6	Suède	18,9
Irlande	31,6	Finlande	17,1
Norvége	30,3	France	16,7
Belgique	29,8	Autriche	14,7
Allemagne	24,6	Hongrie	13,3
Hollande	23,9	Espagne	13,1
Roumanie	22,2	Grèce	13,1
Danemark	20,4	Portugal	10,8

Ainsi, sauf de très-rares exceptions, ce sont les pays du Nord qui produisent le plus à l'hectare, viennent ensuite ceux du Centre et de l'Est, et au dernier rang ceux du Midi.

En ce qui concerne la production totale des céréales, nos renseignements sont beaucoup plus complets que pour le rendement. Ils portent en effet sur 28 États et comprennent l'Europe presque entière. Nous les résumons dans le tableau suivant, où à côté de la production nous avons placé la répartition proportionnelle des diverses espèces :

PRODUCTION GÉNÉRALE DES CÉRÉALES.

NOMS DES ÉTATS.	POPULATION en milliers d'habitants.	PRODUCTION totale en milliers d'hectolitres.	RÉPARTITION PROPORTIONNELLE DES DIVERSES CÉRÉALES.							
			Froment.	Méteil.	Seigle.	Orge.	Avoine.	Maïs.	Sarrasin.	Millet et autres menus grains.
Grande-Bretagne.	26,785	113,240	328	»	6	287	379	»	»	»
Irlande	5,337	24,487	56	»	2	120	822	»	»	»
Danemark.	1,785	21,050	46	»	153	289	458	»	10	44
Norvége.	1,763	5,396	18	»	54	243	563	»	»	121
Suède.	4,298	23,521	37	»	224	189	479	»	»	71
Russie.	71,731	584,125	134	»	373	75	356	»	»	62
Finlande	1,832	8,069	4	»	499	271	219	»	1	6
Autriche.	20,395	94,971	134	»	276	172	339	»	31	6
Hongrie.	15,509	105,999	18	»	54	243	564	»	»	121
Suisse.	2,669	6,192	122	»	494	82	302	»	»	»
Prusse.	24,656	197,813	131	»	309	155	405	»	»	»
Bavière.	4,852	31,647	241	»	273	195	288	1	1	1
Saxe-Royale.	2,556	9,757	193	»	443	210	143	»	11	»
Wurtemberg.	1,818	8,775	298	29	68	220	382	3	»	»
Duchés allemands	2,742	14,068	262	27	191	254	248	6	1	11
Hollande	3,716	11,972	156	»	276	141	333	»	94	»
Belgique	5,254	25,857	327	28	247	52	328	»	18	»
France	36,103	250,634	416	31	105	81	280	33	46	3
Portugal	4,012	11,234	256	»	264	89	17	374	»	»
Espagne.	16,262	79,695	520	»	112	259	»	109	»	»
Italie	26,801	74,316	500	»	42	110	»	242	»	97
Grèce et îles Ioniennes. .	1,458	4,474	403	»	9	179	16	255	21	117
Turquie d'Europe	8,700	39,600	361	»	90	227	28	273	»	18
Serbie.	1,338	5,040	286	»	36	214	36	357	36	»
Roumanie.	4,500	64,998	183	»	32	109	46	590	1	39
	296,874	1,816,728	235	7	229	130	293	68	9	29
			1,000							
États-Unis.	40,000	558,942	183	»	9	22	175	606	5	»
			1,000							

La production des céréales, en Europe, serait donc en moyenne de 1 milliard 816 millions d'hectolitres, sur lesquels la Russie seule en ferait 584 (presque le tiers) ; l'Allemagne entière, 270 ; la France, 250, et l'Autriche-Hongrie, 200.

De leur côté, les États-Unis de l'Amérique du Nord en produisent 559 millions d'hectolitres.

Mais, pour se rendre compte de l'importance réelle de ces productions, il convient de les rapporter à la population des divers États.

Disons d'abord qu'en 1873, pour une population de 40 millions, les États-Unis d'Amérique ont produit 559 millions d'hectolitres de céréales, ce qui correspond à 14 hectolitres par habitant ; tandis que l'Europe, pour une population de 297 millions, n'en a fourni que 1,816 millions, c'est-à-dire 6 hectolitres par habitant.

Quant aux États de l'Europe, ils se classent ainsi :

PRODUCTION DES CÉRÉALES PAR HABITANT (en hectolitres).

Roumanie	14,4	Irlande	4,6
Danemark	11,8	Turquie	4,6
Russie	8,1	Finlande	4,4
Prusse	8,0	Grande-Bretagne	4,2
France	6,9	Saxe-Royale	3,8
Hongrie	6,8	Serbie	3,8
Bavière	6,5	Hollande	3,2
Suède	5,5	Norvége	3,1
Duchés allemands	5,1	Grèce	3,1
Belgique	4,9	Italie	2,8
Espagne	4,9	Portugal	2,8
Autriche	4,7	Suisse	2,1
Wurtemberg	4,7		

Or, comme les évaluations les plus modérées portent à 5 hectolitres et demi la quantité moyenne de céréales nécessaire à la consommation, on peut conclure des rapports qui précèdent que tous les États de cette liste qui suivent les duchés allemands, sont constamment obligés de recourir à l'importation étrangère.

Aux États-Unis, les trois cinquièmes des céréales consistent en maïs. En Europe, c'est l'avoine qui domine, suivie de près par le froment et le seigle. Viennent ensuite, par ordre d'importance, l'orge, le maïs, les menus grains, le sarrasin et le méteil.

Les nations de l'Europe qui produisent relativement le plus de froment sont l'Espagne, l'Italie et la France ; celles qui produisent le plus de seigle sont : la Finlande, la Suisse et l'Allemagne ; celles qui produisent le plus d'orge sont : les États scandinaves et l'Allemagne ; l'avoine domine en Irlande, dans les pays scandinaves, en Hongrie et dans l'Allemagne du Nord.

Le sarrasin n'a guère d'importance qu'en Hollande et en France.

Enfin, le maïs tient le premier rang en Roumanie, en Serbie et au Portugal. On en récolte également de grandes quantités dans les autres États méridionaux.

§ 2. — CULTURES DIVERSES.

Farineux alimentaires, cultures potagères et maraîchères, cultures industrielles.

I. — FARINEUX ALIMENTAIRES.

Sous ce titre sont compris les légumes secs, les pommes de terre et les châtaignes. En France, ces diverses cultures ont occupé, en 1873, une surface totale de 1,981,424 hectares, soit 3.8 p. 100 du territoire total.

Le tableau suivant indique quelle a été leur production :

PRODUCTION EN 1873.

DÉSIGNATION DES CULTURES.	NOMBRE d'hectares cultivés.	SEMENCE par hectare.	RENDEMENT moyen par hectare.	PRODUCTION totale.
		hectolitres.	hectolitres.	hectolitres.
Légumes secs	322,681	1,83	13,77	4,444,107
Pommes de terre	1,176,496	12,32	102,35	120,410,929
Châtaignes	482,247	»	13,62	6,567,381
	1,981,424	»	»	131,422,417

Les statistiques antérieures ne nous permettent de comparer que les pommes de terre. Nous résumerons comme il suit les résultats obtenus :

POMMES DE TERRE.

ANNÉES.	SUPERFICIE en milliers d'hectares.	PRODUIT MOYEN par hectare.	PRODUCTION en milliers d'hectolitres.
		hectolitres.	
1840	922	104,4	96,234
1852	829	69,9	57,943
1862	1,235	115,5	142,684
1873	1,176	102,3	120,411

On voit, d'après ces chiffres, que la production de ce tubercule, entravée par la maladie en 1852, n'a pas tardé à se relever. Si elle a subi une nouvelle atténuation en 1873, c'est que nous avons perdu des départements où cette culture occupe une place importante.

Pour nous rendre compte de l'importance de cette production dans les divers États de l'Europe, nous avons rapporté par pays le nombre d'hectares récoltés au chiffre de la population.

Cette comparaison nous a fourni les rapports ci-dessous :

PRODUCTION DES POMMES DE TERRE PAR HABITANT (en hectolitres).

ÉTATS.	HECTOLITRES.	ÉTATS.	HECTOLITRES.
Irlande	8,1	Autriche-Hongrie	3,0
Empire allemand	6,4	Russie et Finlande	1,6
Pays-Bas	5,1	Grande-Bretagne	1,1
Belgique	4,1	Italie	0,4
France	3,6	Portugal	0,3
États scandinaves	3,5	Espagne	0,1

Dans les autres États, la production est insignifiante. Nous manquons d'ailleurs de renseignements pour la Suisse, la Turquie et la Serbie.

II. — CULTURES POTAGÈRES ET MARAÎCHÈRES.

Ces cultures comprennent les légumes frais de toutes sortes : haricots verts pois, choux, carottes, navets, citrouilles, asperges, artichauts, salades, etc. Bien que l'on se soit borné, pour éviter les complications résultant de cette variété infinie de produits, à ne demander que la valeur en francs du rendement par hectare, il y a lieu de croire que, même sur ce point, il ne nous a été fourni que des notions incomplètes.

Il suffira de dire qu'en 1873, 474,061 hectares consacrés à cette culture ont produit une valeur de 461 millions de francs ; l'année moyenne est de 495 millions. D'après l'enquête de 1862, la superficie cultivée n'aurait été, à cette époque, que de 443,000 hectares et la valeur de la production de 444 millions de francs. La valeur à l'hectare varierait donc de 975 à 1,200 francs environ.

III. — CULTURES INDUSTRIELLES.

1° *France.*

Les cultures dites industrielles occupaient, en 1873, 872,678 hectares, soit 1 hectare 70 ares par kilomètre carré. Nous résumons en un seul tableau les renseignements principaux que nous ont fournis à cet égard les quatre dernières enquêtes agricoles :

CULTURES INDUSTRIELLES.

DÉSIGNATION DES CULTURES.	SUPERFICIE en milliers d'hectares.				PRODUCTION en milliers d'hectolitres ou de quintaux.			
	1840.	1852.	1862.	1873.	1840.	1852.	1862.	1873.
A. CULTURES OLÉAGINEUSES.					hectol.	hectol.	hectol.	hectol.
Colza	173	—	201	168	2,279	—	3,205	2,379
Œillette, navette, cameline	—	—	—	47	—	—	—	585
Chènevis	176	125	100	95	1,671	921	922	779
Graine de lin	98	80	105	83	737	543	854	766
Oliviers	—	—	—	148	—	—	—	4,549
Cultures arborescentes	—	—	—	43	—	—	—	—
B. PLANTES TEXTILES.					quintaux.	quintaux.	quintaux.	quintaux.
Chanvre	176	125	100	95	675	642	574	502
Lin	98	80	105	88	369	336	523	504
C. CULTURES DIVERSES.								
Betteraves à sucre	58	111	136	253	15,740	32,249	44,267	77,434
Houblon	0,8	9	5	3,5	—	—	66	59
Tabac	8	—	18	15	88	—	252	178
Autres	—	—	—	—	—	—	—	—

La plupart de ces cultures n'ont éprouvé, dans toute cette période, que des modifications peu importantes, dont la cause générale a déjà été expliquée : le seul point intéressant à noter est la progression considérable de la culture des betteraves à sucre ; d'après les chiffres qui précèdent, leur production aurait, en effet, quintuplé depuis 1840, et presque doublé depuis 1862.

2° *Comparaisons internationales.*

Dix-huit États, parmi lesquels cinq de l'Allemagne, nous ont fourni des renseignements sur leurs cultures industrielles.

Le tableau suivant permet d'apprécier leur production relative :

CULTURES INDUSTRIELLES. — PRODUCTION POUR 100 HABITANTS.

DÉSIGNATION DES ÉTATS.		COLZA.	CHANVRE (filasse).	LIN (filasse).	BETTERAVES.	HOUBLON.	TABAC.
		hectol.	quint. mét.	quint. mét.	quint. mét.	quint. mét.	quint. mét.
Grande-Bretagne		—	—	0,2	0,2	1,9	—
Irlande		—	—	6,3	—	—	—
Danemark		1,6	0,2	1,3	—	0,3	0,1
Norvége		—	—	—	—	—	—
Suède		—	9,9	—	—	0,5	0,5
Finlande		—	18,8	0,9	—	—	0,1
Hongrie		7,3	27,8	0,2	40,2	0,1	2,3
Allemagne.	Bavière	—	—	—	—	—	—
	Saxe-Royale	—	—	—	—	—	—
	Wurtemberg	—	—	—	—	—	—
	Bade	5,1	22,7	0,7	33,7	1,9	2,0
	Hesse-Darmstadt	—	—	—	—	—	—
	Saxe-Weimar	—	—	—	—	—	—
	Saxe-Altenbourg	—	—	—	—	—	—
Hollande		9,6	2,6	3,3	116,1	0,1	0,9
Belgique		12,2	4,0	4,6	106,0	0,9	0,1
France		7,9	14,8	1,4	241,2	0,1	0,5
Roumanie		31,3	5,8	0,2	—	—	0,7

Il résulte de ce tableau qu'après la Roumanie, c'est la Belgique qui produit relativement le plus de colza. Pour le chanvre, c'est la Hongrie qui vient en première ligne; elle est suivie de près par l'Allemagne, après laquelle viennent la Finlande et la France. La culture du lin n'a réellement d'importance qu'en Irlande, en Belgique et en Hollande. La Grande-Bretagne et l'Allemagne sont, par excellence, des pays producteurs de houblon. C'est en Hongrie et en Allemagne qu'on cultive relativement le plus de tabac.

IV. — PRAIRIES.

Par suite de la confusion qui a été faite, lors des enquêtes de 1840, 1852 et 1862, entre les pacages naturels et les terres absolument incultes, confusion que l'on a eu soin d'éviter en 1873, il nous est impossible de les comprendre dans nos tableaux comparatifs. Nous ne parlerons donc ici que des prairies artificielles, des fourrages annuels consommés en vert et des prés naturels.

Les documents recueillis, à cet égard, dans les quatre enquêtes peuvent se résumer ainsi qu'il suit :

SUPERFICIE EN MILLIERS D'HECTARES.

ANNÉES.	PRAIRIES artificielles [1].	FOURRAGES annuels [2].	PRÉS naturels y compris les vergers.	RAPPORT au territoire de la France. Prairies artificielles.	Fourrages verts.	Prés naturels.
1840	1,576	—	4,198	3,0	—	8,0
1852	2,563	—	5,057	4,9	—	9,6
1862	2,773	386	4,198	5,1	0,7	7,7
1873	2,586	508	4,224	4,9	1,0	8,0

1. Trèfles de toute nature, sainfoin, luzerne et mélanges.
2. Féveroles, hivernache, autres légumineux, fourrages-racines, navets, betteraves à vache, etc.

PRODUIT MOYEN PAR HECTARE EN QUINTAUX MÉTRIQUES.

ANNÉES.	PRAIRIES artificielles.	FOURRAGES annuels.	PRÉS NATURELS y compris les vergers.
1840	29,97	—	25,06
1852	33,00	—	25,56
1862	37,46	80,00	31,88
1873	36,93	69,42	31,65

Le premier de ces deux tableaux permet de conclure que, relativement à la surface du pays, la superficie affectée aux prairies artificielles et aux fourrages annuels a augmenté dans le laps de temps qui sépare les deux dates extrêmes, tandis que celle des prairies naturelles est restée stationnaire. Quant à la production, elle a augmenté dans son ensemble.

Faute de renseignements sur le rendement des prairies à l'étranger, nous ne pouvons comparer que les superficies ; c'est ce que nous avons déjà fait dans le chapitre réservé au territoire [1], et nous engageons le lecteur à s'y reporter.

1. Voir page XXIII.

CHAPITRE III

ANIMAUX DOMESTIQUES

§ 1er. — EXISTENCES.

I. — *France.*

D'après les évaluations officielles, le nombre total des animaux domestiques existant en France au 31 décembre 1873 serait de 48,663,817.

En voici la répartition complète :

NOMBRE ET RÉPARTITION DES ANIMAUX DOMESTIQUES.

ESPÈCES.	ANIMAUX.	NOMBRES ABSOLUS.		RAPPORTS POUR 1,000 par espèce.		RAPPORTS POUR 1,000 au total.
Chevaline.	Poulains et pouliches	432,123	2,742,738	157	1,000	57
	Étalons reproducteurs	11,853		4		
	Chevaux entiers	348,673		127		
	— hongres	761,641		278		
	Juments	1,188,448		434		
Asine			410,268		1,000	8
Mulassière			303,775		1,000	7
Bovine.	Veaux	1,252,477	11,721,459	107	1,000	246
	Bouvillons, taurillons	947,824		81		
	Génisses	1,476,689		126		
	Taureaux	313,081		26		
	Bœufs	1,792,570		153		
	Vaches laitières	4,888,961		417		
	Autres vaches	1,049,857		90		
Ovine.	Agneaux	6,233,796	25,935,114	240	1,000	525
	Béliers	516,749		20		
	Moutons	7,147,314		276		
	Brebis	12,037,255		464		
Porcine.	Cochons de lait	1,681,539	5,755,656	292	1,000	120
	Verrats	54,551		9		
	Cochons	3,097,588		539		
	Truies	921,978		160		
Caprine.	Chevreaux	435,897	1,794,837	243	1,000	37
	Boucs	50,641		28		
	Chèvres	1,308,299		729		
	Total		48,663,817			1,000

Les rapports qui précèdent, en même temps qu'ils permettent de se rendre compte de l'importance relative des diverses sortes d'animaux, fournissent un certain nombre d'autres indications utiles; c'est ainsi qu'on peut voir que la proportion des jeunes est de 16 p. 100 dans l'espèce chevaline, de 31 p. 100 dans l'espèce bovine, et, respectivement, de 24, de 29 et de 24 p. 100 dans les espèces ovine, porcine et caprine. La moyenne générale est de 26 à 27 p. 100, chiffre analogue au rapport que présente l'espèce humaine, en ce ce qui concerne les enfants de moins de 15 ans. On peut également, à l'aide de ces données, comparer les animaux reproducteurs aux femelles adultes, connaître la proportion des vaches laitières, etc., etc.; mais nous n'insistons pas sur ces points [1].

Après avoir indiqué, en détail, la distribution actuelle des espèces domestiques, il importe de rechercher dans quelle mesure chaque espèce s'est accrue ou a diminué.

Voici, à cet égard, le résultat des quatre enquêtes successives :

NOMBRE DES ANIMAUX DOMESTIQUES PAR ESPÈCE.

ESPÈCES.	1810.	1852.	1862.	1873.	MOUVEMENT DE 1810 A 1873.	
					Augmentation pour 100.	Diminution pour 100.
Chevaline	2,818,496	2,866,054	2,914,412	2,742,738	—	2,66
Asine	413,519	380,180	396,237	410,268	—	0,79
Mulassière	373,841	315,831	330,987	303,775	—	18,74
Bovine [1]	9,936,538	10,093,737	10,955,273	10,468,982	5,36	—
Ovine [2]	24,842,841	24,562,036	24,458,550	19,701,318	—	20,70
Porcine	4,910,721	5,246,403	6,037,543	5,755,656	17,20	—
Caprine	964,300	1,337,940	1,726,398	1,794,837	86,13	—

Mais comme, dans l'intervalle, il y a eu, en France, quelques changements territoriaux, on aura une idée plus précise des changements survenus dans l'effectif des diverses espèces, en en rapportant le nombre à la superficie totale du pays.

1. En ne s'attachant qu'aux rapports de la dernière colonne, on constate, pour ce qui concerne le nombre de têtes, que l'espèce ovine fournit plus de la moitié de l'effectif total; l'espèce bovine en forme à peu près le quart; l'autre quart se répartit, par ordre décroissant, entre les espèces porcine chevaline, caprine, asine et mulassière.

On obtiendrait un tout autre classement si l'on tenait compte de l'importance réelle de ces sortes d'animaux : or, cette importance peut facilement se mesurer par leur poids respectif. C'est ce qui nous a porté à établir le tableau suivant :

RÉPARTITION DES ESPÈCES D'APRÈS LE POIDS DE L'ANIMAL VIVANT.

ESPÈCES.	NOMBRE DE TÊTES en milliers.	POIDS MOYEN approximatif de l'animal vivant.	POIDS TOTAL en tonnes de 1,000 kilogrammes.	RÉPARTITION pour 1,000.
Chevaline	2,743	450	1,234,350	204
Asine	410	150	61,500	10
Mulassière	304	400	121,600	20
Bovine	11,721	300	3,516,300	582
Ovine	25,935	25	648,375	107
Porcine	5,756	70	402,920	67
Caprine	1,795	35	62,825	10
	48,664	124	6,047,870	1,000

A ce point de vue, ce n'est plus l'espèce ovine, mais l'espèce bovine qui prédomine; l'espèce chevaline la suit, mais à une grande distance; puis viennent, par ordre décroissant, les espèces ovine, porcine, mulassière, asine et caprine.

2. Non compris les veaux.

3. Non compris les agneaux.

NOMBRE DES ANIMAUX DOMESTIQUES PAR KILOMÈTRE CARRÉ.

ESPÈCES.	1840.	1852.	1862.	1873.
Chevaline	5,3	5,4	5,4	5,2
Asine	0,8	0,7	0,7	0,8
Mulassière	0,7	0,5	0,6	0,6
Bovine	18,8	19,1	20,1	19,8
Ovine	47,1	46,5	45,0	37,2
Porcine	9,3	9,9	11,1	10,9
Caprine	1,8	2,5	3,2	3,4

Ces rapports indiquent que les espèces chevaline, ovine et mulassière sont restées à peu près stationnaires. Les espèces bovine, porcine et caprine se sont accrues dans une certaine proportion ; mais il y a eu, surtout à partir de 1862, une diminution considérable dans l'effectif de l'espèce ovine.

Dans les tableaux qui précèdent, on n'a pas tenu compte des veaux et des agneaux, dont les chiffres ne sont pas comparables, par suite de certaines diversités dans l'interprétation de leur nombre. Mais il est possible de comparer, sans défalcation des jeunes, les résultats des années 1862, 1866, 1872 et 1873.

ESPÈCE BOVINE ET OVINE (VEAUX ET AGNEAUX COMPRIS).

(Chiffres absolus.)

		1862.	1866 [1].	1872 [1].	1873.
Espèce bovine.	Veaux	1,856,316	1,410,310	1,260,638	1,222,477
	Adultes	10,955,273	11,322,878	10,023,776	10,468,932
		12,811,589	12,733,188	11,284,414	11,721,459
Espèce ovine.	Agneaux	5,076,128	7,607,880	6,969,680	6,233,796
	Adultes	24,453,550	22,778,353	17,619,967	19,701,318
		29,529,678	30,386,233	24,589,647	25,935,114

Nous nous contenterons de faire observer, à cet égard, que le déficit amené par les événements de 1870 et 1871 s'est atténué en 1873 ; cela résulte d'ailleurs des rapports ci-après :

NOMBRE DE TÊTES PAR KILOMÈTRE CARRÉ.

ANNÉES.	ESPÈCE bovine.	ESPÈCE ovine.
1862	23,5	54,3
1866	23,4	55,9
1872	21,3	46,4
1873	22,2	49,0

1. Les chiffres de ces deux années sont les résultats de dénombrements officiels.

En résumé, notre espèce bovine paraît devoir atteindre bientôt son ancien effectif. Il y a, dans l'espèce ovine, une décroissance évidente qui date de loin et s'explique surtout par la diminution des vaines pâtures et la suppression graduelle des jachères.

II. — *Comparaisons internationales.*

Le tableau n° 3, page 110, contient tous les résultats que nous avons pu recueillir, à des dates récentes, sur le dénombrement des animaux domestiques des États de l'Europe.

Nous en donnons le résumé par espèces :

EFFECTIF GÉNÉRAL DES ANIMAUX DOMESTIQUES.

	ESPÈCE chevaline.	ESPÈCES asine et mulassière [1].	ESPÈCE bovine.	ESPÈCE ovine.	ESPÈCE porcine.	ESPÈCE caprine.
Grande-Bretagne	2,101,100	—	6,002,100	29,495,900	2,519,300	—
Irlande	532,100	—	4,142,400	4,482,000	1,042,244	—
Danemark	316,570	—	1,238,898	1,842,481	412,421	—
Norvége	149,167	—	953,036	1,705,394	96,166	290,985
Suède	438,090	—	2,026,330	1,636,201	382,811	124,673
Russie	16,160,000	—	22,770,000	46,432,000	9,800,000	1,700,000
Finlande	254,820	—	997,960	921,745	190,326	30,639
Autriche	1,367,023	42,976	7,425,212	5,026,398	2,551,473	979,104
Hongrie	2,158,819	33,746	5,279,193	15,076,997	4,443,279	572,951
Suisse	105,792	—	992,895	445,400	304,191	374,481
Allemagne. Prusse	2,278,724	9,708	8,612,150	19,624,758	4,278,531	1,477,335
Allemagne. Bavière	351,669	228	3,066,263	1,342,190	872,098	193,881
Allemagne. Saxe-Royale	115,792	112	647,972	206,833	301,369	105,847
Allemagne. Wurtemberg	96,970	199	946,228	577,290	267,350	38,305
Allemagne. Duchés allemands	133,122	674	1,114,178	544,611	621,067	212,338
Hollande	253,393	3,466	1,469,937	898,715	611,004	146,169
Belgique	283,163	11,849	1,242,445	586,097	632,301	197,138
France	2,742,708	705,943	11,721,459	25,035,114	5,755,656	1,794,837
Portugal	79,716	188,640	520,474	2,706,777	776,868	936,869
Espagne	680,373	2,319,816	2,967,303	22,468,969	4,351,736	4,531,228
Italie	477,906	718,222	3,489,125	6,981,049	1,553,582	1,690,478
Grèce et îles Ioniennes	69,787	93,688	109,904	1,200,000	55,776	1,339,538
Roumanie	426,859	6,731	1,812,786	4,786,317	836,944	194,188
EUROPE	31,573,663	4,136,031	89,678,248	194,026,236	42,686,493	16,931,034
	379,031,705					

Ainsi, le nombre des bêtes domestiques s'élèverait, pour l'Europe entière, à 379 millions, nombre supérieur d'un peu moins d'un tiers à celui de la population de ce continent (302 millions).

Le tableau proportionnel ci-dessous indique, par État, la répartition des espèces.

---

1. Plusieurs États ayant réuni ces deux espèces, nous avons dû les comprendre dans la même colonne.

RÉPARTITION POUR 1,000 DES DIVERSES ESPÈCES.

	ESPÈCE chevaline.	ESPÈCES asine et mulassière.	ESPÈCE bovine.	ESPÈCE ovine.	ESPÈCE porcine.	ESPÈCE caprine.
Grande-Bretagne	52	—	150	735	63	—
Irlande	52	—	406	440	102	—
Danemark	82	—	323	480	115	—
Norvége	47	—	299	533	31	90
Suède	95	—	440	355	83	27
Russie	167	—	235	479	101	18
Finlande	106	—	417	385	79	13
Autriche	79	2	427	289	147	56
Hongrie	78	2	192	546	161	21
Suisse	47	—	447	200	137	169
Allemagne. Prusse	63	»	238	540	118	41
Allemagne. Bavière	60	»	527	230	150	33
Allemagne. Saxe-Royale	82	»	469	149	224	76
Allemagne. Wurtemberg	50	»	491	300	139	20
Allemagne. Duchés allemands	51	»	424	203	237	80
Hollande	75	»	434	266	181	44
Belgique	96	5	420	199	214	66
France	57	15	246	525	120	37
Portugal	15	36	100	520	149	180
Espagne	18	61	80	602	117	122
Italie	32	49	234	468	104	113
Grèce et îles Ioniennes	24	33	38	418	20	467
Roumanie	54	»	227	591	104	24
	83	11	237	511	113	45
	1,000					

On voit par ce tableau que le nombre de têtes de l'espèce ovine l'emporte sur celui de toutes les autres espèces réunies ; par ordre d'importance viennent ensuite l'espèce bovine, les porcs, les chevaux, les chèvres, et tout à fait au dernier rang les espèces asine et mulassière.

Les États qui dépassent la moyenne sont, pour l'espèce chevaline : la Russie, la Finlande, la Belgique et la Suède ; pour les espèces asine et mulassière réunies, l'Espagne, l'Italie, le Portugal, la Grèce et la France.

Pour l'espèce bovine, les divers États se classent comme il suit :

Bavière	527	Belgique	420	Russie	235
Wurtemberg	491	Finlande	417	Italie	234
Saxe	469	Irlande	406	Roumanie	227
Suisse	447	Turquie et Serbie	340	Hongrie	192
Suède	440	Danemark	323	Grande-Bretagne	150
Hollande	434	Norvége	299	Portugal	100
Autriche	427	France	246	Espagne	80
Duchés allemands	424	Prusse	238	Grèce	38

On est surpris de voir la Grande-Bretagne figurer au nombre des États qui comptent relativement le moins d'animaux de l'espèce bovine, mais ces animaux y rachètent la faiblesse du nombre par le poids et la qualité.

Si nous passons à l'espèce ovine, les États où leur proportion dépasse la moyenne sont : la Grande-Bretagne, l'Espagne, la Roumanie, la Norvége, la France et le Portugal ; parmi les États qui comptent proportionnellement le moins d'animaux de cette espèce, il faut citer la Saxe-Royale, la Belgique et la Suisse.

Les États où domine l'espèce porcine sont les duchés allemands, la Saxe-Royale et la Belgique.

Quant aux chèvres, on les rencontre surtout en Grèce, en Espagne, en Portugal et en Suisse.

Nous venons d'examiner quelles sont, en nombres absolus, les ressources en bétail des divers États, mais pour se rendre compte de leur importance relative, nous croyons utile de rapporter les effectifs des diverses espèces à la population et au territoire de chacun d'eux :

NOMBRE DE TÊTES POUR 100 HABITANTS.

	ESPÈCE chevaline.	ESPÈCES asine et mulassière.	ESPÈCE bovine.	ESPÈCE ovine.	ESPÈCE porcine.	ESPÈCE caprine.
Grande-Bretagne	7,8	—	22,4	111,8	9,4	—
Irlande	10,0	—	77,6	84,0	19,5	—
Danemark	17,8	—	69,4	103,2	24,8	—
Norvége	8,5	—	54,1	96,7	5,4	16,5
Suède	10,2	—	47,1	38,1	8,9	2,9
Russie	22,5	—	31,7	64,7	13,7	2,4
Finlande	13,9	—	54,5	50,3	0,4	1,7
Autriche	6,7	0,2	36,4	24,6	12,5	4,8
Hongrie	13,9	0,2	34,0	97,2	28,6	3,7
Suisse	4,0	—	37,2	16,7	11,4	14,0
Allemagne. Prusse	9,2	—	33,1	79,6	17,3	6,0
Allemagne. Bavière	7,2	—	63,2	27,7	18,0	4,0
Allemagne. Saxe-Royale	4,5	—	25,3	8,1	11,8	4,0
Allemagne. Wurtemberg	5,3	—	52,0	31,7	14,7	2,1
Allemagne. Duchés allemands	4,9	»	40,6	19,9	22,7	7,7
Hollande	6,8	0,1	39,5	24,2	16,4	3,9
Belgique	5,4	0,2	23,6	11,2	12,0	3,8
France	7,6	1,9	32,5	69,4	15,9	5,0
Portugal	2,0	4,7	13,0	67,6	19,4	23,3
Espagne	4,2	14,3	18,2	138,4	26,3	27,9
Italie	1,8	2,7	13,0	26,1	5,8	6,3
Grèce et îles Ioniennes	4,8	6,4	7,5	81,8	3,8	91,3
Roumanie	9,5	0,2	40,9	106,4	18,6	4,3
Europe	11,2	1,5	31,8	68,7	15,1	6,0

On voit que, relativement à la population, c'est la Russie qui compte le plus de chevaux, l'Espagne le plus d'ânes et de mulets, l'Irlande le plus d'animaux de l'espèce bovine, l'Espagne le plus de moutons, la Hongrie le plus de porcs et la Grèce le plus de chèvres.

Quant à la France, elle dépasse la moyenne pour les espèces asine et mulassière, ovine et porcine ; elle est au contraire au-dessous de la moyenne en ce qui concerne les chevaux et les chèvres.

NOMBRE DE TÊTES PAR KILOMÈTRE CARRÉ.

		ESPÈCE chevaline.	ESPÈCES asine et mulassière.	ESPÈCE bovine.	ESPÈCE ovine.	ESPÈCE porcine.	ESPÈCE caprine.
Grande-Bretagne		9,1	—	25,7	125,5	10,8	—
Irlande		6,3	—	49,2	53,2	12,4	—
Danemark		8,3	—	32,4	47,1	11,7	—
Norvége		0,5	—	3,0	5,3	0,3	0,9
Suède		1,0	—	4,5	3,5	0,8	0,2
Russie		3,1	—	4,4	9,0	1,9	0,3
Finlande		0,7	—	2,6	2,4	0,5	0,1
Autriche		4,5	0,1	24,7	16,7	8,4	3,2
Hongrie		6,6	0,1	16,3	46,5	13,7	1,7
Suisse		2,5	—	24,0	10,7	7,3	9,0
Allemagne.	Prusse	6,5	»	24,5	56,5	12,3	4,2
	Bavière	3,4	»	39,1	17,1	11,1	2,5
	Saxe-Royale	7,7	»	43,1	13,8	20,1	7,0
	Wurtemberg	4,9	»	48,7	29,7	13,7	2,0
	Duchés allemands	4,6	»	38,9	19,0	21,7	7,4
Hollande		7,7	0,1	41,7	27,3	18,6	4,4
Belgique		9,6	0,4	42,2	19,9	21,4	6,7
France		5,1	1,3	22,1	47,3	10.9	3,4
Portugal		0,9	2,0	5,7	29,7	8,4	10,3
Espagne		1,1	4,5	5,8	44,3	8,6	8,9
Italie		1,3	2,4	11,8	22,6	5,2	5,7
Grèce et îles Ioniennes		1,4	2,0	2,3	25,2	1,2	28,1
Roumanie		3,5	0,2	15,2	39,5	7,0	1,6
Europe		0,4	0,4	9,5	20,5	4,5	1,8

Un certain nombre d'États disposant d'un territoire très-étendu pour une population relativement peu nombreuse, on comprend que les rapports qui précèdent doivent donner lieu à un classement différent de celui qu'a fourni le premier tableau.

C'est ce qui arrive en effet : ici c'est la Grande-Bretagne et non plus la Russie qui produit le plus de chevaux; l'Espagne reste le producteur des espèces asine et mulassière; pour l'espèce bovine, la supériorité appartient encore à l'Irlande; la Grande-Bretagne arrive au premier rang pour l'espèce ovine, et les États allemands suivis de la Belgique, pour l'espèce porcine. Enfin, la Grèce conserve son rang pour les chèvres.

Nous allons rechercher le rapport des animaux de ferme au *territoire arable,* qui se compose des terres labourables et des prairies naturelles (pacages compris). Ce rapprochement est d'une grande utilité, car il fait connaître les ressources herbagères dont chaque pays dispose, et le nombre de têtes qu'il peut nourrir sur une surface donnée. On s'explique ainsi les différences signalées plus haut dans l'effectif des bestiaux. Dix-sept États seulement nous ont fourni les chiffres nécessaires pour établir ces rapports. Ce sont ceux qui figurent dans le tableau suivant :

NOMBRE DE TÊTES PAR KILOMÈTRE CARRÉ DE TERRITOIRE ARABLE.

	TERRES ARABLES par kilomètre carré.	ESPÈCE chevaline.	ESPÈCES asine et mulassière.	ESPÈCE bovine.	ESPÈCE ovine.	ESPÈCE porcine.	ESPÈCE caprine.	GROS bétail.	PETIT bétail.
Grande-Bretagne . .	12,711	173	—	472	2,320	198	—	645	2,518
Irlande.	6,355	84	—	652	705	164	—	736	869
Danemark	2,433	130	—	509	757	182	—	639	939
Norvége	1,236	121	—	771	1,380	78	235	892	1,693
Suède.	4,518	93	—	448	362	85	28	545	475
Finlande	2,662	97	—	375	346	71	11	471	428
Autriche	17,157	80	2	433	293	149	57	515	497
Hongrie.	19,322	112	2	273	780	230	30	387	1,040
Bavière.	4,556								
Saxe	966								
Wurtemberg	1,228	83	»	683	316	244	65	766	625
Duchés allemands. .	1,704								
Hollande	2,092	121	2	703	430	292	70	826	792
Belgique.	1,955	145	6	635	300	323	101	786	724
France.	33,653	74	21	348	744	171	53	443	968
Portugal	3,618	22	52	144	748	215	259	218	1,222
Roumanie	6,047	71	1	305	791	138	32	377	961
Totaux et moyennes.	122,213	97	8	414	793	183	47	519	1,023

En considérant les trois premières espèces comme formant le *gros bétail,* et les trois dernières comme formant le *petit bétail,* on conclut des rapports qui précèdent qu'après la Norvége, c'est la Hollande qui entretient le plus de gros bétail sur le terrain propre à le nourrir; quant au petit bétail, le Portugal et la Hongrie, après la Grande-Bretagne et la Norvége, occupent le premier rang; ces deux premiers pays sont au contraire au bas de l'échelle pour l'entretien du gros bétail [1].

§ 2. — RENDEMENT EN VIANDE DES ANIMAUX DE BOUCHERIE ET AUTRES PRODUITS ANIMAUX.

Nous venons de voir quelle est la richesse de chaque pays en bétail vivant. Il nous reste à faire connaître les ressources alimentaires et autres que les animaux domestiques fournissent aux populations lorsqu'ils ont été livrés à la boucherie.

En 1873, il a été abattu en France, pour les besoins de la consommation, d'après la déclaration des bouchers consultés par les commissions de statistique, 14,506,969 têtes de bétail de toute espèce. Si l'on se reporte au chiffre des existences, la proportion des animaux abattus serait d'environ le tiers de leur nombre. Mais cette proportion est très-variable suivant les espèces, et même dans certains cas, elle ne peut être évaluée. Ainsi, on ne possède aucune indication sur les animaux d'espèce chevaline abattus pour la boucherie, dont la consommation, il est vrai, quoique croissante, est encore insignifiante. Pour les bœufs et taureaux et pour les vaches, le rapport de l'abatage aux existences est d'environ 17 p. 100. Pour les veaux, le rapprochement n'est pas possible, ces animaux, livrés à la bou-

1. Les rapports élevés que présente la Norvége s'expliquent en partie par les ressources qu'elle trouve pour le pâturage dans ses nombreuses forêts.

cherie dès l'âge de 3 à 12 semaines et rarement au-dessus, se renouvelant plusieurs fois dans le courant d'une année. Pour les moutons et les brebis, la proportion des animaux abattus est de 22 ; pour les agneaux, de 24 p. 100 environ. Elle est beaucoup plus considérable pour les porcs, puisque, sans tenir compte des cochons de lait, elle dépasse 71 p. 100. Comme pour les veaux, on ne peut rapporter les chevreaux abattus aux existences, mais pour les chèvres et boucs, le rapport de l'abatage n'est que de 8 p. 100.

En ce qui regarde la consommation de la viande, ce qu'il importe surtout de connaître, c'est le poids net de chaque animal, c'est-à-dire celui de ses quatre quartiers et le rapport de ce poids à celui de l'animal en vie.

RAPPORT DU POIDS NET AU POIDS BRUT.

	POIDS BRUT de l'animal en vie.	POIDS NET des quatre quartiers.	RAPPORT P. 100 du poids net au poids brut.
	kilogr.	kilogr.	
Bœufs et taureaux	500	300	60
Vaches	372	213	57
Veaux	68	44	65
Moutons et brebis	36	20	55
Agneaux	12	8	67
Porcs	116	88	76
Boucs et chèvres	30	17	57
Chevreaux	7	4	57

Il résulte de ce rapport que le poids net varie, suivant les espèces, entre 55 et 75 p. 100 de celui de l'animal vivant. Le porc donne en viande les trois quarts de son poids. On constate que, dans toutes les espèces, les jeunes fournissent relativement plus de viande que les adultes.

Les progrès de l'élève du bétail paraissent avoir amené, dans le poids de 'animal en vie comme dans le poids net, une augmentation très-sensible.

Voici, en effet, les chiffres que les quatre dernières enquêtes ont fournis à cet égard :

VARIATIONS DE POIDS DES ANIMAUX LIVRÉS A LA BOUCHERIE.

	POIDS BRUT EN KILOGRAMMES.				POIDS NET EN KILOGRAMMES.			
	1840.	1852.	1862.	1873.	1840.	1852.	1862.	1873.
Taureau ou bœuf	413	437	456	500	248	253	267	300
Vache	240	275	324	372	144	156	183	213
Veau	48	55	65	68	29	33	39	44
Mouton ou brebis	24	27	32	36	14	15	18	20
Agneau	10	12	14	12	6	7	8	8
Porc	91	103	118	116	73	80	83	88
Bouc et chèvre	22	29	32	30	12	15	18	17
Chevreau	—	7	8	7	—	4	4,8	4

Il nous reste à indiquer quelles ont été, pour l'année 1873, les quantités de viande livrées à la consommation. Ces quantités s'obtiennent en multipliant le nombre des têtes abattues par le poids net moyen de l'animal.

ÉVALUATION DE POIDS EN VIANDE RÉSULTANT DES ANIMAUX ABATTUS EN 1873.

	NOMBRE des animaux abattus.	POIDS NET moyen.	QUANTITÉ de viande produite.	RAPPORTS proportionnels.
Taureaux ou bœufs	551,134	300	165,540,460	55,3
Vaches	841,198	213	179,230,999	
Veaux	2,734,539	44	119,541,113	
Moutons et brebis	5,115,184	20	101,402,093	13,5
Agneaux	1,492,735	8	11,470,723	
Porcs	2,925,054	88	257,483,231	30,6
Chèvres et chevreaux	847,725	6,7	4,993,236	0,6
	14,507,689		839,661,855	100,0

Ainsi, il avait été consommé, en 1873, 840 millions environ de kilogrammes de viande, savoir : 55 p. 100 de l'espèce bovine, 31 p. 100 de l'espèce porcine, 13 p. 100 de l'espèce ovine, et un peu moins de 1 p. 100 de l'espèce caprine.

Nous rapprochons, dans le tableau suivant, les résultats de 1873 de ceux qui ont été fournis par les trois enquêtes antérieures :

PRODUCTION DE LA VIANDE. — COMPARAISON DES 4 ENQUÊTES.

	NOMBRE DE KILOGRAMMES DE VIANDE PRODUITE.			
	1840.	1852.	1862.	1873.
Espèce bovine	298,888,995	429,733,362	450,093,264	464,282,572
— ovine	79,673,821	103,481,577	112,041,135	112,872,816
— porcine	290,446,475	298,382,056	377,703,832	257,473,231
— caprine	1,906,885	2,000,000	1,766,678	4,993,236
Totaux	670,915,176	833,596,995	942,605,009	839,661,855

On voit qu'à l'exception des porcs, dont la production en viande a très-sensiblement décru, la production de toutes les autres espèces a augmenté.

Mais on se rendra mieux compte de ces mouvements en rapportant les quantités consommées à la population correspondante :

QUANTITÉ MOYENNE PAR HABITANT (en kilogrammes).

	1840.	1852.	1862.	1873.
Espèce bovine	8,76	11,76	11,99	12,85
— ovine	2,34	2,93	2,98	3,13
— caprine	0,05		0,07	0,14
— porcine	8,53	8,30	10,06	7,13
Totaux	19,68	23,19	25,08	23,25

Ainsi, abstraction faite de l'excédant des importations sur les exportations, excédant difficile à déterminer en l'absence de données précises sur le poids des animaux introduits, on consommerait actuellement, en France, 23 kilogr. par habitant.

Il n'est pas inutile de rappeler, à cet égard, que, dans l'ensemble des villes chefs-lieux d'arrondissement et autres villes de plus de 10,000 âmes, la consommation moyenne est de 50 kilogr.; elle dépasse, à Paris, 75 kilogr.

Quant aux produits des animaux autres que la viande, on trouvera à la page 11 pour la France entière, et à la page 75 pour chaque département, les renseignements que nous avons pu recueillir : ils se rapportent à la laine, au suit, au miel et à la cire, et enfin à la production du lait et des œufs.

En ce qui concerne le lait, la production se serait élevée, en 1873, à environ 80 millions et demi d'hectolitres. Si on la compare au nombre des vaches laitières qui, d'après nos tableaux, est de 4,888,961, on trouve que la production annuelle d'une vache laitière serait, en moyenne, de 16 hectolitres et demi, ce qui correspond à 4 litres et demi par jour. Mais il y a, à cet égard, des différences très-marquées entre les diverses régions de notre pays.

Les quelques documents que nous avons reçus de l'étranger, sur la production de la viande et des autres articles de consommation que nous venons d'énumérer, sont tout à fait incomplets. Quelques États, en effet, et en très-petit nombre, fournissent le nombre des animaux livrés à la boucherie, sans indiquer leur poids moyen; d'autres, au contraire, indiquent ce poids sans compter les animaux : ajoutons qu'il n'existe aucun document officiel permettant de combler ces lacunes.

Nous sommes donc obligés, à notre grand regret, de renoncer, sur ce point, à tout travail de comparaison avec notre pays.

CHAPITRE IV

ÉCONOMIE RURALE

Sous ce titre, nous avons compris les données qu'on a pu recueillir sur les divers modes d'exploitation du sol, sur l'outillage agricole, les engrais et amendements et les assolements les plus répandus.

Aucun État étranger n'a répondu à cette partie du programme international de manière du moins à fournir des résultats comparables; nous devons même ajouter, en ce qui concerne la France, que la plupart des renseignements dont on vient de donner l'énumération étaient demandés pour la première fois, en sorte qu'on ne peut, faute de moyens de contrôle suffisants, les accepter sans réserve. De nouvelles enquêtes, établies dans le même sens, pourront seules indiquer dans quelle mesure les chiffres établis par les commissions de statistique, sur des faits si difficiles à constater, se rapprochent de la vérité.

C'est sous le bénéfice de ces observations que nous allons résumer ici les principaux résultats de cette enquête spéciale.

§ 1er. — PROPRIÉTÉS RURALES D'APRÈS LE MODE D'EXPLOITATION.

On sait qu'en France le mode d'exploitation d'une propriété rurale peut être ramené à trois types principaux :

1° Le *faire-valoir direct;* définition par laquelle on désigne la culture du sol par le propriétaire lui-même, employant des ouvriers, soit à l'année, soit à la journée, et se réservant le produit des récoltes, ou agissant, comme on le fait dans certaines régions du Sud-Ouest, par l'intermédiaire d'un régisseur ou maître-valet.

2° Le *métayage* ou *colonat partiaire,* dans lequel le métayer donne généralement son travail, et le propriétaire le bâtiment, le bétail en partie et les instruments d'exploitation, à la condition de partager avec le métayer les fruits ou la récolte, dans certaines proportions.

3° Le *fermage*, mode par lequel le propriétaire aliène sa terre pendant un temps plus ou moins long, moyennant une redevance fixe, ordinairement sans rapport avec les variations annuelles de la récolte.

Ces divers modes d'exploitation se rencontrent dans tous les départements; toutefois l'exploitation directe par le propriétaire domine principalement dans l'Est de la France, le fermage dans le Nord-Ouest, le métayage dans les contrées du Centre et du Sud-Ouest.

En considérant le pays tout entier, la statistique de 1873 fournit les résultats ci-après :

NOMBRE DES PROPRIÉTÉS RURALES.

MODE D'EXPLOITATION.	NOMBRE des exploitations.	RAPPORTS proportionnels p. 1,000.	NOMBRE DES PROPRIÉTÉS par kilomètre carré de territoire.	NOMBRE DES PROPRIÉTÉS par kilomètre carré de territoire exploité.
Faire-valoir direct	2,826,383	710	5,34	8,48
Fermage	831,943	210	1,57	2,49
Métayage	319,450	80	0,60	0,96
	3,977,781	1,000	7,51	11,93

Ainsi sur 3,977,781 propriétés rurales, la part de l'exploitation directe serait de 71 p. 100, celle du fermage de 21 ou d'un cinquième, et celle du métayage de moins d'un dixième.

Par kilomètre carré de territoire, il y aurait environ de 7 à 8 propriétés ; il y en aurait 12 sur le sol réellement exploité, c'est-à-dire abstraction faite, dans le territoire agricole, des terrains communaux, des forêts de l'État et des terres tout à fait incultes.

Les rapports diffèrent quand, au lieu d'examiner le nombre des propriétés agricoles, on considère leur étendue.

ÉTENDUE DES PROPRIÉTÉS RURALES.

MODE D'EXPLOITATION.	ÉTENDUE des exploitations en hectares.	NOMBRE D'HECTARES par kilomètre carré de territoire.	NOMBRE D'HECTARES par kilomètre carré de territoire exploité.
Faire-valoir direct	17,011,847	32	50,9
Fermage	11,959,354	23	35,9
Métayage	4,366,253	8	13,2
	33,337,454	63	100,0

Il résulte de ces rapports que, sur un kilomètre carré de territoire, les exploitations agricoles occuperaient 63 hectares, dont un peu plus de la moitié appartiendrait aux exploitations directes par le propriétaire, et le reste se partagerait entre le fermage et le métayage, dans le rapport approché de 3 à 1.

Au point de vue des terres réellement exploitées, la part du faire-valoir direct serait d'un peu plus de la moitié, celle du fermage de 36 et celle du métayage de 13 p. 100.

Les différences, comme on le voit, sont bien moins marquées, en ce qui regarde l'étendue, qu'elles ne le sont lorsqu'on ne tient compte que du nombre relatif des propriétés; c'est qu'en effet l'étendue moyenne des propriétés est loin d'être la même suivant les divers modes d'exploitation du sol.

Voici, à cet égard, les rapports généraux applicables à l'ensemble du pays:

ÉTENDUE MOYENNE DES PROPRIÉTÉS.

Faire-valoir direct.	6$^{\text{hect.}}$,0	Moyenne générale. . . . . 8$^{\text{hect.}}$,4.
Fermage	14 ,4	
Métayage.	13 ,7	

Mais il n'est pas besoin de dire que l'étendue moyenne des propriétés varie considérablement suivant les régions, et, dans celles-ci, suivant la nature des cultures. On peut remarquer, par exemple, que la propriété est relativement plus morcelée dans les pays vinicoles et dans ceux qui se livrent à la culture des plantes maraîchères et des plantes industrielles.

§ 2. — OUTILLAGE AGRICOLE.

Parmi les nombreux engins employés en agriculture, l'on n'a relevé que les charrues, les machines à battre, et quelques machines perfectionnées, comme les faucheuses et les moissonneuses.

D'après l'enquête faite sur ce point, le nombre des charrues serait de 3,195,500; sur ce nombre 860,572 ont été signalées comme perfectionnées; il y aurait 134,116 machines à battre, dont 6,793 à vapeur[1] et 127,323 mues par des manéges.

Enfin, on n'a recensé que 3,161 faucheuses et 2,833 moissonneuses.

En admettant ces nombres comme exacts, on compterait 12 charrues par kilomètre carré de terres labourables, 20 charrues par kilomètre de terres cultivées en céréales, et 8 charrues par 10 exploitations; on compterait un peu plus de 3 machines à battre par 100 exploitations (3,4). Il est vrai de dire que cette sorte de machine n'est généralement employée que dans les grandes exploitations, bien que, dans un certain nombre de départements, des propriétaires aisés ou des associations agricoles achètent ces engins et les mettent à la disposition des cultivateurs, à certaines conditions.

Si cette combinaison s'étendait successivement à d'autres machines, comme les moissonneuses, les faucheuses, les faneuses, etc., elle aurait pour effet d'atténuer un des principaux désavantages de la petite culture, l'impossibilité de se procurer un outillage perfectionné.

En comparant les chiffres qui précèdent à ceux qu'a fournis l'enquête de 1862, on obtient les résultats ci-après, lesquels prouveraient que notre outillage agricole tend à s'accroître en même temps qu'à se perfectionner.

---

1. On n'a pu obtenir exactement le chiffre des machines à battre mues par des forces hydrauliques, par suite de l'application de ces forces à des usages multiples.

OUTILLAGE AGRICOLE.

		1862.	1873.
Charrues	du pays	2,411,735	2,334,928
	perfectionnées	794,736	860,572
Machines à battre	à vapeur	2,849	6,793
	à manége	97,884	127,323
Faucheuses		—	3,161
Moissonneuses		—	2,883

§ 3. — ENGRAIS ET AMENDEMENTS.

Engrais. — Ce n'est que sous les réserves les plus expresses que nous donnons ici les chiffres relevés sur cette partie si importante de l'économie rurale, car nous n'avons aucun moyen de savoir si réellement, en dehors du milliard de quintaux métriques d'engrais d'étable, qu'on nous déclare avoir été employé dans l'année, on n'aurait utilisé les autres engrais, récoltes et fourrages enfouis, guano, autres engrais industriels, que jusqu'à la concurrence de 54 millions de quintaux; mais nous pouvons vérifier au moins approximativement la quantité de fumier d'étable, en attribuant au bétail existant la quantité moyenne de fumier que chaque animal pourrait produire (quantité qu'on a cherché à évaluer lors de l'enquête de 1862).

ÉVALUATION APPROXIMATIVE DE LA QUANTITÉ DE FUMIER PRODUITE EN 1873.

DÉSIGNATION DES ANIMAUX.	NOMBRE des animaux.	QUANTITÉ moyenne de fumier produit.	PRODUCTION annuelle du fumier.	PAR ESPÈCES.
		quintaux.	quintaux.	
Poulains et pouliches	432,123	37	15,984,000	
Chevaux et juments	2,310,585	51	124,740,000	162,314,000
Anes	410,268	23	9,430,000	
Mulets	303,775	40	12,160,000	
Taureaux et bœufs	2,105,651	60	126,360,000	
Vaches	5,938,818	59	350,401,000	565,866,000
Élèves	2,424,513	29	70,325,000	
Veaux	1,252,477	15	18,780,000	
Béliers, moutons, brebis	19,701,318	7	137,907,000	156,609,000
Agneaux	6,233,796	3	18,702,000	
Porcs	4,074,117	17	69,258,000	82,714,000
Cochons de lait	1,681,539	8	13,456,000	
Chèvres et boucs	1,358,940	6	8,154,000	9,462,000
Chevreaux	435,897	3	1,308,000	
	48,663,817		976,965,000	

On voit, par ce tableau, dans quelle proportion les diverses espèces de bétail contribuent à la formation du fumier. Ajoutons que le chiffre total se rapproche de celui qui nous a été donné directement, et qu'on peut par conséquent considérer comme à peu près exact.

Amendements. — Si les engrais sont d'un usage à peu près général, on n'en peut dire autant des amendements, qui ne sont employés que dans des cas spéciaux où il s'agit de modifier la nature des terres à exploiter, en leur fournissant les éléments qui leur manquent. C'est ainsi, par exemple, que la chaux et la marne s'appliquent aux terrains siliceux et argileux, aux sols de landes dont la matière organique à l'état acide doit être neutralisée; le plâtre aux prairies artificielles; les cendres en général aux terrains de grès, comme dans les Vosges; les warechs aux terrains du littoral de la mer.

La quantité totale des amendements de toutes sortes n'atteindrait pas 100 millions de quintaux, tandis qu'on a vu le chiffre des engrais dépasser 1 milliard.

§ 4. — ASSOLEMENTS.

On comprend qu'un cadre statistique ne peut se prêter à une étude aussi compliquée que celle des assolements : il eût été presque impossible, en effet, d'exprimer en chiffres toutes les combinaisons que les assolements présentent; aussi nous sommes-nous bornés à demander à chaque Commission l'énumération des assolements les plus répandus. Pour la France entière les renseignements fournis se résument en quelques mots :

L'assolement le plus répandu est, dans 46 départements, l'assolement triennal; dans 36 l'assolement biennal, dans 5 seulement l'assolement quadriennal, etc., ce qui ne veut pas dire que ces départements n'emploient pas concurremment d'autres assolements : toutefois, en général, la préférence paraît être accordée à l'assolement triennal.

DEUXIÈME PARTIE

TABLEAUX

I

STATISTIQUE AGRICOLE

DE

LA FRANCE

RÉSUMÉS GÉNÉRAUX

RÉSUMÉS GÉNÉRAUX

TABLEAU N° 1.

I. ÉTENDUE DU TERRITOIRE AGRICOLE.

DÉSIGNATION DES SUPERFICIES.		ÉVALUATION APPROXIMATIVE en hectares.	
Terres labourables.	Céréales	15,015,328	26,300,777
	Farineux.	1,981,424	
	Cultures potagères et maraîchères.	47,4061	
	Cultures industrielles	871,678	
	Prairies artificielles	2,586,429	
	Fourrages annuels.	508,572	
	Jachères mortes et cultures non dénommées	4,863,222	
Autres superficies productives.	Vignes	2,582,716	18,295,128
	Bois et forêts	8,357,066	
	Prairies naturelles et vergers	4,224,103	
	Pâturages et pacages	3,131,243	
Terres incultes (montagnes, etc.)			4,425,703
Territoire agricole			49,021,608
Territoire général de la France			52,904,974

II. SUPERFICIE EN HECTARES DES PRINCIPALES CULTURES.

Céréales.	Froment et épeautre.	6,966,419	15,015,328
	Méteil	503,178	
	Seigle	1,912,601	
	Orge.	1,117,071	
	Avoine.	3,182,456	
	Sarrasin	677,626	
	Maïs	605,993	
	Millet	49,984	

SUPERFICIE EN HECTARES DES PRINCIPALES CULTURES. (Suite.)

DÉSIGNATION DES SUPERFICIES.		ÉVALUATION APPROXIMATIVE en hectares.	
Farineux.	Légumes secs	322,681	1,981,424
	Pommes de terre	1,176,496	
	Châtaignes	482,247	
Cultures industrielles.	Chanvre	95,521	871,678
	Lin	87,671	
	Colza	168,215	
	Autres graines oléagineuses	46,593	
	Oliviers	147,626	
	Oléagineux arborescents	43,381	
	Betteraves à sucre	253,385	
	Houblon	3,528	
	Tabac	14,858	
	Cultures diverses (garance, gaude, chicorée, etc.)	10,900	

III. RÉPARTITION PROPORTIONNELLE DU TERRITOIRE PRODUCTIF.

Céréales et farineux	16,996,752	38.2
Cultures potagères et maraîchères	474,061	1.1
Cultures industrielles	871,678	1.9
Prairies artificielles et fourrages annuels	3,095,064	6.9
Jachères, etc.	4,863,222	10.9
Terres labourables	26,300,777	59.0
Prairies naturelles, jardins, vergers	7,355,346	16.5
Vignes	2,582,716	5.8
Bois et forêts	8,357,066	18.7
Autres terrains productifs	18,295,128	41.0
Total du territoire productif	44,595,905	100.0

Tableau N° 2. — PRODUIT DES CULTURES.

I. — CÉRÉALES ET AUTRES FARINEUX ALIMENTAIRES.

	NOMBRE d'hectares cultivés.	QUANTITÉ de semence par hectare.	RENDEMENT BRUT moyen par hectare. En 1873.	RENDEMENT BRUT moyen par hectare. Année moyenne.	PRODUCTION TOTALE en grains. En 1873.	PRODUCTION TOTALE en grains. Année moyenne.
		hectolitres	hectolitres	hectolitres	hectolitres	hectolitres
A. Céréales.						
Froment et épeautre	6,966,419	2,17	12,04	14,95	83,861,193	104,177,048
Méteil	503,178	2,13	12,50	15,40	6,287,301	7,751,469
Seigle	1,912,601	2,09	10,86	13,76	20,779,367	26,310,016
Orge	1,117,071	2,10	16,75	18,11	18,732,757	20,254,524
Avoine	3,182,456	2,36	22,15	22,09	70,492,743	70,328,495
Sarrasin	677,626	0,86	14,35	16,89	9,712,257	11,448,280
Maïs	605,993	0,68	14,72	15,96	8,918,352	9,676,825
Millet	49,984	0,36	12,24	13,75	612,031	687,217
	15,015,328	»	»	»	219,396,001	250,633,874
B. Farineux.						
Légumes secs	322,681	1,83	13,77	15,03	4,444,107	4,850,316
Pommes de terre	1,176,496	12,32	102,35	110,91	120,410,929	130,589,139
Châtaignes	482,247	»	13,62	16,57	6,567,381	7,998,726
	1,981,424	»	»	»	131,422,417	143,438,181

II. — CULTURES POTAGÈRES ET MARAICHÈRES.

	NOMBRE d'hectares cultivés.	VALEUR EN FRANCS de la récolte par hectare. En 1873.	VALEUR EN FRANCS de la récolte par hectare. Année moyenne.	VALEUR TOTALE de la production. En 1873.	VALEUR TOTALE de la production. Année moyenne.
		francs	francs	francs	francs
Légumes frais de toutes sortes (haricots verts, pois, choux, carottes, navets, citrouilles, melons, asperges, artichauts, salades)	474,061	972	1,045	461,058,203	495,307,288

III. — CULTURES INDUSTRIELLES.

	NOMBRE d'hectares cultivés.	QUANTITÉ de semence par hectare.	RENDEMENT BRUT moyen par hectare. En 1873.	RENDEMENT BRUT moyen par hectare. Année moyenne.	PRODUCTION TOTALE en graines ou fruits. En 1873.	PRODUCTION TOTALE en graines ou fruits. Année moyenne.
		hectolitres	hectolitres	hectolitres	hectolitres	hectolitres
A. Cultures oléagineuses.						
Colza	163,215	0,07	14,14	16,88	2,378,807	2,840,908
Œillette, navette, cameline, etc.	46,593	0,06	12,55	14,02	584,634	653,589
Chanvre (graines de)	95,521	2,74	8,15	9,22	778,890	880,543
Lin (graines de)	87,671	2,27	8,74	9,56	766,138	838,432
Oliviers	147,626	»	30,81	36,60	4,549,010	5,403,106
Autres cultures oléagineuses arborescentes (amandiers, hêtres, etc.)	43,381	»	»	»	»	»

TABLEAU N° 2. — **PRODUITS DES CULTURES.** (Suite.)

	NOMBRE D'HECTARES cultivés.	PRODUIT MOYEN par HECTARE. 1873.	PRODUIT MOYEN par HECTARE. Année moyenne.	PRODUCTION TOTALE. 1873.	PRODUCTION TOTALE. Année moyenne.
		quint. mét.	quint. mét.	quint. mét.	quint. mét.
B. PLANTES TEXTILES.					
Chanvre	95,521	5,25	5,59	501,941	534,386
Lin	87,671	5,75	5,93	503,917	519,976
	183,192	»	»	1,005,858	1,054,362

	NOMBRE D'HECTARES cultivés.	SEMENCE par hectare.	PRODUIT MOYEN par HECTARE. 1873.	PRODUIT MOYEN par HECTARE. Année moyenne.	PRODUCTION TOTALE. 1873.	PRODUCTION TOTALE. Année moyenne.
		quint. m.	quint. m.	quint. m.	quint. mét.	quint. mét.
C. AUTRES CULTURES INDUSTRIELLES.						
Betteraves à sucre	253,385	9,16	306,00	344,00	77,484,300	87,075,152
Houblon	3,528	»	14,17	13,11	50,224	46,262
Tabac	14,858	»	11,61	10,86	172,522	191,175
Autres (garance, chicorée, gaude, safran, etc.)	10,900	»	»	»	301,477	313,082

IV. — PRAIRIES.

	NOMBRE D'HECTARES.	PRODUIT MOYEN BRUT par HECTARE. 1873.	PRODUIT MOYEN BRUT par HECTARE. Année moyenne.	PRODUCTION TOTALE. 1873.	PRODUCTION TOTALE. Année moyenne.
		quint. mét.	quint. mét.	quint. mét.	quint. mét.
Prairies artificielles (trèfle, sainfoin, luzerne, mélanges, ray-grass, etc.)	2,586,492	36,93	37,25	95,536,866	96,256,090
Fourrages annuels (herbacés, légumineux, racines)	508,572	69,42	70,95	35,307,739	36,084,408
Prés naturels et prés-vergers	4,224,103	31,65	30,39	133,573,140	128,054,911
Pâturages et pacages	3,131,243	»	»	»	»

V. — ARBRES A FRUITS [1].

	VALEUR EN FRANCS DE LA RÉCOLTE ANNUELLE DES FRUITS. 1873.	VALEUR EN FRANCS DE LA RÉCOLTE ANNUELLE DES FRUITS. Année moyenne.
	francs.	francs.
Arbres à noyaux et à amandes (pruniers, abricotiers, pêchers, cerisiers, pistachiers, etc.)	10,551,708	21,829,427
Arbres à pépins (pommiers, poiriers, cognassiers, orangers, citronniers, figuiers, jujubiers)	62,658,784	75,805,972
Arbustes divers (câpriers, etc.)	2,176,694	7,241,298

[1] Évaluation avec nombreuses lacunes.

TABLEAU N° 3. — ANIMAUX DOMESTIQUES.

I. — EFFECTIF DES ANIMAUX DOMESTIQUES, AU 31 DÉCEMBRE 1873.

		NOMBRE de TÊTES.	
Espèce chevaline.	Poulains et pouliches de moins de 3 ans	432,123	2,742,708
	Étalons pour la reproduction	11,853	
	Chovaux entiers	348,673	
	— hongres	761,611	
	Juments	1,188,448	
Espèce asine		»	410,268
Espèce mulassière		»	303,775
Espèce bovine.	Veaux (de 3 mois)	1,252,477	11,721,459
	Bouvillons, taurillons	947,824	
	Génisses	1,476,689	
	Taureaux	313,081	
	Bœufs	1,792,570	
	Vaches laitières	4,888,961	
	Autres vaches	1,049,857	

		NOMBRE de TÊTES.	
Espèce ovine.	Agneaux	6,233,796	25,935,114[1]
	Béliers	516,749	
	Moutons	7,147,314	
	Brebis	12,037,255	
Espèce porcine.	Cochons de lait	1,681,539	5,755,656
	Verrats	54,551	
	Cochons	3,097,588	
	Truies	921,978	
Espèce caprine.	Chevreaux	435,897	1,794,837
	Boucs	50,641	
	Chèvres	1,308,299	
Nombre total des têtes au 31 décembre 1873		48,663,817	

II. — RENDEMENT EN VIANDE DES ANIMAUX LIVRÉS A LA BOUCHERIE.

	BŒUFS et TAUREAUX.	VACHES.	VEAUX.	MOUTONS et BREBIS.	AGNEAUX.	PORCS.	BOUCS et CHÈVRES.	CHEVREAUX.
Nombre des animaux livrés annuellement à la boucherie	550,524	841,198	2,734,530	5,115,184	1,492,735	2,925,061	113,997	733,728
Poids en kilogr. de l'animal en vie (poids brut)	500	372	68	36	12	116	30	7
Poids en kilogr. de l'animal abattu (poids net)	300	213	44	20	8	88	17	4
Poids total des animaux vivants	275,608,980	312,650,658	186,676,658	183,945,326	18,633,135	338,278,592	3,425,968	4,804,975
Poids total des animaux abattus. — VIANDE	165,540,460	179,230,999	119,541,113	101,402,093	11,470,723	257,483,231	1,958,092	3,035,144
	839,661,855 kilogr.							

III. — AUTRES PRODUITS DES ANIMAUX.

Production annuelle approximative	de la laine	(Quintaux métriques.)	500,787
	du suif	—	300,257
	du miel	—	93,112[2]
	de la cire	—	27,038[2]
	du lait	(Hectolitres.)	80,499,500
	des œufs	(Milliers.)	1,796,738

[1] Dont 4,327,862 de races perfectionnées.

[2] Le nombre des ruches d'abeilles en activité, en 1873, a été de 2,073,708.

Tableau N° 4. — ÉCONOMIE RURALE.

I. NOMBRE ET ÉTENDUE DES PROPRIÉTÉS AGRICOLES, D'APRÈS LE MODE D'EXPLOITATION.

MODES D'EXPLOITATION.	NOMBRE des EXPLOITATIONS.	ÉTENDUE moyenne.	ÉTENDUE TOTALE.
		hectares	hectares
Directe par le propriétaire faisant valoir ou cultivant lui-même (faire-valoir direct)	2,826,388	6,0	17,011,847
Par le fermier (fermage)	831,943	14,4	11,959,354
Par le colon ou métayer (métayage)	319,450	13,7	4,366,253
	3,977,781	8,4	33,337,454

II. OUTILLAGE AGRICOLE.

		NOMBRE par catégorie.	NOMBRE par espèce.
Charrues	du pays	2,334,928	3,195,500
	perfectionnées	860,572	
Machines à battre	à vapeur	6,793	134,116
	mues par des chevaux	127,323	
Machines perfectionnées	faucheuses	3,161	6,044
	moissonneuses	2,883	
Dans combien de cas les labours ont-ils lieu avec	des chevaux ?	55	100
	des bœufs ?	45	

III. ENGRAIS ET AMENDEMENTS.

ENGRAIS.	quint. mét.	AMENDEMENTS.	quint. mét.
Engrais d'étable	1,069,598,800	Chaux	17,262,204
Récoltes et fourrages enfouis, pour servir d'engrais	23,450,906	Plâtre	3,713,219
Guano	3,778,266	Marne	48,146,750
Autres engrais industriels, vidanges, boues, etc	27,116,997	Cendres	3,766,019
		Autres (warechs, sables, calcaires, etc.)	24,259,070
	1,123,944,969		97,150,262

IV. ASSOLEMENTS.

ASSOLEMENTS LES PLUS RÉPANDUS.		ASSOLEMENTS DONT L'USAGE VIENT EN SECONDE LIGNE.	
L'assolement triennal	dans 46 départements.	L'assolement triennal	dans 39 départements.
— biennal	dans 36 —	— biennal	dans 27 —
— quadriennal, etc.	dans 5 —	— quadriennal	dans 21 —

TABLEAUX RÉCAPITULATIFS

PAR

DÉPARTEMENT

PREMIÈRE SECTION

TERRITOIRE

TABLEAU N° 1. — ÉTENDUE APPROXIMATIVE DU TERRITOIRE AGRICOLE.

EN HECTARES.

DÉPARTEMENTS.	TERRES LABOURABLES. Céréales.	Farineux.	Cultures potagères et maraîchères.	Cultures industrielles.	Prairies artificielles.	Fourrages annuels.	Cultures non dénommées. — Jachères mortes, etc., etc.	TOTAL.
Ain	174,414	22,000	2,513	10,767	32,041	2,410	22,511	266,629
Aisne	286,841	19,822	32,050	63,666	67,133	15,551	60,968	546,431
Allier	192,760	23,658	4,397	3,066	47,197	3,155	158,051	432,313
Alpes (Basses-)	77,224	14,127	1,850	3,185	10,466	1,725	44,800	152,377
Alpes (Hautes-)	82,376	3,325	770	247	10,652	»	40,406	138,276
Alpes-Maritimes	30,106	4,034	1,000	16,449	1,243	1,327	10,000	73,761
Ardèche	83,756	78,048	4,220	1,810	10,013	1,553	27,121	207,423
Ardennes	174,312	14,113	2,212	7,580	42,912	8,335	64,006	314,281
Ariège	90,676	25,106	2,587	1,658	15,493	1,264	28,253	160,037
Aube	227,574	8,205	2,732	6,054	41,535	3,687	74,139	364,036
Aude	131,536	7,317	750	351	27,248	4,120	56,179	227,501
Aveyron	168,297	75,537	2,883	2,414	31,016	2,031	111,942	397,790
Bouches-du-Rhône	77,383	8,036	5,079	34,639	16,032	1,420	20,388	165,032
Calvados	182,491	2,987	4,000	34,850	51,000	4,500	28,000	307,[illegible]
Cantal	69,391	19,636	1,949	1,423	2,380	555	55,000	150,656
Charente	176,588	37,833	6,705	2,357	29,916	»	19,771	273,170
Charente-Inférieure	182,840	19,178	4,016	1,822	23,333	3,661	44,918	279,780
Cher	200,097	9,667	2,581	3,505	49,100	8,377	102,996	385,216
Corrèze	108,806	65,285	1,727	2,734	2,740	1,190	35,705	218,187
Corse	78,710	32,558	6,938	15,001	1,296	1,298	52,655	188,451
Côte-d'Or	274,281	26,045	1,080	8,873	28,008	7,811	65,740	412,568
Côtes-du-Nord	287,000	32,170	4,000	10,000	19,000	5,000	100,000	457,170
Creuse	131,136	18,575	1,622	3,126	9,073	6,706	93,302	263,530
Dordogne	263,491	56,635	4,706	3,160	25,542	10,413	85,175	435,131
Doubs	100,100	15,000	1,050	2,070	21,230	5,024	57,731	202,155
Drôme	153,046	23,003	14,150	21,703	38,246	1,523	40,150	295,183
Eure	225,007	15,067	5,198	19,413	53,356	12,242	48,327	379,051
Eure-et-Loir	288,700	4,242	7,287	1,083	98,006	11,412	59,158	471,468
Finistère	207,311	17,110	10,772	9,750	18,000	5,590	42,000	310,443
Gard	61,076	51,944	2,543	11,412	13,148	2,263	26,142	168,527
Garonne (Haute-)	206,500	37,000	3,000	7,500	35,000	10,000	74,000	373,000
Gers	189,255	12,500	5,529	3,0[illegible]9	14,389	4,719	76,162	305,566
Gironde	153,191	28,304	5,169	2,573	11,705	4,857	36,112	241,917
Hérault	40,105	10,080	2,003	2,500	5,000	3,300	30,003	102,835
Ille-et-Vilaine	331,140	13,250	3,043	7,961	28,340	12,701	49,128	445,563
Indre	185,963	13,312	2,356	2,373	32,538	5,260	110,182	355,983
Indre-et-Loire	206,991	16,856	3,831	2,748	29,620	3,803	81,681	345,532
Isère	230,807	24,330	3,420	10,718	30,174	5,149	37,576	342,225
Jura	102,425	15,104	118	5,621	31,801	3,790	22,546	181,405
Landes	147,490	27,620	5,041	3,337	14,000	5,580	24,701	228,278
Loir-et-Cher	186,377	10,186	12,912	706	37,765	3,611	80,665	332,222
Loire	120,781	28,330	5,510	2,553	18,555	16,021	65,050	256,872
Loire (Haute-)	118,062	10,900	2,724	615	7,248	4,857	58,800	209,501
Loire-Inférieure	198,530	21,000	58,300	8,500	40,000	30,000	67,500	414,850

DÉPARTEMENTS.	AUTRES SUPERFICIES PRODUCTIVES. Vignes.	Bois et forêts (y compris les forêts de l'État).	Prairies naturelles et vergers.	Pâturages et pacages.	Total.	TOTAL des terres labourables et autres superficies productives.	TERRES incultes.	TERRITOIRE agricole.	Superficies bâties, voies de transport, etc.	TOTAL GÉNÉRAL du territoire.
Ain	15,520	130,498	66,409	30,000	242,330	509,019	9,417	518,436	61,461	579,897
Aisne	4,400	90,697	44,751	6,474	146,322	692,753	794	693,547	41,653	735,200
Allier	15,342	79,103	65,674	11,454	169,673	601,986	59,484	661,470	69,367	730,837
Alpes (Basses-)	16,200	111,500	15,247	54,124	197,071	349,448	291,710	641,158	54,261	695,419
Alpes (Hautes-)	5,520	98,374	27,300	120,522	251,716	389,992	110,410	500,403	58,563	558,961
Alpes-Maritimes	9,662	90,418	10,518	90,000	209,598	283,357	103,701	387,058	53,942	441,000
Ardèche	33,068	80,627	50,329	70,393	233,417	450,840	53,903	504,743	47,917	552,660
Ardennes	1,108	120,174	57,028	8,378	186,688	500,914	2,060	502,973	20,306	523,279
Ariège	14,765	157,840	21,834	79,568	274,007	434,644	42,268	476,912	12,475	489,387
Aube	31,216	124,861	34,686	4,670	195,391	529,427	12,762	542,189	57,930	600,120
Aude	142,263	53,417	7,080	26,084	228,783	453,284	123,680	576,964	54,360	631,324
Aveyron	23,310	77,744	74,400	115,151	290,605	688,395	150,913	839,264	35,665	874,929
Bouches-du-Rhône	29,028	65,720	4,148	61,751	164,247	329,279	123,090	452,369	58,118	510,487
Calvados	»	36,151	97,000	6,000	139,151	446,979	31,219	478,198	73,874	552,072
Cantal	400	61,300	87,802	140,056	291,657	472,313	50,000	523,313	50,834	574,147
Charente	112,673	88,031	64,893	20,083	289,080	562,250	5,000	567,250	26,988	594,238
Charente-Inférieure	164,051	58,871	72,780	11,778	308,020	587,800	6,051	594,461	88,118	682,569
Cher	14,810	122,016	57,372	17,403	211,729	506,936	59,520	556,456	63,478	619,934
Corrèze	22,[illegible]00	50,143	70,805	71,473	222,931	441,108	120,300	561,408	25,201	586,609
Corse	23,584	103,588	10,534	142,456	280,102	477,618	348,340	825,958	45,758	871,741
Côte-d'Or	33,252	240,919	43,120	15,000	332,291	744,859	98,094	842,953	33,163	876,116
Côtes-du-Nord	»	36,483	52,000	73,500	161,983	619,153	23,159	642,312	46,250	688,562
Creuse	5	34,800	78,414	81,496	194,715	458,254	52,843	511,097	45,733	556,830
Dordogne	124,107	195,207	110,436	5,029	434,778	872,900	33,570	906,479	11,777	918,256
Doubs	7,528	107,392	95,136	63,157	273,208	475,403	8,517	483,920	98,835	582,755
Drôme	20,720	101,290	20,976	116,206	319,224	614,704	3,501	618,205	23,950	642,155
Eure	546	109,858	33,240	11,170	154,814	533,895	1,597	535,492	60,273	595,765
Eure-et-Loir	1,888	56,361	16,507	2,125	76,876	547.384	3,134	550,518	36,912	587,430
Finistère	»	36,048	30,120	100,600	166,768	495,811	140,400	636,211	35,960	672,171
Gard	87,779	97,397	14,880	37,815	237,871	406,398	122,949	529,347	54,200	583,556
Garonne (Haute-)	55,000	100,252	40,000	20,000	215,252	588,252	20,000	608,252	20,735	628,990
Gers	113,751	44,954	55,870	3,367	217,951	523,517	23,870	547,387	80,644	628,031
Gironde	138,418	335,250	58,000	103,388	655,194	900,111	48,905	949,016	25,016	974,032
Hérault	226,000	77,048	9,100	156,000	468,448	571,283	20,000	591,283	28,517	619,800
Ille-et-Vilaine	105	44,763	50,664	26,734	121,266	566,835	51,501	618,336	53,757	672,093
Indre	21,091	81,148	59,255	23,705	185,250	541,249	36,723	579,965	99,566	678,530
Indre-et-Loire	44,778	95,642	38,560	4,060	183,040	529,172	50,340	579,512	31,858	611,370
Isère	30,345	168,274	57,882	25,679	287,130	649,355	114,648	764,003	64,981	828,984
Jura	20,880	146,728	49,004	48,032	265,244	446,709	28,587	475,296	24,105	499,401
Landes	30,124	485,705	20,787	28,200	564,876	793,154	131,990	925,144	6,987	932,131
Loir-et-Cher	19,879	96,549	15,825	11,368	146,021	478,243	81,560	559,803	65,289	625,092
Loire	15,123	63,382	77,016	12,305	178,208	430,080	18,849	448,682	27,300	476,082
Loire (Haute-)	7,308	70,865	80,930	52,202	220,410	429,911	5,160	435,071	61,151	496,245
Loire-Inférieure	34,300	47,000	106,000	49,000	236,300	651,150	25,000	676,150	11,297	687,456

TABLEAU N° 1. (*Suite.*) — **ÉTENDUE APPROXIMATIVE DU TERRITOIRE AGRICOLE.**

EN HECTARES.

DÉPARTEMENTS.	TERRES LABOURABLES.								AUTRES SUPERFICIES PRODUCTIVES.					TOTAL des TERRES labourables et autres superficies productives.	TERRES INCULTES.	TERRITOIRE AGRICOLE.	SUPERFICIES bâties, voies de transport, etc.	TOTAL GÉNÉRAL du territoire.
	CÉRÉALES.	FARINEUX.	CULTURES potagères et maraîchères.	CULTURES industrielles.	PRAIRIES artificielles.	FOURRAGES annuels.	CULTURES non dénommées. — Jachères mortes, etc., etc.	TOTAL.	VIGNES.	BOIS et forêts (y compris les forêts de l'État).	PRAIRIES naturelles et vergers.	PATURAGES et pacages.	TOTAL.					
Loiret	235,751	12,320	3,000	3,880	43,110	9,700	101,320	417,430	29,667	110,765	19,893	5,125	171,450	588,880	16,175	605,055	72,064	677,119
Lot	159,000	64,000	3,000	9,975	7,500	500	27,000	279,975	68,000	90,000	25,000	15,000	198,000	478,975	25,630	504,155	17,019	521,174
Lot-et-Garonne	186,261	33,300	10,000	8,327	27,600	9,000	27,183	301,371	85,001	70,035	24,500	3,590	193,126	494,497	23,228	517,725	17,071	535,396
Lozère	99,180	39,584	1,060	•	7,010	989	50,400	198,515	1,200	50,265	16,155	12,704	82,324	280,839	185,064	465,893	51,080	516,973
Maine-et-Loire	219,021	29,104	7,341	16,655	49,143	19,328	88,800	456,097	30,930	54,407	80,403	5,103	170,843	626,935	15,400	642,335	69,738	712,093
Manche	250,836	8,863	6,400	6,177	51,129	9,214	22,316	358,021	•	19,273	80,118	24,482	123,873	481,894	33,050	514,944	77,894	592,838
Marne	330,101	12,018	3,272	7,474	64,991	5,087	108,701	535,644	14,151	114,803	33,832	1,723	164,509	750,153	17,431	767,384	50,460	818,044
Marne (Haute-)	237,318	11,930	1,066	4,420	20,839	2,038	75,305	350,862	16,859	179,261	39,037	4,801	240,098	590,960	8,444	608,324	13,674	621,968
Mayenne	212,460	6,907	3,311	5,959	43,300	4,130	70,222	345,298	400	18,504	70,380	850	90,134	435,532	19,131	454,633	62,400	517,037
Meurthe-et-Moselle	169,423	29,184	2,476	5,720	21,128	1,875	36,168	264,927	17,868	97,963	44,061	2,198	161,013	326,837	5,168	432,006	91,220	523,234
Meuse	224,460	27,717	8,071	5,778	30,980	4,010	60,861	362,515	13,455	153,771	62,683	1,030	228,589	580,084	8,654	507,738	25,049	622,787
Morbihan	222,955	14,308	0,869	4,470	7,526	2,460	21,036	283,279	400	87,400	71,836	116,812	226,048	509,317	140,235	649,552	30,229	679,781
Nièvre	183,214	18,116	3,272	3,807	44,100	5,420	90,000	348,088	10,915	214,006	74,753	11,407	311,081	659,169	4,407	663,576	18,030	681,606
Nord	212,036	34,775	16,434	69,091	30,847	5,710	8,764	378,566	•	41,189	55,312	4,454	100,955	479,521	1,767	481,288	86,799	568,087
Oise	246,260	15,006	0,568	30,405	63,513	11,035	47,365	420,852	402	95,124	28,795	4,314	128,635	549,487	6,248	555,742	29,764	585,506
Orne	203,861	4,950	4,038	2,348	56,200	4,995	76,339	351,101	•	77,776	77,361	5,770	160,907	512,008	24,296	536,303	73,426	609,729
Pas-de-Calais	278,388	27,046	10,668	68,457	45,150	16,517	46,024	491,845	•	34,833	24,840	11,368	71,044	563,892	12,330	575,222	85,341	660,563
Puy-de-Dôme	207,704	36,800	7,400	4,946	28,500	6,200	120,440	414,990	27,203	90,063	83,750	99,735	301,421	716,411	37,835	754,246	40,803	795,061
Pyrénées (Basses-)	145,461	20,960	3,708	9,479	11,572	6,769	4,063	194,050	11,236	139,131	63,555	66,212	270,134	465,084	248,023	713,107	49,159	762,263
Pyrénées (Hautes-)	75,506	15,226	640	1,361	2,013	•	9,258	104,005	15,837	74,014	30,761	65,000	185,612	290,517	148,888	439,265	13,580	452,845
Pyrénées-Orientales	35,914	9,450	2,400	280	10,000	1,700	26,000	85,774	70,000	67,880	11,650	78,250	227,150	312,054	60,000	372,854	39,257	412,211
Rhin (Haut-) (Belfort)	12,119	3,860	412	145	2,504	170	600	19,122	•	20,000	11,808	587	32,495	51,617	411	52,033	8,055	61,013
Rhône	83,425	13,181	2,034	2,425	10,221	4,249	24,811	140,310	37,025	29,528	38,457	12,876	117,844	258,224	1,399	259,623	19,416	279,039
Saône (Haute-)	160,094	17,800	1,214	5,175	18,380	7,270	59,014	269,041	12,840	152,156	62,027	9,600	236,632	505,676	12,078	518,654	15,338	533,992
Saône-et-Loire	241,672	37,832	1,500	20,034	21,286	3,230	111,193	436,808	48,000	150,484	118,284	15,880	332,648	769,464	23,716	793,170	62,004	855,174
Sarthe	221,272	32,741	7,097	11,835	58,772	5,082	86,270	422,525	9,311	70,470	58,401	12,259	150,417	581,949	10,323	592,265	28,408	620,068
Savoie	61,720	11,400	1,288	1,410	16,804	1,243	3,450	97,265	11,400	83,200	69,643	74,020	238,663	336,028	176,162	512,990	63,360	576,350
Savoie (Haute-)	65,332	14,178	5,036	1,610	34,716	4,465	12,724	140,231	8,025	67,200	37,031	58,860	171,715	311,946	53,535	365,481	65,991	431,472
Seine	9,851	5,368	4,196	133	3,034	220	13	21,856	2,071	1,309	402	16	4,188	26,044	448	26,492	21,058	47,550
Seine-Inférieure	220,926	11,010	3,080	15,280	53,296	20,837	26,358	351,887	•	74,252	77,270	11,530	163,058	524,896	9,018	533,913	69,637	603,550
Seine-et-Marne	235,603	11,371	4,945	16,082	72,264	14,159	43,000	396,534	18,670	103,625	27,027	904	150,426	516,960	6,968	553,928	19,707	573,636
Seine-et-Oise	210,230	20,000	11,620	11,002	60,688	7,376	84,082	356,804	7,171	91,767	14,153	1,521	114,612	470,476	9,627	480,103	80,262	560,363
Sèvres (Deux-)	223,560	15,010	15,205	2,952	31,200	2,000	124,560	422,377	20,242	36,485	50,900	1,200	108,727	581,104	8,267	539,371	60,817	599,088
Somme	318,500	21,000	4,000	47,230	51,860	21,200	64,116	527,306	•	40,000	26,490	8,030	73,520	600,826	5,974	606,800	9,320	616,120
Tarn	200,353	36,090	3,060	5,195	24,843	1,805	87,209	350,239	43,041	75,500	47,760	17,848	185,070	544,303	21,208	565,514	8,702	574,216
Tarn-et-Garonne	152,118	14,083	4,310	3,211	28,006	2,845	36,550	241,753	46,625	38,070	20,022	2,084	107,401	349,154	7,630	356,784	15,232	372,016
Var	58,180	13,531	2,862	37,301	6,371	1,250	34,338	153,379	74,009	214,338	6,012	20,074	315,423	468,802	54,376	523,178	76,299	599,477
Vaucluse	83,088	11,516	8,040	42,230	20,104	2,512	37,090	206,450	14,458	49,642	10,868	7,580	82,548	288,998	23,101	312,100	42,671	354,771
Vendée	240,783	16,216	15,572	11,761	21,070	18,097	137,605	457,208	10,360	81,216	33,946	31,007	167,469	624,677	8,531	633,208	37,142	670,350
Vienne	231,140	16,081	525	800	51,316	1,813	110,000	411,603	32,104	85,555	31,961	10,000	153,380	570,073	79,768	650,411	46,586	697,037
Vienne (Haute-)	144,298	50,580	2,473	5,026	7,472	3,772	73,018	295,061	2,678	41,763	84,000	33,470	162,015	457,900	9,255	467,254	84,404	551,658
Vosges	141,588	44,700	3,137	1,419	34,401	2,577	27,857	255,778	5,179	203,386	92,979	12,151	313,695	559,473	12,770	572,243	13,021	585,264
Yonne	241,483	14,016	0,400	2,488	35,007	11,276	116,345	477,015	30,000	186,512	20,292	6,624	242,127	719,142	0,475	725,617	17,187	742,801
TOTAUX	15,015,328	1,951,424	474,061	871,678	2,588,402	508,572	4,868,282	25,300,777	2,532,716	8,387,066	4,224,103	3,131,243	18,295,123	44,595,905	4,425,703	49,021,603	3,883,306	52,904,974

TABLEAU N° 2. — SUPERFICIE DES PRINCIPALES CULTURES.

EN HECTARES.

DÉPARTEMENTS.	CÉRÉALES.									FARINEUX.				CULTURES potagères et maraîchères.	CULTURES INDUSTRIELLES.										
	FROMENT.	MÉTEIL.	SEIGLE.	ORGE.	AVOINE.	SARRASIN.	MAÏS.	MILLET.	TOTAL.	LÉGUMES secs.	POMMES de terre.	CHÂTAIGNES.	TOTAL.	Légumes frais de toute nature.	CHANVRE.	LIN.	COLZA.	OLÉAGINEUX divers en graines.	OLIVIERS.	OLÉAGINEUX arborescents.	BETTERAVES à sucre.	HOUBLON.	TABAC.	AUTRES cultures industrielles.	TOTAL.
AIN	90,000	7,500	11,500	13,500	70,014	16,000	15,500	500	174,414	4,500	17,348	152	22,000	2,513	2,623	190	7,862	100	»	120	163	»	»	»	10,767
AISNE	128,323	20,000	28,017	10,224	90,872	2,000	5	»	286,841	3,859	16,463	»	19,829	32,050	1,360	1,096	8,716	1,582	»	»	55,607	253	»	72	63,666
ALLIER	77,423	110	50,037	14,636	47,244	2,052	130	»	192,760	2,725	20,431	603	23,568	4,397	1,100	»	1,170	»	»	»	786	»	»	»	3,068
ALPES (BASSES-)	60,880	1,600	2,034	720	12,130	»	»	»	77,224	1,854	11,297	476	13,127	1,850	500	»	»	»	2,845	»	36	»	»	24	3,183
ALPES (HAUTES-)	46,583	15,271	13,047	1,366	6,109	»	»	»	82,376	378	3,447	»	3,835	770	247	»	»	»	»	»	»	»	»	»	247
ALPES-MARITIMES	25,671	2,575	5,960	733	832	95	310	»	36,106	1,036	3,506	»	4,631	1,000	33	»	»	»	15,815	511	»	»	30	»	16,449
ARDÈCHE	30,612	902	43,446	2,428	5,173	430	566	100	83,755	847	25,008	53,098	78,948	4,220	15	»	782	»	776	987	»	»	»	»	1,810
ARDENNES	70,601	4,877	16,825	17,742	64,496	381	»	»	174,912	2,251	11,850	»	11,113	2,212	613	141	980	150	»	24	6,566	5	»	110	7,539
ARIÈGE	38,883	6,894	12,027	382	8,860	6,586	18,790	236	90,576	3,659	21,265	109	25,106	2,687	100	1,547	11	»	»	»	»	»	»	»	1,658
AUBE	78,250	223	36,436	26,077	70,348	1,630	2	»	227,574	1,075	6,590	»	8,265	2,732	1,326	»	1,965	1,712	»	»	999	»	»	»	6,054
AUDE	65,090	482	10,806	8,757	17,340	500	27,000	1,565	131,536	655	6,110	332	7,317	760	27	74	»	»	151	80	10	»	»	5	351
AVEYRON	65,060	1,661	46,181	8,230	39,600	2,102	5,404	»	168,267	3,406	23,202	47,779	75,637	2,883	1,490	162	263	»	»	554	»	»	»	»	2,414
BOUCHES-DU-RHÔNE	66,803	40	300	2,968	7,133	»	11	»	77,355	2,832	5,361	»	8,003	5,079	»	»	»	»	24,251	3,821	10	»	104	1,453	31,639
CALVADOS	104,416	1,648	5,215	18,874	35,319	17,024	»	»	182,401	387	2,600	»	9,987	4,003	400	833	31,000	150	»	»	»	»	»	»	34,850
CANTAL	7,135	985	61,016	2,796	8,177	10,140	145	»	90,394	728	5,701	13,403	19,633	1,949	1,100	180	82	7	»	64	»	»	»	»	1,433
CHARENTE	97,941	11,047	15,316	5,437	23,476	2,218	21,153	»	176,588	7,806	21,658	8,339	87,833	6,706	660	191	853	»	»	450	900	»	»	»	2,857
CHARENTE-INFÉRIEURE	141,168	3,066	3,060	11,135	13,132	»	11,199	»	182,840	4,677	14,501	»	19,178	4,018	232	787	460	»	»	40	303	»	»	»	1,822
CHER	90,387	2,000	16,279	21,383	70,714	5,012	30	»	206,097	1,781	7,048	800	9,557	2,584	1,067	»	602	6	»	»	1,140	»	»	»	3,505
CORRÈZE	17,508	2,400	50,610	1,018	10,856	12,330	4,090	»	108,806	735	13,063	51,547	64,285	1,727	1,780	751	»	»	»	182	15	»	»	»	2,734
CORSE	54,616	220	2,416	19,132	»	»	2,320	»	78,710	3,252	2,482	26,844	33,558	6,093	188	406	»	»	12,900	1,133	»	»	308	»	15,004
CÔTE-D'OR	125,421	6,500	18,409	33,050	87,033	2,430	5,031	736	274,951	7,330	10,325	»	26,015	1,080	670	»	2,812	2,548	»	»	1,028	920	»	»	8,873
CÔTES-DU-NORD	68,000	9,000	30,000	16,000	70,000	74,000	»	»	267,000	2,170	30,000	»	32,170	4,000	3,500	6,500	»	»	»	»	»	»	»	»	10,000
CREUSE	6,676	570	97,900	2,364	12,212	12,028	17	»	131,136	1,078	11,665	5,222	13,575	1,629	2,328	»	380	406	»	»	12	»	»	»	3,126
DORDOGNE	141,167	14,277	46,791	7,055	3,909	2,241	48,726	255	263,491	6,155	30,076	57,400	95,656	4,700	1,312	79	117	2	»	»	»	»	1,659	»	3,169
DOUBS	45,000	7,000	2,509	5,400	37,200	»	2,003	1,000	100,100	3,000	12,070	»	16,000	1,050	980	300	840	»	»	»	»	»	»	»	2,070
DRÔME	102,728	4,337	20,880	3,501	15,923	5,002	1,275	»	153,646	1,035	20,713	355	23,003	14,130	196	»	2,180	800	2,916	16,366	960	»	»	1,395	24,763
EURE	113,960	10,880	12,570	11,540	70,720	310	7	»	225,007	9,343	6,744	»	15,087	5,138	40	1,000	10,800	10	»	»	601	»	»	331	13,413
EURE-ET-LOIR	113,740	12,020	10,686	23,879	123,435	29	1	»	283,790	833	3,550	»	4,242	7,287	122	18	102	»	»	»	1,801	»	»	»	1,633
FINISTÈRE	43,260	7,300	34,711	26,515	45,821	44,214	»	»	207,311	2,250	14,800	»	17,110	10,772	1,200	8,500	50	»	»	»	»	»	»	»	9,750
GARD	30,039	69	9,802	2,998	10,836	956	2,961	210	61,076	1,053	5,793	45,096	51,944	2,542	»	»	59	»	9,706	379	19	»	»	1,260	11,412
GARONNE (HAUTE-)	120,000	4,000	6,000	3,000	20,000	3,000	50,000	500	206,500	20,000	15,000	9,000	37,000	3,000	500	4,000	3,000	»	»	»	»	»	»	»	7,500
GERS	130,194	51	1,200	650	24,450	210	32,400	100	189,255	9,500	3,030	»	12,500	5,522	26	2,694	290	»	»	»	»	»	»	»	3,010
GIRONDE	86,000	»	31,319	6	8,000	»	17,152	7,717	153,104	8,066	20,175	63	28,304	5,169	1,672	45	97	»	»	»	12	»	747	»	2,673
HÉRAULT	32,980	165	5,923	800	3,280	6	560	»	43,105	430	4,500	6,479	10,980	2,000	»	»	»	»	2,500	»	»	»	»	»	2,500
ILLE-ET-VILAINE	124,494	2,726	11,492	30,248	61,509	110,661	10	»	341,140	1,000	11,250	1,900	13,250	8,040	1,638	1,480	3,880	»	»	»	»	»	763	»	7,901
INDRE	76,814	4,000	15,020	24,915	63,727	2,367	72	»	189,003	1,307	9,348	2,047	13,312	2,356	801	»	1,411	»	»	217	240	»	»	»	2,372
INDRE-ET-LOIRE	108,150	8,350	10,000	18,975	60,500	600	208	203	206,981	4,800	11,950	198	16,658	3,831	2,698	»	»	»	»	50	»	»	»	»	2,748
ISÈRE	110,227	7,758	38,085	11,374	28,222	19,918	5,857	418	220,867	1,776	19,679	2,876	24,330	3,420	1,797	»	1,461	12	»	4,306	40	»	12	»	10,718
JURA	55,538	958	2,892	13,273	11,920	910	13,101	824	102,425	2,480	12,602	22	15,161	118	602	32	2,229	2,410	»	9	330	»	»	»	5,621
LANDES	31,221	650	41,832	30	1,330	»	40,016	17,420	117,180	21,984	5,186	109	27,520	5,611	766	2,492	»	»	»	»	»	»	79	»	3,337
LOIR-ET-CHER	60,271	12,478	27,975	10,000	61,583	10,320	133	»	186,377	1,207	8,019	»	10,186	12,012	341	»	184	»	»	»	181	»	»	»	706
LOIRE	38,805	966	53,600	3,210	19,200	»	»	»	120,781	1,000	26,000	430	25,303	5,510	430	»	2,225	»	»	»	»	»	»	»	2,655
LOIRE (HAUTE-)	10,982	7,553	82,492	7,800	8,550	60	600	»	118,062	2,300	14,500	»	16,900	2,732	239	»	674	2	»	»	»	»	»	»	915
LOIRE-INFÉRIEURE	120,350	2,500	15,000	3,000	24,500	32,000	»	1,200	198,570	3,500	15,000	1,503	21,000	52,300	1,000	3,003	1,500	»	»	»	»	»	»	»	5,503

Tableau N° 2. (*Suite.*) — SUPERFICIE DES PRINCIPALES CULTURES.

EN HECTARES.

DÉPARTEMENTS.	CÉRÉALES. Froment.	Méteil.	Seigle.	Orge.	Avoine.	Sarrasin.	Maïs.	Millet.	Total.	FARINEUX. Légumes secs.	Pommes de terre.
Loiret	70,317	15,744	27,032	26,884	95,541	2,708	»	483	238,751	1,542	10,756
Lot	88,000	4,000	22,000	7,000	10,000	3,000	35,000	»	169,000	7,000	12,000
Lot-et-Garonne	110,875	400	11,100	»	4,800	»	30,035	1,051	158,261	18,000	15,300
Lozère	20,765	6,076	50,514	7,148	13,478	590	»	93	99,480	362	5,374
Maine-et-Loire	150,280	5,152	10,100	20,002	90,678	1,046	1,386	377	279,021	2,301	26,723
Manche	101,619	5,255	5,397	52,815	24,380	61,370	»	»	250,836	1,927	6,936
Marne	93,537	4,539	70,067	33,084	120,915	7,034	»	25	330,101	1,008	10,920
Marne (Haute-)	97,932	2,701	4,526	29,186	99,975	2,118	518	88	237,315	1,651	10,285
Mayenne	102,603	13,343	4,022	40,650	30,772	20,797	282	»	212,469	273	5,934
Meurthe-et-Moselle	89,615	650	5,521	39,538	32,770	150	161	9	168,414	2,809	26,324
Meuse	96,406	»	4,507	27,344	96,132	»	»	»	224,409	2,306	25,411
Morbihan	38,112	1,418	80,690	502	32,149	63,074	»	6,507	222,065	528	11,635
Nièvre	82,187	1,215	21,530	24,781	48,084	5,319	107	2	183,214	2,645	15,471
Nord	140,190	2,033	10,414	11,130	49,034	57	49	»	212,936	10,542	24,238
Oise	108,729	22,032	16,076	10,000	93,504	103	4	»	246,260	2,013	12,763
Orne	74,870	15,317	8,838	31,406	58,475	11,310	115	»	203,861	1,167	8,083
Pas-de-Calais	142,884	15,975	15,523	23,941	80,083	22	10	»	278,368	11,380	16,307
Puy-de-Dôme	68,000	1,500	88,000	15,000	32,000	3,200	4	»	207,704	10,000	20,000
Pyrénées (Basses-)	53,020	1,048	806	1,510	4,520	350	85,005	101	146,451	10,500	2,860
Pyrénées (Hautes-)	35,346	7,260	3,425	4,156	6,891	763	17,057	620	75,508	3,897	4,727
Pyrénées-Orientales	10,745	3,074	15,200	865	1,530	450	3,500	580	35,944	2,600	6,500
Rhin (Haut-) [Belfort]	5,030	582	2,983	601	2,514	»	»	»	12,110	»	3,206
Rhône	48,632	1,158	20,600	411	9,598	3,028	»	»	83,426	421	12,027
Saône (Haute-)	69,600	9,178	11,980	11,784	52,711	2,276	2,341	220	160,094	1,384	16,562
Saône-et-Loire	132,752	970	38,460	5,161	25,413	16,483	20,000	2,303	241,572	3,340	33,992
Sarthe	71,437	20,836	21,367	56,540	33,724	1,318	1,044	»	221,272	1,512	30,829
Savoie	20,100	4,500	15,500	5,220	8,500	3,100	4,800	»	61,720	1,500	7,700
Savoie (Haute-)	39,705	4,735	5,914	4,152	11,138	2,578	615	»	68,883	800	12,050
Seine	5,276	5	1,706	118	2,745	»	2	»	9,851	158	5,200
Seine-Inférieure	121,524	2,902	11,930	6,656	83,726	188	»	»	226,926	1,207	9,713
Seine-et-Marne	106,590	5,483	13,208	11,928	98,488	51	»	»	235,698	1,698	9,743
Seine-et-Oise	85,175	7,508	17,911	10,085	88,106	247	210	»	210,256	2,048	18,462
Sèvres (Deux-)	115,000	13,000	21,000	32,000	35,530	1,000	6,000	»	223,550	8,500	12,000
Somme	160,000	36,000	12,000	20,000	90,000	500	»	»	318,500	6,002	15,900
Tarn	105,381	1,489	43,975	974	14,150	687	33,030	594	200,358	6,968	20,773
Tarn-et-Garonne	110,815	2,332	3,380	442	10,323	»	23,767	489	152,148	6,300	7,277
Var	50,558	1,065	600	703	5,080	0	61	»	58,130	4,001	6,198
Vaucluse	73,474	820	1,956	568	6,374	134	100	530	83,966	2,238	9,273
Vendée	190,000	3,090	5,691	15,619	12,335	10,299	»	2,834	240,788	7,752	8,461
Vienne	114,191	13,317	8,853	38,569	53,351	1,410	1,455	»	231,140	2,096	13,290
Vienne (Haute-)	35,237	865	62,529	433	8,000	35,443	1,700	91	144,298	1,576	20,275
Vosges	52,790	10,493	18,736	5,094	52,437	2,010	1	99	141,568	1,571	43,228
Yonne	116,132	7,022	19,088	95,148	72,000	1,095	8	»	241,183	2,083	10,804
Totaux	6,966,419	503,178	1,812,031	1,117,071	3,182,456	677,626	605,993	40,984	15,015,328	322,091	1,170,406

DÉPARTEMENTS.	FARINEUX. Châtaignes.	Total.	Cultures potagères et maraîchères. — Légumes frais de toute nature.	CULTURES INDUSTRIELLES. Chanvre.	Lin.	Colza.	Oléagineux divers en graines.	Oliviers.	Oléagineux arborescents.	Betteraves à sucre.	Houblon.	Tabac.	Autres cultures industrielles.	Total.
Loiret	32	12,320	3,000	378	»	1,448	»	»	»	800	»	»	1,144	3,830
Lot	45,000	64,000	3,000	1,000	800	»	»	»	1,930	»	»	5,755	»	8,975
Lot-et-Garonne	»	83,300	10,000	3,300	800	1,350	»	»	»	»	»	3,377	»	8,827
Lozère	33,908	30,584	1,060	»	»	»	»	»	»	»	»	»	»	»
Maine-et-Loire	80	29,101	7,641	9,426	2,900	3,325	4	»	»	»	»	»	»	15,655
Manche	»	8,863	6,490	1,178	3,861	1,124	14	»	»	»	»	»	»	6,177
Marne	»	12,018	3,272	343	32	1,548	1,026	»	70	4,450	»	»	»	7,474
Marne (Haute-)	»	11,936	1,956	1,000	47	1,630	1,337	»	14	446	»	»	»	4,420
Mayenne	»	6,207	3,811	1,555	3,554	750	»	»	»	»	»	»	»	5,859
Meurthe-et-Moselle	»	20,183	2,476	752	228	2,102	97	»	213	1,385	719	273	»	5,729
Meuse	»	27,717	8,671	735	351	2,004	1,497	»	»	1,150	4	25	»	5,778
Morbihan	2,206	14,368	9,862	3,750	500	220	»	»	»	»	»	»	»	4,470
Nièvre	»	18,116	3,272	2,213	»	481	552	»	42	569	»	»	»	3,867
Nord	»	34,775	16,434	281	9,556	5,563	3,971	»	»	46,445	1,245	424	1,093	69,091
Oise	230	15,006	6,508	1,073	870	801	177	»	»	27,494	»	»	»	30,405
Orne	»	4,250	4,028	1,395	68	719	»	»	»	166	»	»	»	2,348
Pas-de-Calais	»	27,646	10,666	940	8,865	5,531	15,540	»	»	37,533	50	648	»	68,457
Puy-de-Dôme	500	36,800	7,400	87	15	28	5	»	796	4,105	»	30	»	4,916
Pyrénées (Basses-)	7,000	20,960	2,708	»	2,472	»	»	»	»	»	»	»	»	2,472
Pyrénées (Hautes-)	6,001	15,225	640	»	1,263	»	»	»	»	»	»	98	»	1,361
Pyrénées-Orientales	350	9,450	2,400	140	140	»	»	»	»	»	»	»	»	280
Rhin (Haut-) [Belfort]	»	3,366	412	47	»	91	»	»	»	»	»	1	»	145
Rhône	730	13,181	2,034	275	»	2,150	»	»	»	»	»	»	»	2,425
Saône (Haute-)	»	17,890	1,214	1,188	20	2,048	325	»	»	959	4	151	»	5,176
Saône-et-Loire	»	37,832	1,560	2,443	100	11,916	1,000	»	»	4,535	40	»	»	20,034
Sarthe	400	32,741	7,037	11,283	50	»	»	»	»	»	»	»	»	11,335
Savoie	2,900	11,400	1,233	750	11	480	13	»	»	24	»	132	»	1,410
Savoie (Haute-)	1,310	14,178	3,626	820	70	204	18	»	208	12	»	158	»	1,610
Seine	»	5,358	4,194	»	»	»	»	»	»	133	»	»	»	133
Seine-Inférieure	»	11,010	3,630	328	2,398	11,712	44	»	»	830	39	»	»	15,280
Seine-et-Marne	»	11,371	4,945	211	675	1,830	99	»	»	13,707	»	»	»	16,082
Seine-et-Oise	465	20,900	11,020	»	275	981	2	»	35	9,014	25	»	190	11,002
Sèvres (Deux-)	410	15,910	15,295	1,300	1,900	2,200	»	»	3,652	1,600	»	»	»	9,952
Somme	»	21,000	4,000	3,150	4,031	5,500	10,000	»	»	25,400	50	»	»	47,230
Tarn	8,870	36,020	3,050	1,770	1,065	105	14	»	1,556	47	»	»	550	5,195
Tarn-et-Garonne	600	14,083	4,310	1,104	1,444	568	»	»	100	25	»	»	»	3,211
Var	2,732	13,531	2,302	»	»	»	»	36,738	186	»	»	55	412	37,391
Vaucluse	»	11,516	8,910	»	»	116	4	30,330	230	»	»	1	2,500	42,230
Vendée	»	16,216	15,572	861	3,350	7,541	»	»	»	»	»	»	»	11,761
Vienne	258	16,081	525	500	75	234	»	»	»	»	»	»	»	809
Vienne (Haute-)	38,085	50,080	2,473	2,299	344	2,102	100	»	181	»	»	»	»	5,026
Vosges	»	41,790	5,137	602	271	277	84	»	»	»	182	23	»	1,419
Yonne	180	14,016	6,400	744	»	1,088	288	»	66	300	2	»	»	2,488
Totaux	482,347	1,981,424	474,061	95,521	87,671	108,215	40,593	147,625	43,381	253,395	3,528	14,858	10,900	871,078

DEUXIÈME SECTION

PRODUIT DES CULTURES

TABLEAU N° 1. — CÉRÉALES ET AUTRES FARINEUX ALIMENTAIRES.

I. — FROMENT. MÉTEIL, SEIGLE.

DÉPARTEMENTS.	FROMENT ET ÉPEAUTRE.						MÉTEIL.						SEIGLE.					
	NOMBRE d'hectares cultivés.	QUANTITÉ de semence par hectare.	PRODUIT BRUT en grains par hectare.		PRODUCTION TOTALE en grains.		NOMBRE d'hectares cultivés.	QUANTITÉ de semence par hectare.	PRODUIT BRUT en grains par hectare.		PRODUCTION TOTALE en grains.		NOMBRE d'hectares cultivés.	QUANTITÉ de semence par hectare.	PRODUIT BRUT en grains par hectare.		PRODUCTION TOTALE en grains.	
			1873.	Année moyenne.	1873.	Année moyenne.			1873.	Année moyenne.	1873.	Année moyenne.			1873.	Année moyenne.	1873.	Année moyenne.
		h. l.	h. l.	h. l.	hectol.	hectol.		h. l.	h. l.	h. l.	hectol.	hectol.		h. l.	h. l.	h. l.	hectol.	hectol.
AIN	90,000	2,30	11,25	12,50	1,012,500	1,125,000	7,500	2,18	12,00	15,00	90,000	112,500	11,500	2,15	8,40	14,70	96,600	169,050
AISNE	128,323	2,40	15,45	19,64	1,982,590	2,520,261	26,000	2,37	16,00	19,64	416,000	510,640	28,917	2,25	15,00	19,83	433,755	573,424
ALLIER	77,423	2,00	10,90	16,17	843,911	1,251,930	110	2,00	12,00	15,00	1,320	1,650	50,957	1,80	10,06	15,80	513,201	805,120
ALPES (BASSES-)	60,880	1,90	9,00	10,00	547,920	608,800	1,500	1,80	7,00	8,00	10,500	12,000	2,004	2,00	10,00	10,00	20,040	20,040
ALPES (HAUTES-)	46,588	3,00	11,00	15,00	512,413	698,745	15,271	3,00	12,00	17,00	183,252	259,607	13,047	3,00	11,50	14,00	150,040	182,658
ALPES-MARITIMES	25,571	1,90	9,60	10,00	245,481	255,710	2,575	1,87	10,00	10,00	25,750	25,750	8,960	2,72	10,00	12,00	89,600	107,520
ARDÈCHE	30,612	1,97	12,00	12,66	367,344	387,548	992	1,06	15,00	15,00	14,880	11,880	43,445	2,30	11,54	12,20	501,355	530,029
ARDENNES	70,091	2,10	11,00	15,75	830,015	1,113,383	4,677	2,10	13,00	15,00	60,801	70,155	16,325	2,20	11,45	16,00	186,921	261,200
ARIÈGE	36,882	2,23	10,06	13,00	393,162	514,376	5,894	2,33	11,64	11,76	68,606	86,085	12,927	2,51	12,86	16,00	166,503	206,832
AUBE	78,250	2,50	10,50	12,50	831,625	978,125	923	2,45	8,48	12,00	7,799	11,076	38,435	2,50	5,25	11,90	201,784	461,376
AUDE	65,009	2,32	10,50	13,00	690,859	855,887	485	2,16	18,30	13,00	6,424	6,279	10,806	2,30	10,00	16,00	108,060	172,896
AVEYRON	65,050	2,16	8,75	11,60	569,265	754,084	1,661	2,16	9,25	12,51	15,364	20,779	46,181	2,24	9,45	13,65	436,410	630,371
BOUCHES-DU-RHÔNE	66,893	1,89	12,00	14,00	802,716	936,502	40	3,00	27,00	30,00	1,080	1,200	309	1,50	15,00	16,00	4,635	4,944
CALVADOS	104,416	2,35	11,75	16,40	1,226,888	1,712,422	1,643	2,50	12,50	17,50	20,537	28,752	5,215	2,50	15,00	16,25	78,225	84,844
CANTAL	7,135	2,20	8,00	12,00	57,080	85,620	985	2,25	8,00	12,00	7,880	11,820	61,016	2,30	8,00	12,00	488,128	732,192
CHARENTE	97,941	1,34	9,19	9,59	900,078	939,251	11,047	1,51	16,80	11,44	185,589	126,378	15,310	1,30	8,68	11,27	132,943	171,611
CHARENTE-INFÉRIEURE	141,168	1,56	11,50	16,00	1,623,432	2,258,688	3,066	1,50	12,50	14,50	38,325	44,457	3,080	1,33	12,00	13,60	36,960	41,590
CHER	90,387	1,97	10,21	14,77	922,851	1,336,016	2,699	1,70	10,30	14,00	28,042	37,786	18,272	1,81	9,23	13,78	168,650	251,971
CORRÈZE	17,603	1,60	8,40	11,03	147,025	193,933	2,400	2,02	10,00	12,62	24,000	30,491	59,640	2,28	12,00	16,30	715,680	972,132
CORSE	54,616	2,00	5,25	7,95	286,734	434,197	229	2,00	6,50	6,30	1,488	1,443	2,416	1,70	7,25	12,45	17,516	30,079
CÔTE-D'OR	125,481	2,60	10,86	11,05	1,360,818	1,385,002	6,500	2,30	9,79	11,65	64,135	75,725	13,400	1,91	9,32	11,46	124,888	153,564
CÔTES-DU-NORD	88,000	2,41	14,00	12,15	1,232,000	1,060,200	9,000	2,37	17,00	14,61	153,000	131,490	30,000	2,23	13,00	12,66	450,000	379,800
CREUSE	6,075	1,94	9,00	13,00	50,184	81,598	570	2,45	11,00	13,00	6,269	7,527	97,260	2,06	8,00	12,00	778,080	1,167,120
DORDOGNE	141,167	1,78	12,00	13,00	1,694,004	1,835,171	14,277	1,75	11,00	13,00	157,047	185,601	45,791	1,64	10,00	14,00	457,910	641,074
DOUBS	45,000	3,12	13,00	17,00	585,000	765,000	7,000	3,26	12,00	16,00	84,000	112,000	2,500	3,65	7,00	17,00	17,500	42,500
DRÔME	102,723	2,25	9,56	9,30	982,060	955,370	4,337	2,20	9,79	9,50	42,459	41,201	20,780	2,15	9,35	9,00	195,223	187,020
EURE	118,950	2,30	14,85	17,38	1,766,407	2,067,361	10,880	2,15	15,85	17,55	172,448	190,944	12,570	2,10	21,00	16,00	263,970	201,120
EURE-ET-LOIR	113,740	2,02	13,70	16,74	1,658,238	1,904,007	12,020	2,41	12,67	14,00	152,298	168,280	10,686	2,11	11,20	14,36	119,683	153,463
FINISTÈRE	48,250	2,26	14,00	16,00	675,500	771,800	7,800	2,00	13,00	14,00	101,400	109,200	34,711	2,00	10,00	12,00	347,110	416,532
GARD	39,920	2,10	16,88	15,80	674,508	631,352	59	1,60	14,25	14,75	840	870	3,862	2,10	14,00	11,27	54,068	54,611
GARONNE (HAUTE-)	120,000	2,00	10,00	16,00	1,200,000	1,920,000	4,000	2,00	12,00	16,00	48,000	64,000	6,000	2,00	14,00	14,00	84,000	84,000
GERS	130,194	1,78	10,00	14,00	1,301,940	1,822,716	51	1,78	10,50	14,00	535	714	1,200	1,60	12,00	15,00	14,400	18,000
GIRONDE	86,000	1,47	12,49	13,27	1,074,140	1,141,220	»	»	»	»	»	»	34,319	1,30	9,80	14,00	336,326	479,093
HÉRAULT	32,280	2,35	15,00	14,00	484,200	451,920	166	1,50	10,00	9,00	1,660	1,494	5,923	1,75	16,00	14,00	76,000	82,922
ILLE-ET-VILAINE	121,404	3,06	12,50	14,30	1,556,650	1,778,977	2,725	2,02	12,00	14,50	32,712	39,627	11,492	2,10	13,00	14,00	149,396	160,888
INDRE	76,841	1,82	10,84	13,56	832,930	1,032,004	4,009	1,71	9,95	12,48	39,880	50,032	15,020	1,75	11,26	12,48	169,226	187,562
INDRE-ET-LOIRE	108,150	1,92	7,95	11,06	859,792	1,180,050	8,350	1,80	8,00	10,00	66,800	83,500	10,000	1,67	14,37	9,00	143,700	90,000
ISÈRE	119,227	2,44	14,46	14,87	1,721,022	1,772,995	7,758	2,40	11,85	13,00	91,932	100,854	38,086	2,36	12,00	15,00	457,032	571,290
JURA	55,638	2,84	11,81	14,71	657,065	818,485	958	2,40	9,00	11,82	8,622	11,323	2,892	2,15	8,00	12,68	23,136	36,546
LANDES	34,221	1,35	10,00	12,00	342,210	410,652	650	2,00	6,00	9,00	3,900	5,850	44,832	3,00	7,00	9,00	313,824	403,488
LOIR-ET-CHER	60,271	1,92	10,00	14,80	602,710	892,011	12,478	2,00	10,00	13,75	124,780	171,572	27,075	1,55	9,75	13,00	278,756	363,675
LOIRE	38,805	2,33	10,00	9,00	388,050	349,245	966	2,18	10,00	10,00	9,660	9,660	58,600	2,08	8,00	9,00	468,800	527,100
LOIRE (HAUTE-)	10,982	2,30	12,40	11,90	136,177	130,686	7,553	2,20	13,42	10,34	101,361	78,008	82,492	2,20	13,00	10,00	1,072,396	824,920
LOIRE-INFÉRIEURE	120,360	1,80	10,80	14,50	1,299,780	1,745,075	2,500	2,00	14,00	18,00	35,000	45,000	15,000	2,10	19,00	22,00	285,000	330,000

TABLEAU N° 1. (*Suite.*) — **CÉRÉALES ET AUTRES FARINEUX ALIMENTAIRES.**

I. — FROMENT, MÉTEIL, SEIGLE.

DÉPARTEMENTS.	FROMENT ET ÉPEAUTRE. Nombre d'hectares cultivés.	Quantité de semence par hectare.	Produit brut en grains par hectare. 1873.	Produit brut en grains par hectare. Année moyenne.	Production totale en grains. 1873.	Production totale en grains. Année moyenne.	MÉTEIL. Nombre d'hectares cultivés.	Quantité de semence par hectare.	Produit brut en grains par hectare. 1873.	Produit brut en grains par hectare. Année moyenne.	Production totale en grains. 1873.	Production totale en grains. Année moyenne.	SEIGLE. Nombre d'hectares cultivés.	Quantité de semence par hectare.	Produit brut en grains par hectare. 1873.	Produit brut en grains par hectare. Année moyenne.	Production totale en grains. 1873.	Production totale en grains. Année moyenne.
		h. l.	h. l.	h. l.	hectol.	hectol.		h. l.	h. l.	h. l.	hectol.	hectol.		h. l.	h. l.	h. l.	hectol.	hectol.
Loiret	70,317	3,00	12,77	19,50	898,331	1,371,106	15,744	2,30	11,20	14,05	186,333	285,373	27,032	2,00	10,75	15,00	290,591	405,480
Lot	88,000	1,80	9,00	10,80	792,000	950,400	4,000	1,70	8,50	8,50	31,000	34,000	22,000	1,70	8,50	8,50	187,000	187,000
Lot-et-Garonne	140,875	1,52	12,20	10,00	1,718,675	1,408,750	400	1,50	12,00	10,00	4,800	4,000	11,100	1,50	11,25	10,00	124,875	111,000
Lozère	20,765	2,20	8,30	10,65	172,349	221,117	6,976	2,20	8,66	12,00	60,412	83,712	50,514	2,10	6,66	9,00	330,123	451,026
Maine-et-Loire	180,280	1,90	13,00	16,00	2,343,640	2,881,480	5,152	1,80	12,00	16,00	61,821	82,432	10,100	1,80	14,00	15,00	141,400	151,500
Manche	101,619	2,50	11,76	16,30	1,194,023	1,656,390	5,255	2,50	13,25	15,50	69,629	81,452	5,307	2,55	12,30	17,00	66,383	91,740
Marne	93,837	2,72	9,00	13,39	844,533	1,256,477	4,539	2,80	8,31	19,98	36,351	94,016	70,067	2,45	7,00	14,00	490,469	980,938
Marne (Haute-)	97,932	2,00	8,00	16,00	783,456	1,566,912	2,701	1,70	7	12,00	18,907	30,412	4,525	2,00	7,00	10,00	31,675	45,250
Mayenne	102,603	2,00	11,00	17,00	1,136,442	1,744,251	13,343	2,00	12,64	17,00	168,656	226,831	4,022	2,00	13,32	17,38	53,573	69,903
Meurthe-et-Moselle	89,615	2,50	11,00	16,00	985,765	1,433,840	630	2,00	11,00	17,00	6,930	10,710	6,521	2,26	10,00	18,00	65,210	120,378
Meuse	96,406	2,04	10,00	13,00	961,060	1,253,278	»	»	»	»	»	»	4,397	2,10	8,00	14,00	36,776	61,358
Morbihan	38,112	2,30	12,93	14,00	494,604	533,568	1,418	2,50	13,50	13,75	17,736	19,497	80,600	2,80	13,80	14,95	1,112,280	1,204,970
Nièvre	82,167	2,20	10,25	14,50	812,212	1,191,421	1,215	2,25	11,00	16,00	13,365	19,440	21,539	2,10	9,60	15,00	206,774	323,085
Nord	140,139	1,90	17,76	23,47	2,489,034	3,290,470	2,033	1,90	17,60	21,60	35,781	43,913	10,414	2,01	18,00	20,57	187,452	214,216
Oise	103,720	2,50	16,50	21,00	1,711,526	2,178,209	22,092	2,50	17,05	20,87	386,511	461,000	16,673	2,20	16,00	20,82	266,848	347,226
Orne	74,870	2,30	13,00	15,30	973,310	1,145,511	15,317	2,26	11,90	14,30	182,272	219,033	9,838	2,05	12,70	13,60	112,242	133,570
Pas-de-Calais	142,884	1,74	17,00	19,00	2,429,028	2,744,796	15,975	1,80	16,00	19,00	255,600	303,525	15,523	1,99	18,00	19,00	279,414	294,937
Puy-de-Dôme	68,000	2,10	15,00	18,10	1,020,000	1,224,000	1,500	2,12	9,00	14,00	13,500	21,000	88,030	2,46	13,00	14,00	1,141,600	1,232,000
Pyrénées (Basses-)	53,029	1,80	12,00	14,00	636,348	742,406	1,045	2,07	15,00	14,53	15,720	15,156	806	2,00	14,00	15,00	11,270	12,075
Pyrénées (Hautes-)	35,346	3,00	12,00	13,00	424,152	459,498	7,250	3,00	11,00	12,00	79,750	87,000	3,425	2,30	9,75	12,50	33,394	42,812
Pyrénées-Orientales	10,743	2,10	11,00	16,00	150,430	171,920	3,074	2,05	14,00	18,00	43,036	55,332	15,200	1,90	16,00	19,00	213,200	288,800
Rhin (Haut-) [Belfort]	5,039	2,35	10,80	17,40	54,421	87,675	982	2,90	9,90	17,00	9,722	16,694	2,983	3,00	8,00	17,00	23,861	50,711
Rhône	48,032	2,40	16,80	17,40	817,017	840,197	1,158	2,45	14,70	18,00	17,028	20,844	20,660	2,50	12,50	18,75	258,362	387,544
Saône (Haute-)	69,630	3,12	9,35	13,70	650,700	953,520	9,173	2,10	8,25	12,65	75,677	116,038	11,950	2,00	7,48	13,50	89,010	161,730
Saône-et-Loire	132,782	1,80	10,00	15,00	1,327,820	1,991,750	970	1,60	8,30	16,00	8,051	15,520	38,400	1,80	8,50	13,00	326,910	499,980
Sarthe	74,437	1,06	10,67	14,56	794,243	1,083,056	20,836	1,89	10,00	14,00	208,360	417,704	24,367	1,70	8,42	12,60	205,170	301,024
Savoie	20,100	2,80	12,15	15,00	244,215	301,500	4,600	2,70	12,30	14,25	57,000	64,125	15,500	3,10	16,60	18,60	257,300	288,300
Savoie (Haute-)	39,705	3,10	14,00	14,87	555,870	590,413	4,786	2,90	14,20	15,23	67,947	72,875	5,914	2,78	13,33	14,56	79,120	86,106
Seine	5,275	3,20	26,00	26,00	137,150	137,150	5	3,00	30,00	25,00	150	125	1,700	3,00	25,00	26,00	42,726	44,434
Seine-Inférieure	121,524	2,30	14,17	18,48	1,758,452	2,239,687	2,909	2,56	12,70	16,81	36,855	48,782	11,930	2,75	17,00	19,34	202,810	230,826
Seine-et-Marne	106,590	2,37	16,30	20,00	1,737,417	2,196,754	5,453	2,30	13,60	17,72	75,062	97,150	18,203	2,12	14,71	18,40	194,216	244,125
Seine-et-Oise	85,176	2,79	16,72	22,30	1,424,126	1,899,402	7,598	2,53	15,43	20,63	115,848	164,890	17,911	2,20	15,30	20,78	274,036	372,100
Sèvres (Deux-)	115,000	1,55	11,00	10,00	1,265,000	1,150,000	13,000	1,50	12,00	11,00	156,000	143,000	21,000	1,57	13,00	13,00	273,000	273,000
Somme	160,000	2,30	12,00	20,00	1,920,000	3,200,000	36,000	2,05	13,00	21,00	468,000	756,000	12,000	2,00	14,00	21,00	168,000	252,000
Tarn	100,881	1,93	10,30	14,47	1,035,424	1,524,893	1,489	1,82	10,20	14,57	15,188	21,695	43,975	2,00	11,00	15,48	483,725	680,733
Tarn-et-Garonne	110,816	1,90	15,25	17,00	1,689,920	1,883,872	2,932	1,70	13,00	13,00	38,116	38,116	3,380	1,60	14,00	15,00	47,320	50,700
Var	50,558	1,20	12,00	12,00	606,696	606,696	1,065	1,40	7,00	7	7,455	7,455	600	1,24	8,00	8,00	4,800	4,800
Vaucluse	73,474	2,83	15,00	18,00	1,102,110	1,322,532	820	2,88	11,00	15,00	9,020	12,300	1,956	2,05	13,00	15,00	25,428	29,340
Vendée	190,000	1,50	11,00	12,00	2,090,000	2,280,000	3,300	1,40	12,40	12,50	40,476	40,875	5,691	1,40	14,28	15,00	80,330	85,365
Vienne	111,104	1,76	10,98	14,00	1,219,592	1,508,716	13,317	1,66	11,38	15,00	151,743	199,755	8,853	1,36	12,21	15,00	108,361	132,795
Vienne (Haute-)	35,237	1,45	9,90	13,33	348,846	469,709	865	1,50	12,75	12,91	11,029	11,202	62,529	1,00	9,20	13,40	581,620	837,888
Vosges	52,720	2,30	12,00	15,00	632,640	790,800	10,498	2,40	13,00	15,00	136,400	157,395	18,735	2,45	12,00	15,00	224,856	281,070
Yonne	116,132	2,25	11,00	15,00	1,277,452	1,741,930	7,022	1,90	9,00	13,00	71,298	102,086	19,088	1,60	8,00	13,00	152,704	248,144
Totaux	6,066,419	2,17	12,04	14,85	85,601,103	104,177,048	503,176	2,13	12,50	15,40	6,257,301	7,751,160	1,812,601	2,00	10,86	13,76	20,779,367	26,310,016

TABLEAU N° 1. (*Suite.*) — **CÉRÉALES ET AUTRES FARINEUX ALIMENTAIRES.**

II. — ORGE, AVOINE, SARRASIN.

DÉPARTEMENTS.	ORGE. Nombre d'hectares cultivés.	ORGE. Quantité de semence par hectare.	ORGE. Produit brut en grains par hectare. 1873.	ORGE. Produit brut en grains par hectare. Année moyenne.	ORGE. Production totale en grains. 1873.	ORGE. Production totale en grains. Année moyenne.	AVOINE. Nombre d'hectares cultivés.	AVOINE. Quantité de semence par hectare.	AVOINE. Produit brut en grains par hectare. 1873.	AVOINE. Produit brut en grains par hectare. Année moyenne.	AVOINE. Production totale en grains. 1873.	AVOINE. Production totale en grains. Année moyenne.	SARRASIN. Nombre d'hectares cultivés.	SARRASIN. Quantité de semence par hectare.	SARRASIN. Produit brut en grains par hectare. 1873.	SARRASIN. Produit brut en grains par hectare. Année moyenne.	SARRASIN. Production totale en grains. 1873.	SARRASIN. Production totale en grains. Année moyenne.
		h. l.	h. l.	h. l.	hectol.	hectol.		h. l.	h. l.	h. l.	hectol.	hectol.		h. l.	h. l.	h. l.	hectol.	hectol.
Ain	13,500	1,80	13,00	18,50	175,500	249,750	20,911	2,20	23,00	20,40	459,122	426,616	15,000	0,74	10,00	17,50	150,000	262,500
Aisne	10,224	2,06	21,00	22,67	214,704	231,778	90,872	2,11	32,00	30,53	2,907,804	2,774,333	2,000	0,75	18,00	20,75	36,000	41,500
Allier	14,835	2,00	11,50	16,00	170,602	237,360	47,944	2,53	16,00	18,00	765,904	850,394	2,062	0,50	13,00	18,00	26,676	36,936
Alpes (Basses-)	720	2,00	10,00	10,00	7,200	7,200	12,120	1,70	12,00	12,00	145,440	115,440	»	»	»	»	»	»
Alpes (Hautes-)	1,356	2,50	13,00	18,00	17,168	21,588	6,100	3,50	16,00	19,75	97,744	120,053	»	»	»	»	»	»
Alpes-Maritimes	733	1,90	10,00	12,00	7,330	8,796	832	3,75	15,00	16,00	12,480	13,312	95	0,90	10,00	10,00	950	950
Ardèche	2,428	2,20	13,80	14,00	33,052	33,992	5,175	2,20	14,00	14,23	72,423	72,012	430	0,66	11,00	12,00	4,320	5,268
Ardennes	17,742	2,05	18,00	18,80	319,356	335,110	61,196	2,70	23,03	23,55	1,534,013	1,515,881	381	0,80	8,00	10,00	3,048	3,810
Ariège	382	2,07	11,27	12,57	4,306	4,802	8,880	2,50	15,00	17,23	133,200	153,002	6,366	0,55	8,40	13,83	57,322	88,240
Aube	28,077	2,45	13,00	20,00	376,701	572,540	73,318	2,45	10,50	15,50	333,151	1,029,804	1,630	0,75	7,74	5,25	12,636	8,305
Aude	8,737	2,00	16,00	18,00	139,792	156,266	17,840	2,70	20,00	20,00	316,800	316,800	500	0,86	12,00	22,00	6,000	11,000
Aveyron	8,230	2,35	13,42	16,56	110,446	136,280	30,600	2,51	18,00	19,00	544,800	633,600	2,102	0,61	11,20	11,64	29,459	36,246
Bouches-du-Rhône	2,968	1,82	20,00	24,00	59,360	71,232	7,133	1,96	22,00	24,00	156,926	171,192	»	»	»	»	»	»
Calvados	18,874	2,50	13,25	17,50	250,080	330,295	35,319	2,70	19,00	20,25	671,061	715,210	17,024	1,00	15,00	20,00	255,360	340,480
Cantal	2,706	2,30	10,00	13,00	27,060	35,318	8,177	3,00	14,00	16,00	114,178	130,832	19,140	1,00	12,00	15,00	229,680	287,100
Charente	5,437	1,47	11,00	12,00	59,807	65,244	23,476	1,53	15,50	15,61	363,878	367,165	2,218	0,50	13,00	13,00	28,834	28,834
Charente-Inférieure	11,135	1,50	14,00	17,00	155,890	189,295	13,192	1,40	16,00	17,00	211,072	224,264	»	»	»	»	»	»
Cher	21,383	1,83	12,00	14,00	256,596	299,362	70,714	2,13	15,00	18,00	1,060,710	1,272,852	5,612	0,65	12,00	15,00	67,344	84,180
Corrèze	1,018	1,88	13,00	17,00	13,234	17,306	10,866	2,00	12,00	15,00	130,392	162,900	12,330	0,95	15,28	16,08	189,166	206,490
Corse	19,129	1,90	10,40	15,40	198,941	294,586	»	»	»	»	»	»	»	»	»	»	»	»
Côte-d'Or	38,080	2,05	14,74	12,30	487,509	468,384	87,033	2,30	15,59	16,00	1,517,948	1,392,528	2,130	0,94	9,00	14,46	21,870	35,138
Côtes-du-Nord	16,000	2,85	22,00	21,30	352,000	340,800	70,000	3,16	22,00	21,00	1,540,000	1,470,000	74,000	0,63	16,00	18,64	1,184,000	1,379,360
Creuse	2,304	1,65	10,00	13,00	29,610	30,732	12,212	2,16	13,00	14,00	116,544	170,968	12,048	0,78	12,00	16,00	144,366	192,448
Dordogne	7,055	1,63	12,00	15,00	84,660	105,825	3,900	1,50	19,00	20,00	74,271	78,180	2,211	0,93	14,00	16,00	31,374	35,856
Doubs	5,400	3,76	20,00	27,00	108,000	145,800	37,200	2,56	29,00	25,00	1,078,800	930,000	»	»	»	»	»	»
Drôme	3,501	1,90	9,50	10,25	33,259	35,885	15,923	1,75	12,25	13,00	195,061	206,999	5,002	0,25	7,00	9,07	35,014	45,018
Eure	11,540	1,70	20,00	17,00	230,800	196,180	70,720	2,20	29,70	21,78	2,100,381	1,554,425	340	1,25	19,00	16,50	6,460	5,610
Eure-et-Loir	28,979	2,26	20,70	23,00	599,894	664,217	123,436	2,40	28,80	33,51	3,554,828	4,136,329	29	1,70	12,00	13,00	348	377
Finistère	26,515	2,40	21,00	25,00	556,815	662,875	45,321	2,50	21,00	21,00	962,241	1,009,704	44,211	0,90	13,00	15,00	574,782	663,210
Gard	2,993	2,12	17,36	16,86	51,958	50,462	10,366	2,20	24,81	23,61	257,368	245,525	656	0,75	9,50	10,00	6,232	6,560
Garonne (Haute-)	3,000	2,60	20,00	20,00	60,000	60,000	20,000	3,00	15,00	19,00	300,000	380,000	3,000	1,00	12,00	15,00	36,000	45,000
Gers	650	1,80	12,00	15,00	7,800	9,750	21,150	1,90	19,00	23,00	461,550	562,350	210	1,00	10,00	15,00	2,100	3,150
Gironde	6	1,60	11,00	13,75	66	82	8,000	1,55	16,00	18,00	128,000	144,000	»	»	»	»	»	»
Hérault	890	2,00	20,00	18,00	17,800	16,020	9,280	2,00	23,00	21,00	213,440	194,880	6	1,00	12,00	10,00	72	60
Ille-et-Vilaine	30,218	1,90	16,30	16,43	492,643	505,140	51,500	2,60	17,40	15,00	896,322	773,085	110,061	0,87	15,00	17,43	1,650,915	1,928,821
Indre	24,315	1,80	10,83	11,32	263,329	272,033	60,727	1,93	18,00	18,00	1,067,032	1,201,086	2,367	0,60	13,00	13,00	30,771	30,771
Indre-et-Loire	18,975	1,98	11,00	11,00	208,725	208,725	60,500	1,35	13,00	13,00	907,500	786,500	600	0,55	8,00	11,00	4,800	6,600
Isère	11,374	2,26	14,43	17,81	164,127	202,571	28,220	3,41	19,00	20,00	536,351	561,680	19,918	0,53	15,00	15,00	298,770	298,770
Jura	13,373	3,05	16,00	18,00	213,968	240,714	14,029	3,31	21,00	22,00	313,500	328,438	910	0,60	15,00	15,00	13,650	13,650
Landes	30	1,40	5,00	11,00	150	330	1,830	1,60	8,00	10,00	10,840	13,300	»	»	»	»	»	»
Loir-et-Cher	10,609	1,50	12,00	14,00	127,308	148,526	64,586	2,00	15,00	17,00	968,790	1,097,962	10,325	0,90	6,00	5,68	61,950	58,439
Loire	3,210	1,93	16,00	15,00	51,360	48,150	19,200	2,14	18,00	17,00	345,600	326,100	»	»	»	»	»	»
Loire (Haute-)	7,800	2,50	16,00	17,00	124,800	132,600	8,550	3,00	20,00	19,21	171,000	164,215	85	1,00	8,00	12,00	680	1,020
Loire-Inférieure	3,000	2,00	16,00	18,00	48,000	54,000	24,500	2,20	20,00	23,00	490,000	563,500	32,000	0,80	12,00	15,00	384,000	480,000

TABLEAU N° 1. (*Suite.*) — **CÉRÉALES ET AUTRES FARINEUX ALIMENTAIRES.**

II. — ORGE, AVOINE, SARRASIN.

ORGE.

DÉPARTEMENTS.	Nombre d'hectares cultivés.	Quantité de semence par hectare.	Produit brut en grains par hectare. 1873.	Produit brut en grains par hectare. Année moyenne.	Production totale en grains. 1873.	Production totale en grains. Année moyenne.
		h. l.	h. l.	h. l.	hectol.	hectol.
Loiret	26,834	2,00	23,00	15,00	591,418	403,260
Lot	7,000	1,40	10,40	10,40	72,800	72,800
Lot-et-Garonne	»	»	»	»	»	»
Lozère	7,113	2,80	10,30	12,30	73,578	88,030
Maine-et-Loire	20,002	1,70	16,00	18,00	320,032	360,036
Manche	52,815	3,10	18,32	19,13	967,571	1,010,351
Marne	33,684	2,08	17,00	20,38	572,628	686,480
Marne (Haute-)	29,436	4,00	16,00	16,00	470,976	470,976
Mayenne	40,650	2,15	19,22	20,55	781,293	835,357
Meurthe-et-Moselle	39,558	2,50	20,00	19,00	791,160	751,602
Meuse	27,344	2,26	18,00	16,00	492,192	437,504
Morbihan	502	2,00	16,00	17,60	8,032	8,835
Nièvre	24,781	2,15	13,50	16,00	334,543	396,496
Nord	11,130	2,04	32,38	35,63	360,389	396,562
Oise	10,060	1,80	23,31	21,46	234,499	215,888
Orne	31,406	2,05	16,00	17,40	502,496	546,464
Pas-de-Calais	23,941	1,84	29,25	30,00	700,407	718,230
Puy-de-Dôme	15,000	2,50	18,00	20,00	270,000	300,000
Pyrénées (Basses-)	1,510	2,00	14,00	15,00	21,140	22,650
Pyrénées (Hautes-)	4,156	3,00	9,45	14,00	39,274	58,184
Pyrénées-Orientales	865	1,90	17,00	17,00	14,705	14,705
Rhin (Haut-) [Belfort]	601	3,15	14,00	20,00	8,414	12,020
Rhône	411	2,00	18,00	20,00	7,398	8,220
Saône (Haute-)	11,784	2,15	15,00	15,50	176,760	182,652
Saône-et-Loire	5,161	1,83	19,00	17,00	98,059	87,737
Sarthe	56,546	1,70	15,00	16,30	848,190	921,700
Savoie	5,220	3,30	18,40	18,80	96,048	98,136
Savoie (Haute-)	4,152	3,00	16,41	17,68	68,134	73,407
Seine	118	2,75	27,00	27,00	3,186	3,186
Seine-Inférieure	6,656	2,70	19,00	20,21	126,464	134,517
Seine-et-Marne	11,928	2,09	19,00	21,39	226,632	255,140
Seine-et-Oise	10,989	2,30	24,00	26,00	263,736	285,714
Sèvres (Deux-)	32,000	1,47	14,00	14,00	448,000	448,000
Somme	20,000	2,30	22,00	21,00	440,000	430,000
Tarn	974	1,65	15,35	19,75	14,951	19,236
Tarn-et-Garonne	442	1,50	15,50	15,00	6,851	6,630
Var	763	2,00	15,00	16,00	11,445	12,208
Vaucluse	568	2,30	20,00	20,36	11,360	11,564
Vendée	15,629	1,40	16,00	17,00	250,064	265,693
Vienne	38,569	1,35	15,00	20,00	578,535	771,380
Vienne (Haute-)	433	1,57	13,00	16,00	5,629	6,928
Vosges	5,091	1,90	15,00	20,00	76,365	101,820
Yonne	25,146	1,75	18,00	17,00	452,601	427,518
Totaux	1,117,071	2,10	16,75	18,11	18,732,757	20,231,591

AVOINE.

DÉPARTEMENTS.	Nombre d'hectares cultivés.	Quantité de semence par hectare.	Produit brut en grains par hectare. 1873.	Produit brut en grains par hectare. Année moyenne.	Production totale en grains. 1873.	Production totale en grains. Année moyenne.
		h. l.	h. l.	h. l.	hectol.	hectol.
Loiret	95,541	3,00	24,00	20,00	2,292,984	1,910,820
Lot	10,000	1,60	12,00	9,60	120,000	96,000
Lot-et-Garonne	4,800	1,75	17,50	15,00	84,000	72,000
Lozère	13,478	2,35	10,30	11,65	138,823	157,019
Maine-et-Loire	30,678	1,50	18,00	20,00	552,204	613,560
Manche	21,380	3,00	20,00	21,00	437,600	511,080
Marne	120,915	2,08	16,00	19,28	1,934,640	2,331,241
Marne (Haute-)	99,975	2,30	19,00	18,00	1,899,525	1,799,550
Mayenne	30,772	2,30	22,82	21,25	702,217	653,905
Meurthe-et-Moselle	32,776	3,00	23,00	22,00	753,848	721,072
Meuse	96,122	2,46	21,00	17,00	2,018,562	1,634,074
Morbihan	32,142	3,16	24,47	24,00	702,516	771,408
Nièvre	48,084	2,50	17,00	20,00	817,428	961,680
Nord	49,054	2,78	46,56	48,00	2,283,954	2,354,592
Oise	93,594	2,50	37,00	30,00	3,462,978	2,807,820
Orne	58,475	2,50	17,00	17,70	994,075	1,035,007
Pas-de-Calais	80,033	2,47	31,00	32,00	2,481,023	2,561,056
Puy-de-Dôme	32,000	3,00	20,00	20,00	640,000	640,000
Pyrénées (Basses-)	4,520	2,75	16,00	19,00	72,320	85,880
Pyrénées (Hautes-)	6,891	2,20	30,00	32,00	206,730	220,512
Pyrénées-Orientales	1,530	2,15	24,00	24,00	36,720	36,720
Rhin (Haut-) [Belfort]	2,514	2,20	21,00	23,00	52,794	57,822
Rhône	9,528	2,20	30,80	24,80	293,462	236,294
Saône (Haute-)	52,711	2,70	21,30	20,00	1,122,744	1,054,220
Saône-et-Loire	25,413	2,05	26,00	20,00	660,738	508,260
Sarthe	33,724	1,75	15,52	16,74	523,396	561,610
Savoie	8,500	2,80	18,80	18,50	159,800	157,250
Savoie (Haute-)	11,138	3,30	20,78	22,00	231,448	245,036
Seine	2,745	3,44	44,00	44,00	120,780	120,780
Seine-Inférieure	88,726	3,50	26,85	27,63	2,375,032	2,268,340
Seine-et-Marne	98,438	2,45	27,00	30,61	2,657,826	3,012,857
Seine-et-Oise	88,196	2,77	35,00	34,50	3,086,860	3,042,762
Sèvres (Deux-)	35,550	1,60	15,00	14,00	533,250	497,700
Somme	90,000	2,90	30,00	30,00	2,700,000	2,700,000
Tarn	14,159	1,97	15,00	19,00	212,385	269,021
Tarn-et-Garonne	10,323	1,62	22,00	23,00	227,106	237,429
Var	5,080	2,00	15,00	16,00	76,200	81,280
Vaucluse	6,374	2,48	18,50	19,00	117,919	121,106
Vendée	12,385	1,50	16,00	18,00	198,160	222,930
Vienne	53,351	1,85	21,00	22,00	1,120,371	1,173,722
Vienne (Haute-)	8,000	1,56	16,00	18,00	128,000	144,000
Vosges	52,427	3,50	20,00	18,00	1,048,540	943,686
Yonne	72,000	1,80	18,00	18,00	1,297,020	1,297,020
Totaux	3,192,458	2,30	22,15	22,00	70,492,743	70,328,404

SARRASIN.

DÉPARTEMENTS.	Nombre d'hectares cultivés.	Quantité de semence par hectare.	Produit brut en grains par hectare. 1873.	Produit brut en grains par hectare. Année moyenne.	Production totale en grains. 1873.	Production totale en grains. Année moyenne.
		h. l.	h. l.	h. l.	hectol.	hectol.
Loiret	2,768	0,60	15,00	13,00	41,520	35,984
Lot	3,000	0,50	9,50	9,50	28,500	28,500
Lot-et-Garonne	»	»	»	»	»	»
Lozère	520	0,65	11,00	12,00	5,720	6,240
Maine-et-Loire	1,046	0,75	14,00	18,00	14,644	18,828
Manche	61,370	1,20	16,50	16,80	1,012,605	1,031,016
Marne	7,034	1,06	9,00	9,00	63,306	63,306
Marne (Haute-)	2,113	1,26	9,00	11,00	19,017	23,243
Mayenne	20,797	0,75	12,00	21,00	249,564	436,737
Meurthe-et-Moselle	150	1,25	13,00	14,00	1,950	2,100
Meuse	»	»	»	»	»	»
Morbihan	63,674	0,80	17,00	19,00	1,082,458	1,209,806
Nièvre	5,319	1,00	20,00	24,00	106,380	127,656
Nord	57	1,80	22,00	23,00	1,254	1,311
Oise	103	1,60	14,40	15,35	1,483	1,581
Orne	14,810	0,80	17,00	18,00	251,770	266,580
Pas-de-Calais	22	1,50	15,00	20,00	330	440
Puy-de-Dôme	3,200	0,90	15,00	18,00	48,000	57,600
Pyrénées (Basses-)	350	0,66	12,00	13,00	4,200	4,550
Pyrénées (Hautes-)	763	0,42	16,00	24,00	12,208	18,312
Pyrénées-Orientales	450	0,65	16,00	18,00	7,200	8,100
Rhin (Haut-) [Belfort]	»	»	»	»	»	»
Rhône	3,028	0,65	11,00	16,00	33,308	48,448
Saône (Haute-)	2,276	0,80	10,15	15,80	23,101	35,961
Saône-et-Loire	16,198	0,70	15,00	18,00	247,806	298,374
Sarthe	1,318	0,63	10,00	12,00	13,180	15,816
Savoie	3,900	1,30	11,70	11,20	45,630	43,680
Savoie (Haute-)	2,573	1,45	14,13	17,75	36,356	33,595
Seine	»	»	»	»	»	»
Seine-Inférieure	186	1,25	11,00	11,00	2,046	2,046
Seine-et-Marne	51	0,85	11,42	10,00	581	510
Seine-et-Oise	247	0,61	15,00	18,00	3,705	4,446
Sèvres (Deux-)	1,000	0,84	16,00	20,00	16,000	20,000
Somme	500	1,00	14,00	14,00	7,000	7,000
Tarn	687	0,92	10,00	16,00	6,870	10,992
Tarn-et-Garonne	»	»	»	»	»	»
Var	9	0,60	6,00	7,00	54	63
Vaucluse	134	0,61	10,00	11,00	1,340	1,474
Vendée	10,259	0,50	14,00	18,00	143,626	184,662
Vienne	1,410	0,60	11,00	24,00	15,510	33,840
Vienne (Haute-)	35,443	0,45	15,00	18,00	531,645	637,974
Vosges	2,019	1,00	15,00	17,00	30,285	34,323
Yonne	1,095	0,80	10,00	14,00	10,950	15,330
Totaux	677,026	0,90	14,35	16,80	9,712,727	11,148,280

TABLEAU N° 1. (*Suite.*) — CÉRÉALES ET AUTRES FARINEUX ALIMENTAIRES.

III. — MAÏS. MILLET.

DÉPARTEMENTS.	MAÏS.						MILLET.					
	Nombre d'hectares cultivés.	Quantité de semence par hectare.	Produit brut en grains par hectare.		Production totale en grains.		Nombre d'hectares cultivés.	Quantité de semence par hectare.	Produit brut en grains par hectare.		Production totale en grains.	
			1873.	Année moyenne.	1873.	Année moyenne.			1873.	Année moyenne.	1873.	Année moyenne.
		h. l.	h. l.	h. l.	hectol.	hectol.		h. l.	h. l.	h. l.	hectol.	hectol.
Ain	15,500	0,60	11,30	10,00	221,650	205,330	500	0,40	14,30	19,00	7,150	9,500
Aisne	5	1,25	28,00	28,00	140	140	»	»	»	»	»	»
Allier	139	0,02	9,00	12,00	1,251	1,668	»	»	»	»	»	»
Alpes (Basses-)	»	»	»	»	»	»	»	»	»	»	»	»
Alpes (Hautes-)	»	»	»	»	»	»	»	»	»	»	»	»
Alpes-Maritimes	340	0,80	13,00	11,00	4,420	4,760	»	»	»	»	»	»
Ardèche	566	0,25	12,00	12,00	6,792	6,792	100	0,32	13,45	14,25	1,345	1,125
Ardennes	»	»	»	»	»	»	»	»	»	»	»	»
Ariége	18,790	0,48	12,00	7,00	225,480	131,530	235	0,38	7,00	8,00	1,645	1,880
Aube	2	1,00	19,00	19,00	38	38	»	»	»	»	»	»
Aude	27,006	0,15	16,00	16,00	432,096	432,096	1,563	0,35	24,00	21,00	37,500	32,823
Aveyron	5,401	0,65	12,00	12,75	64,484	68,001	»	»	»	»	»	»
Bouches-du-Rhône	12	0,60	8,00	9,00	96	108	»	»	»	»	»	»
Calvados	»	»	»	»	»	»	»	»	»	»	»	»
Cantal	145	1,00	10,00	12,00	1,450	1,740	»	»	»	»	»	»
Charente	21,153	0,89	9,41	9,80	199,050	207,299	»	»	»	»	»	»
Charente-Inférieure	11,195	0,50	11,00	11,50	123,145	102,335	»	»	»	»	»	»
Cher	30	1,04	18,00	19,55	540	586	»	»	»	»	»	»
Corrèze	4,090	0,20	9,00	14,00	41,910	69,860	»	»	»	»	»	»
Corse	2,320	0,50	11,30	17,00	33,176	39,140	»	»	»	»	»	»
Côte-d'Or	5,631	0,47	13,60	20,00	76,581	112,620	786	0,25	15,00	18,00	11,790	11,148
Côtes-du-Nord	»	»	»	»	»	»	»	»	»	»	»	»
Creuse	17	1,25	15,00	16,00	255	272	»	»	»	»	»	»
Dordogne	48,796	0,52	18,00	13,00	878,328	818,328	255	0,56	16,00	18,00	4,080	4,590
Doubs	2,000	0,36	15,00	14,00	30,000	28,000	1,000	0,35	15,00	15,00	15,000	15,000
Drôme	1,275	0,15	6,00	6,00	7,620	7,620	»	»	»	»	»	»
Eure	7	0,30	30,00	30,00	210	210	»	»	»	»	»	»
Eure-et-Loir	1	0,50	15,00	17,00	15	17	»	»	»	»	»	»
Finistère	»	»	»	»	»	»	»	»	»	»	»	»
Gard	2,961	0,34	22,00	20,00	65,112	59,220	200	0,18	13,00	14,00	2,600	2,800
Garonne (Haute-)	50,000	0,50	15,00	17,00	750,000	850,000	500	0,53	8,00	10,00	4,000	5,000
Gers	32,400	0,35	12,00	15,00	388,800	486,000	100	0,33	12,00	10,00	1,200	1,000
Gironde	17,152	0,00	12,86	15,00	220,575	257,580	7,717	0,10	10,00	12,00	77,170	92,604
Hérault	560	0,70	14,00	8,00	7,840	4,480	»	»	»	»	»	»
Ille-et-Vilaine	10	0,50	20,00	21,00	200	210	»	»	»	»	»	»
Indre	72	0,27	13,00	20,78	936	1,496	»	»	»	»	»	»
Indre-et-Loire	208	0,75	11,00	12,73	2,288	2,648	208	0,25	12,00	12,00	2,196	2,496
Isère	5,857	0,87	17,00	19,00	99,569	111,283	418	0,22	10,00	10,49	4,180	4,385
Jura	13,101	0,80	20,27	20,00	265,557	262,020	634	0,10	13,37	11,00	8,310	8,730
Landes	49,016	0,40	12,00	15,00	588,192	735,240	17,420	0,20	10,00	12,00	174,200	209,040
Loir-et-Cher	133	0,77	7,50	9,00	997	1,197	»	»	»	»	»	»
Loire	»	»	»	»	»	»	»	»	»	»	»	»
Loire (Haute-)	600	1,00	11,20	24,00	8,520	14,400	»	»	»	»	»	»
Loire-Inférieure	»	»	»	»	»	»	1,200	0,16	6,00	7,00	7,200	8,400
Loiret	»	»	»	»	»	»	435	0,26	13,00	18,75	5,655	8,156
Lot	36,000	0,49	8,00	8,00	280,000	280,000	»	»	»	»	»	»
Lot-et-Garonne	30,035	0,10	16,00	15,00	480,560	450,525	1,051	0,20	10,00	12,00	10,510	12,612
Lozère	»	»	»	»	»	»	93	0,15	10,00	11,50	930	1,070
Maine-et-Loire	1,386	0,60	15,00	18,00	20,790	24,948	377	0,35	10,00	15,00	3,770	5,655
Manche	»	»	»	»	»	»	»	»	»	»	»	»
Marne	»	»	»	»	»	»	25	0,36	10,50	10,50	262	262
Marne (Haute-)	518	1,06	14,00	14,00	7,072	7,072	88	0,20	6,00	7,00	528	616
Mayenne	282	1,50	16,00	17,00	4,230	4,794	»	»	»	»	»	»
Meurthe-et-Moselle	164	0,80	21,00	24,00	1,836	1,536	9	0,25	3,00	3,00	27	27
Meuse	»	»	»	»	»	»	»	»	»	»	»	»
Morbihan	»	»	»	»	»	»	6,507	0,50	17,00	19,50	110,619	126,886
Nièvre	107	0,80	16,00	18,00	1,712	1,926	2	0,40	18,00	18,00	36	36
Nord	49	0,93	32,50	30,25	1,593	1,482	»	»	»	»	»	»
Oise	4	1,60	25,00	25,00	100	100	»	»	»	»	»	»
Orne	145	0,90	18,00	23,00	2,610	3,335	»	»	»	»	»	»
Pas-de-Calais	10	1,60	16,00	20,00	160	200	»	»	»	»	»	»
Puy-de-Dôme	4	1,20	20,00	35,00	80	140	»	»	»	»	»	»
Pyrénées (Basses-)	85,085	0,45	15,00	16,00	1,276,425	1,361,520	104	0,25	15,00	16,00	1,560	1,664
Pyrénées (Hautes-)	17,057	0,30	15,44	26,40	263,300	450,305	620	1,00	11,16	12,00	6,919	7,440
Pyrénées-Orientales	3,500	0,50	20,00	20,00	70,000	70,000	580	0,25	20,00	20,00	11,600	11,600
Rhin (Haut-) [Belfort]	»	»	»	»	»	»	»	»	»	»	»	»
Rhône	»	»	»	»	»	»	»	»	»	»	»	»
Saône (Haute-)	2,341	0,30	14,90	15,70	34,881	36,754	229	0,50	15,00	15,40	3,435	3,527
Saône-et-Loire	20,000	0,55	22,00	17,00	440,000	340,000	2,393	0,50	12,00	10,00	28,716	23,930
Sarthe	1,044	0,62	9,18	10,51	9,584	10,972	»	»	»	»	»	»
Savoie	4,800	0,65	21,00	21,80	100,800	104,640	»	»	»	»	»	»
Savoie (Haute-)	615	0,77	20,30	22,10	12,481	13,591	»	»	»	»	»	»
Seine	2	0,50	30,00	30,00	60	60	»	»	»	»	»	»
Seine-Inférieure	»	»	»	»	»	»	»	»	»	»	»	»
Seine-et-Marne	»	»	»	»	»	»	»	»	»	»	»	»
Seine-et-Oise	210	1,25	22,50	26,00	4,725	5,460	»	»	»	»	»	»
Sèvres (Deux-)	6,000	0,80	20,00	19,00	120,000	114,000	»	»	»	»	»	»
Somme	»	»	»	»	»	»	»	»	»	»	»	»
Tarn	33,099	0,40	12,15	16,25	402,152	537,859	591	0,31	7,00	10,00	4,158	5,910
Tarn-et-Garonne	23,707	0,40	25,00	24,00	594,175	570,408	489	0,40	25,00	25,00	12,225	12,225
Var	61	0,24	13,00	13,00	793	793	»	»	»	»	»	»
Vaucluse	106	0,34	18,38	18,32	1,913	1,942	536	0,40	23,60	20,50	12,881	16,107
Vendée	»	»	»	»	»	»	2,831	0,20	13,00	12,00	36,842	34,008
Vienne	1,455	0,40	11,20	15,00	16,296	21,825	»	»	»	»	»	»
Vienne (Haute-)	1,700	0,35	11,00	14,00	18,700	23,800	91	0,15	10,48	12,00	954	1,092
Vosges	1	1,50	34,00	31,00	34	31	99	0,45	5,00	5,00	495	495
Yonne	8	0,50	15,00	15,00	120	120	»	»	»	»	»	»
Totaux	605,893	0,68	11,72	15,26	5,918,352	9,876,323	40,381	0,36	12,21	13,75	512,031	567,217

TABLEAU N° 1. (*Suite.*) — **CÉRÉALES ET AUTRES FARINEUX ALIMENTAIRES.**

IV. — LÉGUMES SECS, POMMES DE TERRE, CHATAIGNES.

DÉPARTEMENTS.	LÉGUMES SECS.						POMMES DE TERRE.						CHATAIGNES.				
	Nombre d'hectares cultivés.	Quantité de semence par hectare.	Produit brut par hectare. 1873.	Produit brut par hectare. Année moyenne.	Production totale. 1873.	Production totale. Année moyenne.	Nombre d'hectares cultivés.	Quantité de semence par hectare.	Produit brut par hectare. 1873.	Produit brut par hectare. Année moyenne.	Production totale. 1873.	Production totale. Année moyenne.	Nombre d'hectares cultivés.	Produit brut par hectare. 1873.	Produit brut par hectare. Année moyenne.	Production totale. 1873.	Production totale. Année moyenne.
		h. l.	h. l.	h. l.	hectol.	hectol.		h. l.	h. l.	h. l.	hectol.	hectol.		h. l.	h. l.	hectol.	hectol.
Ain	4,500	2,80	28,40	36,50	118,800	161,250	17,348	10,00	90,00	96,00	1,561,320	1,665,408	152	12,00	11,00	1,824	2,138
Aisne	3,360	2,56	22,50	21,16	75,677	71,076	16,463	15,60	150,00	136,00	2,469,450	2.238,968	»	»	»	»	»
Allier	2,725	1,40	12,62	17,14	34,370	46,606	20,433	12,80	111,00	116,00	2,268,063	2,370,228	500	25,00	27,00	12,500	13,500
Alpes (Basses-)	1,351	1,80	10,00	10,00	13,540	13,510	11,297	8,00	104,00	160,00	1,174,888	1,807,520	476	20,00	25,00	9,520	11,900
Alpes (Hautes-)	378	3,00	20,00	26,00	7,560	9,828	3,447	15,00	110,00	175,00	379,170	603,225	»	»	»	»	»
Alpes-Maritimes	1,036	2,00	13,00	15,00	13,468	15,540	3,593	9,50	133,00	150,00	478,534	539,700	»	»	»	»	»
Ardèche	847	1,80	11,29	12,50	9,562	10,587	25,008	12,00	102,00	112,00	2,570,816	2,800,806	53,093	15,00	19,00	796,395	1,008,767
Ardennes	2,251	2,00	27,23	26,72	61,376	60,227	11,859	16,00	148,00	143,00	1,755,182	1,696,837	»	»	»	»	»
Ariège	3,652	0,85	9,47	12,96	34,581	47,330	21,286	10,06	105,00	102,00	2,234,925	2,171,070	169	41,00	43,00	6,929	7,267
Aube	1,675	2,00	9,20	16,60	15,410	27,805	6,500	15,00	95,00	100,00	626,050	659,000	»	»	»	»	»
Aude	855	1,50	10,00	15,00	8,550	12,825	6,110	7,50	63,00	65,00	364,990	397,150	352	25,00	30,00	8,800	10,560
Aveyron	3,496	1,20	9,48	13,05	33,242	45,523	23,262	10,07	77,00	87,00	1,791,174	2,023,794	48,779	13,00	17,00	634,127	829,243
Bouches-du-Rhône	2,832	1,55	13,00	16,00	36,816	45,312	5,261	7,10	72,00	78,00	378,792	410,358	»	»	»	»	»
Calvados	387	2,00	16,00	10,00	6,192	6,161	2,600	11,00	91,00	130,00	236,600	338,000	»	»	»	»	»
Cantal	723	2,50	8,00	10,00	5,821	7,230	5,700	8,00	100,00	120,00	570,000	684,000	13,208	7,00	9,00	92,450	118,872
Charente	7,806	1,88	6,23	6,74	48,631	52,612	21,658	10,65	55,00	64,000	1,191,840	1,386,032	8,339	21,00	22,00	175,119	183,458
Charente-Inférieure	4,677	2,90	12,00	13,00	56,124	60,801	14,501	10,00	57,00	87,00	826,557	1,261,587	»	»	»	»	»
Cher	1,731	1,25	9,16	13,22	15,856	23,861	7,026	15,19	75,00	95,00	526,950	667,470	800	31,00	33,00	21,800	26,400
Corrèze	735	0,91	9,90	14,00	7,276	10,290	13,033	15,00	122,00	115,00	1,588,366	1,495,846	51,547	16,00	20,00	894,752	1,030,940
Corse	3,232	1,60	11,00	16,00	35,552	51,712	2,482	7,00	48,00	62,00	119,136	158,881	26,814	8,00	12,00	211,752	323,128
Côte-d'Or	7,320	1,65	17,00	13,00	124,440	90,562	19,326	13,00	104,00	131,00	2,009,800	2,531,575	»	»	»	»	»
Côtes-du-Nord	2,170	1,98	20,00	16,32	43,400	35,414	30,000	10,00	80,00	100,00	2,400,000	3,000,000	»	»	»	»	»
Creuse	1,078	2,05	11,00	12,00	11,858	12,936	11,565	13,59	114,00	117,00	1,318,110	1,353,105	5,932	13,00	18,00	77,116	106,776
Dordogne	8,150	0,61	10,00	15,00	81,500	122,335	30,076	6,68	62,00	80,00	1,864,712	2,406,080	57,400	14,00	17,00	803,600	975,800
Doubs	3,000	1,78	9,00	14,00	27,000	42,000	12,000	13,00	156,00	208,00	1,872,000	2,496,000	»	»	»	»	»
Drôme	1,935	0,88	7,04	7,50	13,622	11,512	20,713	11,00	90,00	100,00	1,864,170	2,071,300	356	10,00	11,00	3,350	3,905
Eure	9,313	2,40	24,00	18,14	221,232	169,483	5,721	14,00	107,00	168,00	612,488	961,592	»	»	»	»	»
Eure-et-Loir	683	2,14	15,50	13,90	10,586	9, 94	3,550	16,00	128,00	130,00	455,552	462,670	»	»	»	»	»
Finistère	2,250	2,50	28,00	33,00	63,000	74,250	14,860	10,00	102,00	120,00	1,515,720	1,783,200	»	»	»	»	»
Gard	1,065	1,05	9,63	13,87	10,610	14,683	5,703	16,00	85,00	97,00	492,405	561,821	45,096	17,00	16,00	766,632	721,536
Garonne (Haute-)	20,000	1,00	5,00	10,00	100,000	200,000	15,000	15,00	56,00	110,00	840,000	1,650,000	2,000	7,00	8,00	11,000	16,000
Gers	9,500	0,80	14,00	15,00	133,000	142,500	3,000	5,50	45,00	78,00	135,000	231,000	»	»	»	»	»
Gironde	8,066	1,27	13,22	14,44	106,632	116,473	20,175	6,80	42,00	46,00	847,350	928,050	63	25,00	25,00	1,575	1,575
Hérault	430	1,50	21,00	20,00	9,030	8,600	4,500	9,00	63,00	83,00	283,500	373,500	6,000	7,00	7,00	42,000	42,000
Ille-et-Vilaine	1,000	2,00	35,00	47,00	35,000	47,000	11,259	13,00	90,00	108,00	1,013,310	1,215,972	1,000	20,00	25,00	20,000	25,000
Indre	1,397	1,36	10,00	12,74	13,970	17,803	9,848	14,10	92,00	103,00	906,016	1,014,344	2,087	38,00	38,00	78,546	78,546
Indre-et-Loire	4,800	2,00	15,00	17,50	72,000	84,000	11,050	10,00	95,00	62,00	1,133,250	740,000	103	8,00	22,00	861	2,310
Isère	1,775	1,37	11,54	12,02	20,483	21,176	19,679	14,84	140,00	144,00	2,755,060	2,833,776	2,876	14,00	36,00	40,264	100,000
Jura	2,480	2,19	12,46	13,50	30,901	31,472	12,682	15,25	89,00	80,00	1,126,918	1,088,932	22	13,00	17,00	286	374
Landes	21,984	0,10	7,00	8,00	153,888	175,872	5,136	10,00	60,00	60,00	371,600	416,160	100	15,00	15,00	1,500	1,500
Loir-et-Cher	1,267	1,40	13,15	9,88	16,661	12,518	8,910	11,30	71,00	87,00	633,249	775,053	»	»	»	»	»
Loire	1,900	2,13	12,00	11,00	22,800	20,900	26,000	15,00	60,00	130,00	1,560,000	3,380,000	400	25,00	27,00	10,000	10,800
Loire (Haute-)	2,303	2,00	15,30	17,30	35,230	39,790	14,600	14,00	138,00	146,00	2,014,800	2,131,600	»	»	»	»	»
Loire-Inférieure	3,303	1,70	16,00	16,00	50,900	56,000	16,000	8,00	126,00	110,00	2,016,000	1,760,000	1,500	12,00	20,00	18,108	30,180

TABLEAU N° 1. (*Suite.*) — CÉRÉALES ET AUTRES FARINEUX ALIMENTAIRES.

IV. LÉGUMES SECS, POMMES DE TERRE, CHATAIGNES.

DÉPARTEMENTS.	LÉGUMES SECS. Nombre d'hectares cultivés.	LÉGUMES SECS. Quantité de semence par hectare.	LÉGUMES SECS. Produit brut par hectare. 1873.	LÉGUMES SECS. Produit brut par hectare. Année moyenne.	LÉGUMES SECS. Production totale. 1873.	LÉGUMES SECS. Production totale. Année moyenne.	POMMES DE TERRE. Nombre d'hectares cultivés.	POMMES DE TERRE. Quantité de semence par hectare.	POMMES DE TERRE. Produit brut par hectare. 1873.	POMMES DE TERRE. Produit brut par hectare. Année moyenne.	POMMES DE TERRE. Production totale. 1873.	POMMES DE TERRE. Production totale. Année moyenne.	CHATAIGNES. Nombre d'hectares cultivés.	CHATAIGNES. Produit brut par hectare. 1873.	CHATAIGNES. Produit brut par hectare. Année moyenne.	CHATAIGNES. Production totale. 1873.	CHATAIGNES. Production totale. Année moyenne.
		h. l.	h. l.	h. l.	hectol.	hectol.		h. l.	h. l.	h. l.	hectol.	hectol.		h. l.	h. l.	hectol.	hectol.
Loiret	1,542	3,00	11,00	12,00	16,962	18,504	10,755	12,00	120,00	91,00	1,290,600	1,010,070	32	7,00	7,00	224	224
Lot	7,000	0,40	3,20	4,00	22,400	28,000	12,033	5,00	51,00	60,00	618,000	720,000	45,000	10,00	10,00	450,000	450,000
Lot-et-Garonne	18,000	1,75	12,00	10,00	216,000	180,000	15,300	10,00	80,00	70,00	1,224,000	1,071,000	»	»	»	»	»
Lozère	302	2,00	11,00	16,00	3,322	4,832	5,374	13,00	100,00	98,00	537,400	532,020	33,908	6,00	12,00	203,448	406,896
Maine-et-Loire	2,301	1,20	10,00	12,00	23,010	27,612	26,723	10,00	70,00	90,00	1,870,610	2,405,070	80	10,00	10,00	800	800
Manche	1,927	2,90	30,11	28,17	58,022	51,289	6,930	13,55	81,00	114,00	561,616	790,701	»	»	»	»	»
Marne	1,998	2,63	15,46	22,31	30,880	44,636	10,020	15,16	105,00	108,00	1,052,100	1,082,160	»	»	»	»	»
Marne (Haute-)	1,651	1,80	32,00	34,00	42,832	46,134	10,295	16,00	110,00	102,00	1,131,350	1,049,070	»	»	»	»	»
Mayenne	273	4,00	18,00	18,00	4,914	4,911	5,914	12,50	102,00	84,00	603,268	498,456	»	»	»	»	»
Meurthe-et-Moselle	2,809	2,40	11,00	14,00	30,899	39,326	33,321	19,00	118,00	137,00	3,100,232	3,633,383	»	»	»	»	»
Meuse	2,806	2,17	11,60	13,00	25,866	29,078	25,411	12,00	118,00	90,00	2,998,498	2,399,456	»	»	»	»	»
Morbihan	528	2,50	13,50	17,75	7,128	9,371	11,635	12,00	106,00	96,00	1,233,310	1,116,960	2,205	16,00	15,00	35,280	33,075
Nièvre	2,645	1,50	11,00	11,00	29,095	37,030	16,471	13,50	111,00	120,00	1,763,001	1,859,620	»	»	»	»	»
Nord	10,542	2,52	24,78	25,63	261,231	270,091	21,233	15,20	170,00	160,00	4,119,610	3,631,950	230	47,00	47,00	10,810	10,810
Oise	2,613	2,75	26,37	22,95	68,905	59,968	12,763	15,40	137,00	136,00	1,748,531	1,735,768	»	»	»	»	»
Orne	1,167	2,45	25,00	25,00	29,175	29,175	3,068	13,20	93,00	95,00	286,719	292,885	»	»	»	»	»
Pas-de-Calais	11,339	2,26	21,00	22,00	238,119	249,453	15,307	18,53	132,00	110,00	2,152,521	2,282,980	»	»	»	»	»
Puy-de-Dôme	10,000	1,30	17,00	17,20	170,000	172,000	26,000	11,00	100,00	115,00	2,600,000	2,990,000	800	7,00	8,00	5,600	6,400
Pyrénées (Basses-)	10,500	1,30	20,00	20,00	210,000	210,000	2,860	11,00	60,00	65,00	171,600	185,900	7,600	15,00	17,00	114,000	129,200
Pyrénées (Hautes-)	3,807	1,00	16,00	16,00	62,352	62,352	4,727	9,80	48,00	58,00	226,896	274,166	6,601	25,00	25,00	165,025	165,025
Pyrénées-Orientales	2,600	1,30	10,00	13,00	26,000	33,800	6,500	12,00	120,00	120,00	780,000	780,000	350	35,00	30,00	12,250	10,500
Rhin (Haut-) [Belfort]	»	»	»	»	»	»	3,366	22,00	172,00	151,00	578,936	508,266	»	»	»	»	»
Rhône	424	1,30	27,30	26,00	11,675	11,024	12,027	13,00	130,00	107,00	1,563,510	1,286,889	730	10,00	20,00	7,300	14,600
Saône (Haute-)	1,331	1,60	11,00	16,10	14,674	21,341	16,562	18,00	173,00	130,00	2,865,220	2,153,060	»	»	»	»	»
Saône-et-Loire	3,840	1,80	16,25	16,00	62,400	61,440	33,992	9,00	130,00	90,00	4,118,900	3,059,280	»	»	»	»	»
Sarthe	1,512	2,43	10,77	12,20	16,281	18,583	30,829	9,82	68,00	86,00	2,026,372	2,620,465	400	41,00	45,00	16,400	18,000
Savoie	1,500	1,00	11,75	15,00	22,125	22,500	7,700	20,00	128,00	145,00	985,600	1,116,500	2,200	18,00	18,00	39,600	39,600
Savoie (Haute-)	809	2,02	17,66	17,12	14,287	14,098	12,050	18,50	136,00	135,00	1,638,800	1,626,750	1,319	18,00	31,00	23,742	40,889
Seine	158	3,25	48,00	49,00	7,584	7,742	5,200	19,31	170,00	170,00	884,000	884,000	»	»	»	»	»
Seine-Inférieure	1,297	2,42	24,88	25,09	32,314	32,542	9,718	17,86	119,00	133,00	1,155,842	1,291,829	»	»	»	»	»
Seine-et-Marne	1,628	2,33	20,30	21,11	33,048	34,307	9,743	14,93	107,00	123,00	1,042,501	1,198,389	»	»	»	»	»
Seine-et-Oise	2,013	2,23	18,00	18,48	37,774	38,761	18,462	15,70	125,00	131,00	2,307,750	2,421,922	455	18,00	25,00	8,190	11,375
Sèvres (Deux-)	3,500	1,16	15,00	15,00	52,500	52,500	12,000	10,00	98,00	96,00	1,176,000	1,140,000	410	30,00	25,00	12,300	10,250
Somme	6,000	2,00	15,00	16,00	90,000	96,000	15,000	17,00	112,00	112,00	1,680,000	1,680,000	»	»	»	»	»
Tarn	6,938	0,91	7,87	11,44	54,836	79,714	20,773	7,98	60,00	45,00	1,246,380	954,785	8,879	11,00	11,00	97,669	124,306
Tarn-et-Garonne	6,806	1,15	13,00	12,50	88,478	85,075	7,277	4,50	50,00	55,00	363,850	400,235	600	7,00	8,00	4,200	4,800
Var	4,601	1,40	11,00	12,00	51,011	55,202	6,168	7,39	88,00	87,00	541,431	536,226	2,732	10,00	11,00	27,320	30,052
Vaucluse	2,235	2,25	11,50	11,98	25,737	26,911	9,278	9,00	72,00	93,00	668,016	862,851	»	»	»	»	»
Vendée	7,752	2,40	14,00	14,50	108,528	112,404	8,461	8,00	48,00	77,00	363,052	651,728	»	»	»	»	»
Vienne	2,606	0,66	5,28	12,00	13,700	31,272	13,220	9,00	90,00	150,00	1,189,800	1,983,000	255	10,00	20,00	2,550	5,100
Vienne (Haute-)	1,576	1,34	10,37	13,91	16,281	21,930	20,275	10,75	94,00	102,00	1,905,860	2,068,060	38,085	17,00	21,00	647,445	799,785
Vosges	1,571	2,26	13,00	13,00	20,423	20,423	43,228	15,15	175,00	215,00	7,561,900	9,294,020	»	»	»	»	»
Yonne	2,933	1,30	12,00	13,00	35,196	38,120	10,891	12,80	86,00	90,00	936,861	980,160	189	17,00	26,00	3,213	4,914
Totaux	322,681	1,83	13,77	15,03	4,441,107	4,850,316	1,170,490	12,39	102,35	110,91	120,110,039	130,580,139	482,217	13,62	16,57	6,567,351	7,808,720

TABLEAU N° 2. — CULTURES POTAGÈRES ET MARAICHÈRES.

DÉPARTEMENTS.	LÉGUMES FRAIS DE TOUTES SORTES (HARICOTS, FÈVES, LENTILLES, POIS, CHOUX, CAROTTES, NAVETS, CITROUILLES, MELONS, ASPERGES, ARTICHAUTS, SALADES, ETC.). Nombre d'hectares cultivés.	Valeur de la récolte par hectare. 1873.	Valeur de la récolte par hectare. Année moyenne.	Valeur totale de la production. 1873.	Valeur totale de la production. Année moyenne.
		fr.	fr.	fr.	fr.
Ain	2,513	744	779	1,870,724	1,957,627
Aisne	32,950	750	742	24,712,500	24,448,900
Allier	4,397	421	489	1,851,137	2,150,133
Alpes (Basses-)	1,850	1,733	1,805	3,216,050	3,339,250
Alpes (Hautes-)	770	600	600	462,000	462,000
Alpes-Maritimes	1,000	1,000	1,000	1,000,000	1,000,000
Ardèche	4,220	571	623	2,409,620	2,621,840
Ardennes	2,213	746	768	1,650,152	1,698,816
Ariège	2,587	1,030	1,018	2,664,610	2,620,011
Aube	2,732	1,026	1,019	2,803,032	2,783,908
Aude	750	800	800	600,000	600,000
Aveyron	2,883	1,228	1,250	3,540,324	3,603,750
Bouches-du-Rhône	5,079	850	960	4,317,150	4,875,840
Calvados	4,000	600	800	2,400,000	3,200,000
Cantal	1,940	450	500	877,000	970,000
Charente	6,705	1,415	1,474	9,487,575	9,883,170
Charente-Inférieure	4,018	2,330	2,425	9,360,880	9,810,400
Cher	2,584	1,423	1,536	3,702,872	3,891,354
Corrèze	1,727	479	619	827,233	1,069,013
Corse	6,983	586	626	4,062,738	4,319,058
Côte-d'Or	1,080	1,603	1,741	1,881,080	1,882,140
Côtes-du-Nord	4,000	600	600	2,400,000	2,400,000
Creuse	1,622	483	577	780,426	933,354
Dordogne	4,700	1,051	1,250	4,940,065	5,924,854
Doubs	1,050	740	840	777,000	882,000
Drôme	14,150	1,120	1,125	15,848,000	15,918,750
Eure	5,136	805	814	4,186,080	4,182,882
Eure-et-Loir	7,287	602	627	4,380,774	4,403,049
Finistère	10,772	1,250	1,300	13,465,000	14,003,600
Gard	2,512	1,002	1,653	2,517,084	4,151,086
Garonne (Haute-)	3,000	1,300	1,250	3,900,000	3,750,000
Gers	5,522	615	1,077	3,550,616	5,947,194
Gironde	5,160	1,246	1,913	6,430,574	10,888,297
Hérault	2,000	1,600	1,600	3,200,000	3,200,000
Ille-et-Vilaine	3,040	916	926	2,784,640	2,815,040
Indre	2,386	1,074	1,363	2,530,441	3,251,036
Indre-et-Loire	3,831	1,018	993	3,900,958	3,801,183
Isère	3,420	1,230	1,346	4,206,600	4,603,320
Jura	118	1,050	1,700	104,700	200,600
Landes	5,641	450	600	2,538,450	3,384,600
Loir-et-Cher	12,912	1,024	1,126	13,221,888	14,539,170
Loire	5,510	1,300	1,380	7,053,000	7,603,800
Loire (Haute-)	2,782	1,200	1,190	3,266,400	3,239,180
Loire-Inférieure	52,300	1,050	1,325	54,915,000	64,067,500
Loiret	3,000	500	600	1,500,000	1,800,000
Lot	3,000	480	600	1,440,000	1,800,000
Lot-et-Garonne	10,000	400	450	4,000,000	4,500,000
Lozère	1,050	554	706	581,700	741,300
Maine-et-Loire	7,341	1,150	1,450	10,034,450	11,163,030
Manche	6,490	1,013	1,050	6,574,370	4,058,700
Marne	3,272	1,509	1,597	4,937,448	5,225,334
Marne (Haute-)	1,950	1,088	1,213	2,122,126	2,376,510
Mayenne	8,311	1,050	1,650	8,476,550	6,356,450
Meurthe-et-Moselle	2,470	650	600	1,000,100	1,185,000
Meuse	8,671	800	850	7,011,939	7,370,350
Morbihan	9,862	583	500	5,604,960	4,931,000
Nièvre	3,272	431	490	1,410,232	1,603,280
Nord	16,134	1,442	1,550	23,287,828	25,620,603
Oise	6,568	835	831	5,484,280	5,477,712
Orne	4,028	675	684	2,715,900	2,755,152
Pas-de-Calais	10,636	661	678	7,032,224	7,210,216
Puy-de-Dôme	7,400	743	730	5,578,200	5,402,000
Pyrénées (Basses-)	2,708	1,174	1,397	3,178,192	3,781,076
Pyrénées (Hautes-)	610	810	650	483,200	416,000
Pyrénées-Orientales	2,400	1,000	1,000	2,400,000	2,400,000
Rhin (Haut-) [Belfort]	412	1,500	1,500	618,000	618,000
Rhône	2,031	1,750	1,750	3,553,500	3,550,500
Saône (Haute-)	1,214	1,231	1,356	1,494,076	1,641,970
Saône-et-Loire	1,580	784	860	1,236,160	1,326,000
Sarthe	7,007	670	816	4,318,863	5,701,152
Savoie	1,233	654	673	806,382	829,809
Savoie (Haute-)	3,626	651	672	2,360,526	2,436,672
Seine	4,194	1,400	1,800	5,871,600	7,549,200
Seine-Inférieure	3,630	882	898	3,201,660	3,259,740
Seine-et-Marne	4,943	1,711	1,785	8,460,895	8,826,325
Seine-et-Oise	11,020	1,300	1,200	15,106,000	13,914,000
Sèvres (Deux-)	15,205	1,200	1,000	18,246,000	15,205,000
Somme	4,000	1,000	1,000	4,000,000	4,000,000
Tarn	3,030	910	1,122	2,867,000	3,122,100
Tarn-et-Garonne	4,310	1,000	1,000	4,310,000	4,310,000
Var	2,302	1,092	1,147	2,578,304	2,709,414
Vaucluse	8,240	720	890	6,486,800	7,330,800
Vendée	15,572	563	618	8,767,036	9,623,496
Vienne	525	1,000	1,500	525,000	787,500
Vienne (Haute-)	2,473	668	722	1,654,437	1,785,506
Vosges	3,137	1,753	2,016	5,499,161	6,321,055
Yonne	6,400	1,800	1,900	11,520,000	12,160,000
Totaux	474,031	972	1,045	461,051,205	495,307,235

Tableau N° 3. — PRINCIPALES CULTURES INDUSTRIELLES.

I. — PLANTES OLÉAGINEUSES. (COLZA, ŒILLETTE, CHÈNEVIS, LIN, OLIVES)

DÉPARTEMENTS.	COLZA. Nombre d'hectares cultivés.	Semence par hectare.	Produit en graines par hectare. 1873.	Produit en graines par hectare. Année moyenne.	Produit total en graines. 1873.	Produit total en graines. Année moyenne.	ŒILLETTE, NAVETTE, CAMELINE. Nombre d'hectares cultivés.	Semence par hectare.	Produit en graines par hectare. 1873.	Produit en graines par hectare. Année moyenne.	Produit total en graines. 1873.	Produit total en graines. Année moyenne.	CHÈNEVIS. Nombre d'hectares cultivés.	Semence par hectare.	Produit en graines par hectare. 1873.	Produit en graines par hectare. Année moyenne.	Produit total en graines. 1873.	Produit total en graines. Année moyenne.	GRAINE DE LIN. Nombre d'hectares cultivés.	Semence par hectare.	Produit en graines par hectare. 1873.	Produit en graines par hectare. Année moyenne.	Produit total en graines. 1873.	Produit total en graines. Année moyenne.	OLIVIERS. Nombre d'hectares cultivés.	Produit par hectare. 1873.	Produit par hectare. Année moyenne.	Production totale. 1873.	Production totale. Année moyenne.	Autres cultures arborescentes. — Superficie.
		h. l.	h. l.	h. l.	hectol.	hectol.		h. l.	h. l.	h. l.	hectol.	hectol.		h. l.	h. l.	h. l.	hectol.	hectol.		h. l.	h. l.	h. l.	hectol.	hectol.		h. l.	h. l.	hectol.	hectol.	hectares.
Ain	7,562	0,13	16,00	31,00	120,992	234,422	100	0,05	12,00	14,00	1,200	1,400	2,023	1,60	13,00	15,00	34,000	39,245	190	2,00	12,00	15,00	2,282	2,850	»	»	»	»	»	129
Aisne	3,716	0,08	17,00	20,00	68,172	74,320	1,582	0,06	13,00	14,00	20,560	22,149	1,330	2,40	10,00	10,00	13,500	13,500	1,033	2,53	9,00	10,00	9,774	10,890	»	»	»	»	»	»
Allier	1,170	0,10	15,00	16,00	17,550	18,720	»	»	»	»	»	»	1,100	1,80	7,00	8,00	7,763	8,872	»	»	»	»	»	»	»	»	»	»	»	»
Alpes (Basses-)	»	»	»	»	»	»	»	»	»	»	»	»	300	3,30	12,00	11,00	3,630	3,300	»	»	»	»	»	»	2,826	25,00	25,00	70,625	70,625	»
Alpes (Hautes-)	»	»	»	»	»	»	»	»	»	»	»	»	217	5,00	9,00	10,00	2,223	2,470	»	»	»	»	»	»	»	»	»	»	»	»
Alpes-Maritimes	»	»	»	»	»	»	»	»	»	»	»	»	93	2,50	5,00	6,00	465	553	»	»	»	»	»	»	15,815	65,00	54,00	1,027,975	854,010	511
Ardèche	732	0,06	15,00	15,00	10,980	10,980	»	»	»	»	»	»	15	1,50	2,00	3,00	30	45	»	»	»	»	»	»	376	12,00	26,00	4,512	9,776	637
Ardennes	230	0,07	12,00	15,00	2,760	3,450	150	0,03	16,00	13,00	2,400	1,950	318	3,50	10,00	11,00	3,180	3,443	141	2,07	7,00	8,00	987	1,128	»	»	»	»	»	24
Ariège	11	0,06	8,00	10,00	88	110	»	»	»	»	»	»	103	3,00	8,00	12,00	800	1,200	1,517	2,20	8,00	8,00	12,076	12,876	Arbres disséminés et compris dans les autres cultures.					»
Aube	1,985	0,07	8,00	9,00	15,880	17,865	1,742	0,12	7,00	8,00	12,194	13,936	1,328	2,60	10,00	11,00	13,280	14,608	»	»	»	»	»	»	»	»	»	»	»	»
Aude	4	0,07	8,00	10,00	32	40	»	»	»	»	»	»	27	3,00	7,00	8,00	189	216	74	2,95	9,00	9,00	666	666	151	15,00	15,00	2,265	2,265	80
Aveyron	208	0,10	6,00	8,00	1,248	1,664	»	»	»	»	»	»	1,400	4,70	9,00	10,00	13,410	14,000	162	1,85	12,00	13,00	1,944	2,106	»	»	»	»	»	504
Bouches-du-Rhône	»	»	»	»	»	»	»	»	»	»	»	»	»	»	»	»	»	»	»	»	»	»	»	»	21,251	16,00	10,00	335,016	460,700	8,821
Calvados	34,000	0,04	15,00	16,00	510,000	544,000	150	0,02	2,00	14,00	1,800	2,100	400	2,70	9,00	9,00	3,600	3,600	300	2,00	6,00	8,00	1,800	2,400	»	»	»	»	»	»
Cantal	82	0,06	7,00	10,00	574	820	7	0,06	2,00	4,00	14	28	1,100	2,50	8,00	8,00	8,800	8,800	180	2,50	8,00	8,00	1,440	1,440	»	»	»	»	»	64
Charente	853	0,03	8,00	12,00	6,824	10,236	»	»	»	»	»	»	660	2,85	8,00	10,00	5,280	6,600	194	1,65	6,00	9,00	1,164	1,746	»	»	»	»	»	450
Charente-Inférieure	460	0,05	13,00	15,00	5,980	6,900	»	»	»	»	»	»	292	2,30	8,00	9,00	4,858	2,088	787	2,60	7,00	8,00	5,509	6,296	»	»	»	»	»	40
Cher	692	0,07	14,00	16,00	9,688	11,072	6	0,04	9,00	12,00	54	72	1,667	2,52	8,00	9,00	13,336	15,003	»	»	»	»	»	»	»	»	»	»	»	»
Corrèze	»	»	»	»	»	»	»	»	»	»	»	»	1,786	3,03	10,00	12,00	17,860	21,432	751	2,38	9,00	10,00	6,759	7,510	»	»	»	»	»	182
Corse	»	»	»	»	»	»	»	»	»	»	»	»	188	2,90	5,00	6,00	940	1,128	409	2,20	8,00	9,00	3,272	3,681	12,909	24,00	50,00	311,256	648,450	1,123
Côte-d'Or	2,812	0,08	10,00	12,00	28,120	33,744	2,543	0,05	9,00	11,00	22,887	27,973	670	2,68	10,00	13,00	6,700	8,710	»	»	»	»	»	»	»	»	»	»	»	»
Côtes-du-Nord	»	»	»	»	»	»	»	»	»	»	»	»	3,500	2,50	10,00	10,00	35,000	35,000	6,500	2,10	6,00	6,00	39,000	39,000	»	»	»	»	»	»
Creuse	380	0,06	8,00	10,00	3,040	3,800	406	0,04	8,00	7,00	3,248	2,842	2,328	3,42	8,00	8,00	18,624	18,624	»	»	»	»	»	»	»	»	»	»	»	»
Dordogne	117	0,11	5,00	7,00	585	819	2	0,03	10,00	10,00	20	20	1,312	3,03	9,00	10,00	11,808	13,120	79	2,32	8,00	9,00	632	711	»	»	»	»	»	»
Doubs	840	0,05	6,00	6,00	5,040	5,040	»	»	»	»	»	»	930	3,07	7,00	8,00	6,510	7,440	300	2,71	7,00	8,00	2,100	2,400	»	»	»	»	»	»
Drôme	2,180	0,14	14,00	20,00	30,520	43,600	800	0,06	12,00	14,00	9,600	11,200	196	1,60	14,00	15,00	2,744	2,940	»	»	»	»	»	»	2,916	20,00	30,00	58,320	87,480	16,364
Eure	10,800	0,04	17,00	18,00	183,600	194,400	40	0,07	4,00	4,00	160	160	40	2,03	7,00	7,00	280	280	1,600	2,36	8,00	7,00	12,800	11,200	»	»	»	»	»	»
Eure-et-Loir	192	0,06	19,00	16,00	3,648	3,072	»	»	»	»	»	»	122	3,35	16,00	18,00	1,952	2,196	18	2,23	12,00	11,00	216	198	»	»	»	»	»	»
Finistère	50	0,04	11,00	13,00	550	650	»	»	»	»	»	»	1,200	2,70	10,00	12,00	12,000	14,400	8,500	1,80	9,00	10,00	76,500	85,000	»	»	»	»	»	»
Gard	59	0,08	7,00	7,00	413	413	»	»	»	»	»	»	»	»	»	»	»	»	»	»	»	»	»	»	9,705	19,00	21,00	184,395	203,805	379
Garonne (Haute-)	3,000	0,06	12,00	15,00	36,000	45,000	»	»	»	»	»	»	500	3,00	8,00	10,00	4,000	5,000	4,000	2,50	10,00	12,00	40,000	48,000	»	»	»	»	»	»
Gers	299	0,08	11,00	12,00	3,289	3,588	»	»	»	»	»	»	26	2,50	14,00	14,00	364	364	2,694	2,50	8,00	12,00	21,552	32,328	»	»	»	»	»	»
Gironde	97	0,06	12,00	17,00	1,164	1,649	»	»	»	»	»	»	1,672	2,27	6,00	7,00	10,032	11,704	45	2,20	5,00	7,00	225	315	»	»	»	»	»	»
Hérault	»	»	»	»	»	»	»	»	»	»	»	»	»	»	»	»	»	»	»	»	»	»	»	»	2,500	42,00	42,00	105,000	105,000	»
Ille-et-Vilaine	3,830	0,05	14,00	15,00	53,620	58,200	»	»	»	»	»	»	1,838	3,68	8,00	9,00	14,704	16,542	1,480	2,68	6,00	7,00	8,880	10,360	»	»	»	»	»	»
Indre	1,111	0,09	15,00	16,00	16,665	17.776	»	»	»	»	»	»	804	3,77	7,00	8,00	5,628	6,432	»	»	»	»	»	»	»	»	»	»	»	217
Indre-et-Loire	»	»	»	»	»	»	»	»	»	»	»	»	2,698	2,50	5,00	7,00	13,490	18,886	»	»	»	»	»	»	»	»	»	»	»	50
Isère	4,401	0,06	13,00	15,00	57,093	66,015	12	0,03	5,00	3,00	60	36	1,797	1,10	12,00	12,00	21,564	21,564	»	»	»	»	»	»	»	»	»	»	»	4,396
Jura	2,229	0,06	11,00	12,00	24,519	26,748	2,410	0,08	11,00	12,00	26,510	28,920	602	1,08	12,00	12,00	7,224	7,224	32	2,86	9,00	9,00	288	288	»	»	»	»	»	9
Landes	»	»	»	»	»	»	»	»	»	»	»	»	700	2,20	4,00	6,00	2,800	4,200	2,402	1,50	6,00	8,00	14,412	19,216	»	»	»	»	»	»
Loir-et-Cher	184	0,09	10,00	10,00	1,840	1,840	»	»	»	»	»	»	341	2,40	6,00	10,00	2,046	3,410	»	»	»	»	»	»	»	»	»	»	»	»
Loire	2,235	0,10	19,00	27,00	42,275	60,075	»	»	»	»	»	»	430	2,50	8,00	7,00	3,440	3,010	»	»	»	»	»	»	»	»	»	»	»	»
Loire (Haute-)	674	0,13	11,00	12,00	7,414	8,088	2	0,05	8,00	10,00	16	20	230	2,30	7,00	8,00	1,072	1,012	»	»	»	»	»	»	»	»	»	»	»	»
Loire-Inférieure	1,500	0,09	15,00	18,00	22,500	27,000	»	»	»	»	»	»	1,000	2,50	9,00	10,00	9,000	10,000	3,000	3,00	10,00	12,00	30,000	36,000	»	»	»	»	»	»

Tableau N° 3. (*Suite.*) — PRINCIPALES CULTURES INDUSTRIELLES.

I. — PLANTES OLÉAGINEUSES. (COLZA, ŒILLETTE, CHÈNEVIS, LIN, OLIVES.

DÉPARTEMENTS.	COLZA. Nombre d'hectares cultivés.	COLZA. Semence par hectare.	COLZA. Produit en graines par hectare. 1873.	COLZA. Produit en graines par hectare. Année moyenne.	COLZA. Produit total en graines. 1873.	COLZA. Produit total en graines. Année moyenne.	ŒILLETTE, NAVETTE, CAMELINE. Nombre d'hectares cultivés.	ŒILLETTE… Semence par hectare.	ŒILLETTE… Produit en graines par hectare. 1873.	ŒILLETTE… Produit en graines par hectare. Année moyenne.	ŒILLETTE… Produit total en graines. 1873.	ŒILLETTE… Produit total en graines. Année moyenne.
		h. l.	h. l.	h. l.	hectol.	hectol.		h. l.	h. l.	h. l.	hectol.	hectol.
Loiret	1,418	0,06	13,00	11,00	18,824	20,272	•	•	•	•	•	•
Lot	•	•	•	•	•	•	•	•	•	•	•	•
Lot-et-Garonne	1,350	0,07	12,00	16,00	16,200	21,600	•	•	•	•	•	•
Lozère	•	•	•	•	•	•	•	•	•	•	•	•
Maine-et-Loire	3,325	0,06	12,00	15,00	39,900	49,875	4	0,06	12,00	12,00	48	48
Manche	1,124	0,09	15,00	16,00	16,860	17,984	14	0,06	12,00	13,00	168	182
Marne	1,548	0,07	10,00	15,00	15,480	23,220	1,026	0,01	7,00	8,00	7,182	8,208
Marne (Haute-)	1,620	0,06	7,00	12,00	11,340	19,440	1,287	0,01	8,00	10,00	10,296	12,870
Mayenne	750	0,11	8,00	12,00	6,000	9,000	•	•	•	•	•	•
Meurthe-et-Moselle	2,162	0,08	13,00	14,00	28,106	30,268	97	0,07	12,00	13,00	1,164	1,261
Meuse	2,004	0,08	9,00	16,00	18,036	32,064	1,497	0,03	8,00	10,00	11,976	14,970
Morbihan	220	0,07	10,00	11,00	2,200	2,420	•	•	•	•	•	•
Nièvre	461	0,08	15,00	17,00	7,865	8,347	552	0,07	12,00	12,00	6,624	6,624
Nord	5,366	0,07	20,00	21,00	111,200	133,512	3,971	0,10	17,00	19,00	67,507	75,449
Oise	801	0,07	17,00	20,00	13,617	16,020	177	0,10	15,00	17,00	2,655	3,009
Orne	719	0,12	10,00	15,00	7,190	10,785	•	•	•	•	•	•
Pas-de-Calais	5,521	0,08	16,00	19,00	88,336	105,030	15,541	0,08	14,00	16,00	217,580	248,610
Puy-de-Dôme	23	0,07	8,00	10,00	224	230	5	0,08	14,00	15,00	70	75
Pyrénées (Basses-)	•	•	•	•	•	•	•	•	•	•	•	•
Pyrénées (Hautes-)	•	•	•	•	•	•	•	•	•	•	•	•
Pyrénées-Orientales	•	•	•	•	•	•	•	•	•	•	•	•
Rhin (Haut-) [Belfort]	91	0,03	7,00	12,00	637	1,092	•	•	•	•	•	•
Rhône	2,150	0,07	11,00	16,00	23,650	34,400	•	•	•	•	•	•
Saône (Haute-)	2,043	0,03	10,00	10,00	20,430	20,430	825	0,08	11,00	9,00	9,075	7,425
Saône-et-Loire	11,916	0,05	4,00	11,00	47,664	131,076	1,000	0,04	12,00	14,00	12,000	14,000
Sarthe	•	•	•	•	•	•	•	•	•	•	•	•
Savoie	480	0,06	13,00	14,00	6,240	6,720	13	0,03	11,00	11,00	143	143
Savoie (Haute-)	264	0,07	15,00	16,00	3,960	4,224	18	0,10	14,00	15,00	252	270
Seine	•	•	•	•	•	•	•	•	•	•	•	•
Seine-Inférieure	11,712	0,05	21,00	19,00	245,952	222,528	44	0,10	16,00	12,00	704	528
Seine-et-Marne	1,330	0,06	17,00	20,00	22,610	26,600	99	0,07	13,00	14,00	1,287	1,386
Seine-et-Oise	931	0,07	20,00	26,00	18,620	24,206	2	0,05	7,00	7,00	14	14
Sèvres (Deux-)	2,200	0,07	15,00	18,00	33,000	39,600	•	•	•	•	•	•
Somme	5,500	0,07	20,00	21,00	110,000	115,500	10,000	0,07	11,00	11,00	110,000	110,000
Tarn	193	0,08	8,00	11,00	1,544	2,123	14	0,01	6,00	7,00	84	98
Tarn-et-Garonne	568	0,10	12,50	15,00	6,816	8,520	•	•	•	•	•	•
Var	•	•	•	•	•	•	•	•	•	•	•	•
Vaucluse	116	0,03	7,00	7,00	812	812	4	0,08	6,00	6,00	24	24
Vienne	7,611	0,08	15,00	15,00	113,115	113,115	•	•	•	•	•	•
Vienne	234	0,08	11,00	16,00	3,270	3,510	•	•	•	•	•	•
Vienne (Haute-)	2,103	0,06	6,00	12,00	12,612	25,224	100	0,06	12,00	14,00	1,200	1,400
Vosges	277	0,06	20,00	20,00	5,540	5,540	61	0,05	20,00	20,00	1,220	1,220
Yonne	1,088	0,07	11,00	17,00	11,968	18,496	278	0,05	9,00	10,00	2,502	2,780
Totaux	164,215	0,07	14,11	16,83	2,378,607	3,840,904	46,593	0,06	12,56	14,02	531,634	653,569

DÉPARTEMENTS.	CHÈNEVIS. Nombre d'hectares cultivés.	CHÈNEVIS. Semence par hectare.	CHÈNEVIS. Produit en graines par hectare. 1873.	CHÈNEVIS. Produit en graines par hectare. Année moyenne.	CHÈNEVIS. Produit total en graines. 1873.	CHÈNEVIS. Produit total en graines. Année moyenne.	GRAINE DE LIN. Nombre d'hectares cultivés.	GRAINE DE LIN. Semence par hectare.	GRAINE DE LIN. Produit en graines par hectare. 1873.	GRAINE DE LIN. Produit en graines par hectare. Année moyenne.	GRAINE DE LIN. Produit total en graines. 1873.	GRAINE DE LIN. Produit total en graines. Année moyenne.
		h. l.	h. l.	h. l.	hectol.	hectol.		h. l.	h. l.	h. l.	hectol.	hectol.
Loiret	378	2,86	10,00	11,00	3,780	4,158	•	•	•	•	•	•
Lot	1,000	3,00	6,00	8,00	6,000	8,000	300	3,00	5,00	6,00	1,500	1,800
Lot-et-Garonne	3,300	1,60	6,00	6,00	19,800	19,800	800	1,30	8,00	8,00	6,400	6,400
Lozère	•	•	•	•	•	•	•	•	•	•	•	•
Maine-et-Loire	9,420	1,40	7,00	9,00	65,942	84,831	2,900	1,60	10,00	12,00	29,000	34,800
Manche	1,178	0,50	9,00	10,00	10,602	11,780	3,861	2,50	11,00	10,00	42,471	38,610
Marne	318	3,00	13,00	14,00	4,134	4,452	32	2,00	9,00	12,00	288	384
Marne (Haute-)	1,006	2,80	10,00	11,00	10,060	11,066	47	3,00	8,00	9,00	376	423
Mayenne	1,555	2,50	8,00	8,00	12,440	12,440	3,554	1,00	9,00	9,00	31,986	31,986
Meurthe-et-Moselle	752	4,00	9,00	9,00	6,768	6,768	226	3,00	7,00	7,00	1,576	1,576
Meuse	735	2,50	9,00	11,00	6,615	8,085	354	2,00	7,00	8,00	2,478	2,832
Morbihan	3,750	3,00	7,00	6,00	26,250	22,500	500	2,00	8,00	7,00	4,000	3,500
Nièvre	2,218	2,56	9,00	10,00	19,917	22,180	•	•	•	•	•	•
Nord	284	1,93	11,00	12,00	3,124	3,408	9,556	2,55	8,00	8,00	76,448	76,448
Oise	1,073	2,40	8,00	10,00	8,584	10,730	870	2,47	9,00	9,00	7,830	7,830
Orne	1,395	3,43	7,00	7,00	9,765	9,765	68	3,00	5,00	7,00	340	476
Pas-de-Calais	240	2,90	13,00	13,00	3,120	3,120	8,865	2,24	10,00	10,00	88,650	88,650
Puy-de-Dôme	37	2,10	13,00	12,00	481	444	15	2,00	11,00	10,00	165	150
Pyrénées (Basses-)	•	•	•	•	•	•	2,472	2,80	7,00	8,00	17,304	19,776
Pyrénées (Hautes-)	•	•	•	•	•	•	1,263	3,00	7,00	8,00	8,841	10,104
Pyrénées-Orientales	140	2,30	9,00	9,00	1,260	1,260	140	2,30	5,00	5,00	700	700
Rhin (Haut-) [Belfort]	47	2,30	11,00	13,00	517	611	•	•	•	•	•	•
Rhône	275	1,33	8,00	8,00	2,200	2,200	•	•	•	•	•	•
Saône (Haute-)	1,183	2,20	10,00	11,00	11,830	13,113	20	1,60	8,00	9,00	160	180
Saône-et-Loire	2,413	1,60	9,00	9,00	21,937	21,937	100	1,80	10,00	10,00	1,000	1,000
Sarthe	11,285	1,51	5,00	7,00	56,425	78,995	50	1,00	8,00	8,00	400	400
Savoie	750	3,30	14,00	14,00	10,500	10,500	11	1,55	10,00	11,00	110	121
Savoie (Haute-)	820	3,30	14,00	15,00	11,480	12,300	70	1,45	11,00	11,00	770	770
Seine	•	•	•	•	•	•	•	•	•	•	•	•
Seine-Inférieure	328	2,58	6,00	9,00	1,968	2,952	2,328	2,81	7,00	7,00	16,296	16,296
Seine-et-Marne	211	2,85	11,00	12,00	2,321	2,532	676	1,96	9,00	9,00	6,276	12,825
Seine-et-Oise	•	•	•	•	•	•	275	2,73	12,00	13,00	3,300	3,575
Sèvres (Deux-)	1,300	3,00	15,00	17,00	19,500	22,100	1,200	2,00	15,00	20,00	18,000	24,000
Somme	2,150	2,75	12,00	13,00	25,800	27,950	4,031	2,40	12,00	13,00	48,372	52,403
Tarn	1,770	3,56	5,00	7,00	8,850	12,390	1,065	1,70	6,00	8,00	6,390	8,520
Tarn-et-Garonne	1,104	4,00	9,00	9,00	9,936	9,936	1,414	2,50	10,00	10,00	14,140	14,140
Var	•	•	•	•	•	•	•	•	•	•	•	•
Vaucluse	•	•	•	•	•	•	•	•	•	•	•	•
Vienne	861	2,75	10,00	11,00	8,610	9,471	3,359	2,75	9,00	10,00	30,231	33,590
Vienne	500	3,90	9,00	10,00	4,500	5,000	75	2,50	8,00	10,00	600	750
Vienne (Haute-)	2,299	3,70	6,00	6,00	13,794	13,794	344	2,13	8,00	8,00	2,752	2,752
Vosges	602	4,75	9,00	9,00	5,418	5,418	271	2,56	7,00	7,00	1,897	1,897
Yonne	744	2,40	11,00	13,00	8,184	9,672	•	•	•	•	•	•
Totaux	55,521	2,74	8,15	9,22	778,800	870,543	87,671	2,17	8,74	9,56	760,188	838,182

DÉPARTEMENTS.	OLIVIERS. Nombre d'hectares cultivés.	OLIVIERS. Produit par hectare. 1873.	OLIVIERS. Produit par hectare. Année moyenne.	OLIVIERS. Production totale. 1873.	OLIVIERS. Production totale. Année moyenne.	AUTRES cultures arborescentes. — Superficie.
		h. l.	h. l.	hectol.	hectol.	hectares.
Loiret	•	•	•	•	•	•
Lot	•	•	•	•	•	1,920
Lot-et-Garonne	•	•	•	•	•	•
Lozère	•	•	•	•	•	•
Maine-et-Loire	•	•	•	•	•	•
Manche	•	•	•	•	•	•
Marne	•	•	•	•	•	70
Marne (Haute-)	•	•	•	•	•	14
Mayenne	•	•	•	•	•	•
Meurthe-et-Moselle	•	•	•	•	•	213
Meuse	•	•	•	•	•	•
Morbihan	•	•	•	•	•	•
Nièvre	•	•	•	•	•	42
Nord	•	•	•	•	•	•
Oise	•	•	•	•	•	•
Orne	•	•	•	•	•	•
Pas-de-Calais	•	•	•	•	•	•
Puy-de-Dôme	•	•	•	•	•	720
Pyrénées (Basses-)	•	•	•	•	•	•
Pyrénées (Hautes-)	•	•	•	•	•	•
Pyrénées-Orientales	•	•	•	•	•	•
Rhin (Haut-) [Belfort]	•	•	•	•	•	•
Rhône	•	•	•	•	•	•
Saône (Haute-)	•	•	•	•	•	•
Saône-et-Loire	•	•	•	•	•	•
Sarthe	•	•	•	•	•	•
Savoie	•	•	•	•	•	•
Savoie (Haute-)	•	•	•	•	•	208
Seine	•	•	•	•	•	•
Seine-Inférieure	•	•	•	•	•	•
Seine-et-Marne	•	•	•	•	•	•
Seine-et-Oise	•	•	•	•	•	25
Sèvres (Deux-)	•	•	•	•	•	3,652
Somme	•	•	•	•	•	•
Tarn	•	•	•	•	•	1,553
Tarn-et-Garonne	•	•	•	•	•	150
Var	35,738	17,00	27,00	624,546	931,926	183
Vaucluse	39,380	45,00	50,00	1,772,100	1,969,000	230
Vienne	•	•	•	•	•	•
Vienne	•	•	•	•	•	•
Vienne (Haute-)	•	•	•	•	•	151
Vosges	•	•	•	•	•	•
Yonne	•	•	•	•	•	60
Totaux	117,046	33,81	36,60	4,540,946	5,431,103	43,381

TABLEAU N° 3. (*Suite.*) — **PRINCIPALES CULTURES INDUSTRIELLES.**

II. PLANTES TEXTILES. BETTERAVES A SUCRE.

DÉPARTEMENTS.	PLANTES TEXTILES. CHANVRE. Nombre d'hectares cultivés.	Produit moyen par hectare. 1873.	Produit moyen par hectare. Année moyenne.	Produit total. 1873.	Produit total. Année moyenne.	LIN. Nombre d'hectares cultivés.	Produit moyen par hectare. 1873.	Produit moyen par hectare. Année moyenne.	Produit total. 1873.	Produit total. Année moyenne.	BETTERAVES A SUCRE. Nombre d'hectares cultivés.	Quantité de semence par hectare.	Produit moyen par hectare. 1873.	Produit moyen par hectare. Année moyenne.	Produit total. 1873.	Produit total. Année moyenne.
		kilogr.	kilogr.	kilogr.	kilogr.		kilogr.	kilogr.	kilogr.	kilogr.		quint. métr.	quint. métr.	quint. métr.	quint. métr.	quint. métr.
Ain	2,023	495	400	1,114,775	1,049,200	190	600	400	114,000	67,400	163	6,00	200	233	34,000	37,979
Aisne	1,350	736	760	993,000	1,026,000	1,099	586	581	638,300	639,066	55,637	13,65	284	293	15,799,388	16,202,854
Allier	1,109	512	509	367,808	564,481	»	»	»	»	»	786	8,25	400	350	314,400	275,100
Alpes (Basses-)	300	600	600	181,000	180,000	»	»	»	»	»	36	8,00	200	200	7,200	7,200
Alpes (Hautes-)	217	700	600	172,000	148,200	»	»	»	»	»	»	»	»	»	»	»
Alpes-Maritimes	93	497	497	45,921	45,921	»	»	»	»	»	»	»	»	»	»	»
Ardèche	15	275	450	4,125	6,750	»	»	»	»	»	»	»	»	»	»	»
Ardennes	313	647	540	202,511	169,020	141	324	400	45,634	64,800	6,566	11,50	285	270	1,871,310	1,772,820
Ariège	150	210	271	31,600	37,100	1,547	400	400	618,800	618,800	»	»	»	»	»	»
Aube	1,328	532	653	733,056	807,184	»	»	»	»	»	989	7,00	425	444	424,575	412,530
Aude	27	205	209	5,535	5,618	74	315	284	23,310	20,916	10	6,40	100	105	1,000	1,050
Aveyron	1,400	585	578	687,150	761,220	162	517	523	83,754	84,726	»	»	»	»	»	»
Bouches-du-Rhône	»	»	»	»	»	»	»	»	»	»	10	12,50	140	145	1,400	1,450
Calvados	400	450	450	180,000	180,000	300	450	450	135,000	135,000	»	»	»	»	»	»
Cantal	1,100	500	500	550,000	550,000	180	300	300	54,000	54,000	»	»	»	»	»	»
Charente	666	412	553	291,720	361,080	194	174	346	33,756	66,030	200	10,00	196	212	39,200	42,400
Charente-Inférieure	232	400	600	92,800	139,200	787	350	350	275,450	275,450	303	10,50	227	224	68,781	69,084
Cher	1,667	480	500	721,813	843,500	»	»	»	»	»	1,140	8,42	264	311	300,960	354,510
Corrèze	1,786	533	461	951,933	832,270	751	460	500	345,460	375,530	15	10,00	200	200	3,000	3,000
Corse	188	520	600	97,760	112,800	406	490	530	198,940	205,540	»	»	»	»	»	»
Côte-d'Or	670	600	630	402,000	435,500	»	»	»	»	»	1,928	8,15	292	270	562,976	520,560
Côtes-du-Nord	3,500	450	450	1,575,000	1,575,000	6,500	400	400	2,000,000	2,600,000	»	»	»	»	»	»
Creuse	2,326	350	330	814,300	768,240	»	»	»	»	»	12	8,00	101	95	1,212	1,173
Dordogne	1,312	412	436	541,356	572,032	70	310	357	26,880	28,203	»	»	»	»	»	»
Doubs	930	571	618	531,030	574,740	300	516	433	154,800	131,400	»	»	»	»	»	»
Drôme	196	570	585	111,720	114,600	»	»	»	»	»	980	13,00	328	430	321,440	421,400
Eure	40	721	675	28,840	27,000	1,600	950	900	1,520,000	1,440,000	601	10,00	292	317	175,492	190,517
Eure-et-Loir	122	479	479	58,438	58,438	18	369	369	6,642	6,642	1,301	10,00	283	296	368,183	385,026
Finistère	1,200	600	650	720,000	780,000	8,500	480	500	4,080,000	4,250,000	»	»	»	»	»	»
Gard	»	»	»	»	»	»	»	»	»	»	19	6,00	300	250	5,700	4,750
Garonne (Haute-)	500	600	650	300,000	325,000	4,000	600	700	2,400,000	2,800,000	»	»	»	»	»	»
Gers	20	150	175	3,000	4,550	2,694	510	547	1,373,940	1,473,418	»	»	»	»	»	»
Gironde	1,672	560	575	936,320	961,400	45	600	675	27,000	30,375	12	8,00	221	270	2,652	3,210
Hérault	»	»	»	»	»	»	»	»	»	»	»	»	»	»	»	»
Ille-et-Vilaine	1,883	480	408	898,782	916,324	1,480	355	383	525,400	566,840	»	»	»	»	»	»
Indre	804	748	624	601,392	501,696	»	»	»	»	»	240	10,00	257	250	61,680	62,130
Indre-et-Loire	2,698	900	500	2,428,200	1,349,000	»	»	»	»	»	»	»	»	»	»	»
Isère	1,707	672	720	1,297,584	1,203,810	»	»	»	»	»	40	5,00	204	196	8,160	7,840
Jura	692	600	700	361,200	421,400	32	300	450	9,600	14,400	330	7,70	250	260	81,750	88,140
Landes	766	300	450	229,800	344,700	2,492	250	300	623,000	747,600	»	»	»	»	»	»
Loir-et-Cher	311	795	781	260,800	260,524	»	»	»	»	»	181	6,00	230	260	41,630	47,060
Loire	430	275	272	118,680	116,960	»	»	»	»	»	»	»	»	»	»	»
Loire (Haute-)	239	422	420	100,858	100,380	»	»	»	»	»	»	»	»	»	»	»
Loire-Inférieure	1,900	950	1,000	950,000	1,900,000	3,000	560	410	1,680,000	1,230,000	»	»	»	»	»	»

TABLEAU N° 3. (*Suite.*) — **PRINCIPALES CULTURES INDUSTRIELLES.**

II. PLANTES TEXTILES. BETTERAVES A SUCRE.

DÉPARTEMENTS.	PLANTES TEXTILES. CHANVRE. Nombre d'hectares cultivés.	CHANVRE. Produit moyen par hectare. 1873.	CHANVRE. Produit moyen par hectare. Année moyenne.	CHANVRE. Produit total. 1873.	CHANVRE. Produit total. Année moyenne.	LIN. Nombre d'hectares cultivés.	LIN. Produit moyen par hectare. 1873.	LIN. Produit moyen par hectare. Année moyenne.	LIN. Produit total. 1873.	LIN. Produit total. Année moyenne.	BETTERAVES A SUCRE. Nombre d'hectares cultivés.	Quantité de semence par hectare.	Produit moyen par hectare. 1873.	Produit moyen par hectare. Année moyenne.	Produit total. 1873.	Produit total. Année moyenne.
		kilogr.	kilogr.	kilogr.	kilogr.		kilogr.	kilogr.	kilogr.	kilogr.		quint. mét.	quint. mét.	quint. mét.	quint. mét.	quint. mét.
Loiret	378	470	800	177,660	302,400	»	»	»	»	»	863	6,00	300	310	253,000	266,600
Lot	1,900	450	500	450,000	590,000	300	500	500	150,000	150,000	»	»	»	»	»	»
Lot-et-Garonne	3,300	300	400	990,000	1,320,000	800	200	300	160,000	160,000	»	»	»	»	»	»
Lozère	»	»	»	»	»	»	»	»	»	»	»	»	»	»	»	»
Maine-et-Loire	9,426	550	650	5,184,300	6,126,900	2,900	250	300	725,000	870,000	»	»	»	»	»	»
Manche	1,178	650	650	765,700	765,700	3,861	700	820	2,737,449	3,166,020	»	»	»	»	»	»
Marne	348	700	760	261,480	261,480	32	436	457	13,952	14,624	4,450	6,00	256	271	1,139,200	1,206,050
Marne (Haute-)	1,006	519	579	558,204	582,474	47	671	960	31,537	45,120	446	7,00	229	239	102,134	106,594
Mayenne	1,555	460	500	746,100	777,500	3,661	300	330	1,386,060	1,172,820	»	»	»	»	»	»
Meurthe-et-Moselle	752	530	530	393,530	398,560	228	510	540	128,120	123,120	1,285	6,00	250	270	321,250	346,950
Meuse	736	461	454	333,835	333,690	354	382	385	135,228	136,200	1,160	10,00	230	250	266,570	289,750
Morbihan	3,750	487	460	1,826,250	1,725,000	500	303	300	151,500	150,000	»	»	»	»	»	»
Nièvre	2,213	428	425	947,164	940,525	»	»	»	»	»	560	6,00	312	322	177,528	168,318
Nord	284	638	658	181,192	186,872	9,556	1,072	1,161	10,244,032	11,104,516	46,148	15,02	290	484	13,387,065	22,170,380
Oise	1,073	827	802	887,871	860,546	870	747	663	649,890	576,810	27,484	14,00	301	307	8,273,084	8,437,588
Orne	1,395	471	493	657,045	687,735	68	267	289	18,156	19,652	166	10,00	322	320	53,452	53,120
Pas-de-Calais	210	811	815	191,640	195,600	8,865	815	815	7,224,975	7,224,975	37,583	12,96	335	360	12,590,305	13,529,880
Puy-de-Dôme	37	450	525	16,650	19,425	15	419	500	6,285	7,600	4,105	10,00	383	320	1,559,900	1,319,600
Pyrénées (Basses-)	»	»	»	»	»	2,472	406	387	1,003,632	956,864	»	»	»	»	»	»
Pyrénées (Hautes-)	»	»	»	»	»	1,263	350	400	442,050	505,200	»	»	»	»	»	»
Pyrénées-Orientales	140	600	600	84,000	84,000	140	500	500	70,000	70,000	»	»	»	»	»	»
Rhin (Haut-) [Belfort]	47	400	450	18,800	21,150	»	»	»	»	»	»	»	»	»	»	»
Rhône	275	600	600	165,000	165,000	»	»	»	»	»	»	»	»	»	»	»
Saône (Haute-)	1,183	430	460	508,690	544,180	20	200	177	4,000	3,540	950	6,00	231	256	219,450	243,200
Saône-et-Loire	2,413	580	600	1,419,949	1,466,800	100	560	570	56,000	57,000	4,536	7,50	310	360	1,406,850	1,632,600
Sarthe	11,285	425	570	4,792,125	6,534,015	50	325	358	16,250	17,750	»	»	»	»	»	»
Savoie	750	495	520	371,250	390,000	11	290	325	3,190	3,575	24	9,00	350	400	8,400	9,600
Savoie (Haute-)	820	560	500	464,120	453,800	70	500	470	35,000	32,900	12	8,00	200	202	2,400	2,424
Seine	»	»	»	»	»	»	»	»	»	»	133	10,00	350	350	46,550	46,550
Seine-Inférieure	325	596	607	195,486	199,096	2,328	846	752	1,394,304	1,750,656	830	8,07	328	335	275,192	281,065
Seine-et-Marne	211	450	481	96,840	101,124	675	630	650	438,750	438,750	13,707	10,00	309	217	4,254,903	2,987,438
Seine-et-Oise	»	»	»	»	»	275	700	650	192,500	178,750	9,614	16,33	360	366	3,461,010	3,518,724
Sèvres (Deux-)	1,300	800	800	1,040,000	1,040,000	1,200	500	490	600,000	576,000	1,600	6,00	230	220	368,000	352,000
Somme	2,150	700	800	1,505,000	1,720,000	4,031	500	550	2,015,500	2,217,050	25,400	10,00	320	340	8,159,080	8,600,000
Tarn	1,770	406	420	718,620	739,330	1,066	301	307	320,566	326,955	47	10,00	244	263	11,468	12,361
Tarn-et-Garonne	1,104	500	500	552,000	552,000	1,414	400	400	565,600	565,600	25	10,00	300	300	7,500	7,500
Var	»	»	»	»	»	»	»	»	»	»	»	»	»	»	»	»
Vaucluse	»	»	»	»	»	»	»	»	»	»	»	»	»	»	»	»
Vendée	861	572	565	492,192	486,435	3,350	350	331	1,175,650	1,111,899	»	»	»	»	»	»
Vienne	500	500	550	250,000	275,000	75	250	300	18,750	22,500	»	»	»	»	»	»
Vienne (Haute-)	2,290	722	700	1,650,378	1,609,800	341	278	285	95,632	98,040	»	»	»	»	»	»
Vosges	602	350	350	210,700	210,700	271	315	315	85,365	85,365	»	»	»	»	»	»
Yonne	744	600	600	416,400	446,400	»	»	»	»	»	300	7,60	320	325	96,000	97,500
Totaux	95,521	525	550	50,194,005	53,438,526	87,071	575	603	50,301,714	51,297,037	253,385	9,16	306	344	77,424,300	87,075,152

TABLEAU N° 3. (*Suite.*) — PRINCIPALES CULTURES INDUSTRIELLES.

III. — HOUBLON, TABAC CULTURES DIVERSES.

DÉPARTEMENTS.	HOUBLON.					TABAC.					AUTRES.					DÉSIGNATION des CULTURES.
	NOMBRE d'hectares cultivés.	PRODUIT MOYEN par hectare.		PRODUCTION TOTALE.		NOMBRE d'hectares cultivés.	PRODUIT MOYEN par hectare.		PRODUCTION TOTALE.		NOMBRE d'hectares cultivés.	PRODUIT MOYEN par hectare.		PRODUCTION TOTALE.		
		1873.	Année moyenne.	1873.	Année moyenne.		1873.	Année moyenne.	1873.	Année moyenne.		1873.	Année moyenne.	1873.	Année moyenne.	
		quint. métr.	quint. métr.	quint. métr.	quint. métr.		quint. métr.	quint. métr.	quint. mét.	quint. mét.		quint. mét.	quint. mét.	quint. mét.	quint. mét.	
Ain	»	»	»	»	»	»	»	»	»	»	»	»	»	»	»	
Aisne	253	13,00	12,00	3,289	3,036	»	»	»	»	»	72	25,00	27,00	1,800	1,944	Chicorée.
Allier	»	»	»	»	»	»	»	»	»	»	»	»	»	»	»	
Alpes (Basses-)	»	»	»	»	»	»	»	»	»	»	24	9,00	9,00	216	216	Chardon.
Alpes (Hautes-)	»	»	»	»	»	»	»	»	»	»	»	»	»	»	»	
Alpes-Maritimes	»	»	»	»	»	30	21,00	16,00	630	480	»	»	»	»	»	
Ardèche	»	»	»	»	»	»	»	»	»	»	»	»	»	»	»	
Ardennes	5	9,00	11,00	45	55	»	»	»	»	»	110	60,00	60,00	6,600	6,600	Chicorée.
Ariège	»	»	»	»	»	»	»	»	»	»	»	»	»	»	»	
Aube	»	»	»	»	»	»	»	»	»	»	»	»	»	»	»	
Aude	»	»	»	»	»	»	»	»	»	»	5	10,00	10,00	50	50	Chardon.
Aveyron	»	»	»	»	»	»	»	»	»	»	»	»	»	»	»	
Bouches-du-Rhône	»	»	»	»	»	104	12,00	12,00	1,248	1,248	1,453	10,00	11,00	14,530	15,983	Garance.
Calvados	»	»	»	»	»	»	»	»	»	»	»	»	»	»	»	
Cantal	»	»	»	»	»	»	»	»	»	»	»	»	»	»	»	
Charente	»	»	»	»	»	»	»	»	»	»	»	»	»	»	»	
Charente-Inférieure	»	»	»	»	»	»	»	»	»	»	»	»	»	»	»	
Cher	»	»	»	»	»	»	»	»	»	»	»	»	»	»	»	
Corrèze	»	»	»	»	»	»	»	»	»	»	»	»	»	»	»	
Corse	»	»	»	»	»	308	20,00	23,00	6,160	7,084	»	»	»	»	»	
Côte-d'Or	920	10,00	12,00	9,200	11,040	»	»	»	»	»	»	»	»	»	»	
Côtes-du-Nord	»	»	»	»	»	»	»	»	»	»	»	»	»	»	»	
Creuse	»	»	»	»	»	»	»	»	»	»	»	»	»	»	»	
Dordogne	»	»	»	»	»	1,659	15,00	15,00	24,885	24,885	»	»	»	»	»	
Doubs	»	»	»	»	»	»	»	»	»	»	»	»	»	»	»	
Drôme	»	»	»	»	»	»	»	»	»	»	1,325	24,00	25,00	31,800	33,125	Garance.
Eure	»	»	»	»	»	»	»	»	»	»	332	12,00	12,00	3,984	3,984	Gaude, chardon.
Eure-et-Loir	»	»	»	»	»	»	»	»	»	»	»	»	»	»	»	
Finistère	»	»	»	»	»	»	»	»	»	»	»	»	»	»	»	
Gard	»	»	»	»	»	»	»	»	»	»	1,250	20,00	18,00	25,000	22,500	Garance.
Garonne (Haute-)	»	»	»	»	»	»	»	»	»	»	»	»	»	»	»	
Gers	»	»	»	»	»	»	»	»	»	»	»	»	»	»	»	
Gironde	»	»	»	»	»	747	14,00	16,00	10,458	11,952	»	»	»	»	»	
Hérault	»	»	»	»	»	»	»	»	»	»	»	»	»	»	»	
Ille-et-Vilaine	»	»	»	»	»	763	15,00	14,00	11,445	10,682	»	»	»	»	»	
Indre	»	»	»	»	»	»	»	»	»	»	»	»	»	»	»	
Indre-et-Loire	»	»	»	»	»	»	»	»	»	»	»	»	»	»	»	
Isère	»	»	»	»	»	12	10,00	10,00	120	120	»	»	»	»	»	
Jura	»	»	»	»	»	»	»	»	»	»	»	»	»	»	»	
Landes	»	»	»	»	»	79	11,00	12,00	869	948	»	»	»	»	»	
Loir-et-Cher	»	»	»	»	»	»	»	»	»	»	»	»	»	»	»	
Loire	»	»	»	»	»	»	»	»	»	»	»	»	»	»	»	
Loire (Haute-)	»	»	»	»	»	»	»	»	»	»	»	»	»	»	»	
Loire-Inférieure	»	»	»	»	»	»	»	»	»	»	»	»	»	»	»	

TABLEAU N° 3. (*Suite.*) — **PRINCIPALES CULTURES INDUSTRIELLES.**

III. — HOUBLON, TABAC, CULTURES DIVERSES.

DÉPARTEMENTS.	HOUBLON.					TABAC.					AUTRES.					DÉSIGNATION des CULTURES.
	NOMBRE d'hectares cultivés.	PRODUIT MOYEN par hectare.		PRODUCTION TOTALE.		NOMBRE d'hectares cultivés.	PRODUIT MOYEN par hectare.		PRODUCTION TOTALE.		NOMBRE d'hectares cultivés.	PRODUIT MOYEN par hectare.		PRODUCTION TOTALE.		
		1873.	Année moyenne.	1873.	Année moyenne.		1873.	Année moyenne.	1873.	Année moyenne.		1873.	Année moyenne.	1873.	Année moyenne.	
		quint. mét.	quint. mét.	quint. mét.	quint. mét.		quint. mét.	quint. mét.	quint. métr.	quint. métr.		quint. métr.	quint. métr.	quint. métr.	quint. métr.	
Loiret	»	»	»	»	»	»	»	»	»	»	1,144	0,16	0,15	183.0	171.6	Safran.
Lot	»	»	»	»	»	5,755	10,00	12,00	57,550	69,060	»	»	»	»	»	
Lot-et-Garonne	»	»	»	»	»	3,377	7,00	8,00	23,639	27,016	»	»	»	»	»	
Lozère	»	»	»	»	»	»	»	»	»	»	»	»	»	»	»	
Maine-et-Loire	»	»	»	»	»	»	»	»	»	»	»	»	»	»	»	
Manche	»	»	»	»	»	»	»	»	»	»	»	»	»	»	»	
Marne	»	»	»	»	»	»	»	»	»	»	»	»	»	»	»	
Marne (Haute-)	»	»	»	»	»	»	»	»	»	»	»	»	»	»	»	
Mayenne	»	»	»	»	»	»	»	»	»	»	»	»	»	»	»	
Meurthe-et-Moselle	719	13,00	12,00	9,347	8,628	273	15,00	20,00	4,095	5,460	»	»	»	»	»	
Meuse	4	22,00	21,00	88	96	25	16,00	17,00	400	425	»	»	»	»	»	
Morbihan	»	»	»	»	»	»	»	»	»	»	»	»	»	»	»	
Nièvre	»	»	»	»	»	»	»	»	»	»	»	»	»	»	»	
Nord	1,246	19,00	15,00	23,555	18,075	424	20,00	21,00	8,460	8,904	1,003	20,00	22,00	146,270	147,476	Chicorée.
Oise	»	»	»	»	»	»	»	»	»	»	»	»	»	»	»	
Orne	»	»	»	»	»	»	»	»	»	»	»	»	»	»	»	
Pas-de-Calais	50	12,00	9,00	600	450	646	20,00	20,00	12,920	12,980	»	»	»	»	»	
Puy-de-Dôme	»	»	»	»	»	30	15,00	17,00	450	510	»	»	»	»	»	
Pyrénées (Basses-)	»	»	»	»	»	»	»	»	»	»	»	»	»	»	»	
Pyrénées (Hautes-)	»	»	»	»	»	98	11,00	15,00	1,078	1,470	»	»	»	»	»	
Pyrénées-Orientales	»	»	»	»	»	»	»	»	»	»	»	»	»	»	»	
Rhin (Haut-) (Belfort)	»	»	»	»	»	7	19,00	19,00	133	133	»	»	»	»	»	
Rhône	»	»	»	»	»	»	»	»	»	»	»	»	»	»	»	
Saône (Haute-)	4	15,00	15,00	60	60	151	14,00	15,00	2,114	2,265	»	»	»	»	»	
Saône-et-Loire	40	18,00	14,00	720	560	»	»	»	»	»	»	»	»	»	»	
Sarthe	»	»	»	»	»	»	»	»	»	»	»	»	»	»	»	
Savoie	»	»	»	»	»	132	15,00	14,00	1,980	1,848	»	»	»	»	»	
Savoie (Haute-)	»	»	»	»	»	158	16,00	15,00	2,528	2,370	»	»	»	»	»	
Seine	»	»	»	»	»	»	»	»	»	»	»	»	»	»	»	
Seine-Inférieure	29	11,00	12,00	319	348	»	»	»	»	»	»	»	»	»	»	
Seine-et-Marne	»	»	»	»	»	»	»	»	»	»	»	»	»	»	»	
Seine-et-Oise	25	15,00	20,00	375	500	»	»	»	»	»	120	20,00	25,00	2,400	3,000	Gaude, chardon.
Sèvres (Deux-)	»	»	»	»	»	»	»	»	»	»	»	»	»	»	»	
Somme	50	12,00	12,00	600	600	»	»	»	»	»	»	»	»	»	»	
Tarn	»	»	»	»	»	»	»	»	»	»	550	20,00	20,00	11,000	11,000	Pastel, anis.
Tarn-et-Garonne	»	»	»	»	»	»	»	»	»	»	»	»	»	»	»	
Var	»	»	»	»	»	55	9,00	10,00	495	550	412	12,00	11,00	4,944	4,532	Chardon, garance, immortelles.
Vaucluse	»	»	»	»	»	»	»	»	»	»	2,500	22,00	25,00	55,000	62,500	Garance, chardon.
Vendée	»	»	»	»	»	»	»	»	»	»	»	»	»	»	»	
Vienne	»	»	»	»	»	»	»	»	»	»	»	»	»	»	»	
Vienne (Haute-)	»	»	»	»	»	»	»	»	»	»	»	»	»	»	»	
Vosges	182	11,00	12,00	2,002	2,184	23	35,00	35,00	805	805	»	»	»	»	»	
Yonne	2	12,00	15,00	24	30	»	»	»	»	»	»	»	»	»	»	
Totaux	3,528	14,17	13,11	50,224	46,252	14,858	11,61	12,26	172,528	191,175	10,000	»	»	301,477.0	313,081.6	

TABLEAU N° 4. — PRAIRIES.

DÉPARTEMENTS.	PRAIRIES ARTIFICIELLES (TRÈFLE, SAINFOIN, LUZERNE, MÉLANGE, RAY-GRASS).					FOURRAGES ANNUELS (HERBACÉS, LÉGUMINEUX ET RACINES).					PRÉS NATURELS (Y COMPRIS LES VERGERS).					PACAGES.
	ÉTENDUE en hectares.	PRODUIT MOYEN.		PRODUIT TOTAL.		ÉTENDUE en hectares.	PRODUIT MOYEN.		PRODUIT TOTAL.		ÉTENDUE en hectares.	PRODUIT MOYEN.		PRODUIT TOTAL.		
		1873.	Année moyenne.	1873.	Année moyenne.		1873.	Année moyenne.	1873.	Année moyenne.		1873.	Année moyenne.	1873.	Année moyenne.	ha.
		quint. mét.	quint. mét.	quint. mét.	quint. mét.		quint. mét.	quint. mét.	quint. métr.	quint. métr.		quint. métr.	quint. métr.	quint. métr.	quint. métr.	quint. métr.
Ain	32,044	30,9	44,9	990,885	889,342	2,410	33,3	27,5	80,205	66,400	91,102	15,0	16,0	939,000	1,063,825	33,000
Aisne	67,133	44,6	46,0	2,998,160	3,088,018	15,661	21,9	29,7	342,093	300,170	41,751	41,4	31,7	1,850,962	1,309,380	6,474
Allier	47,197	20,7	18,4	977,820	866,937	8,185	17,1	17,9	140,502	116,792	65,574	11,3	13,5	989,009	884,358	11,454
Alpes (Basses-)	10,406	18,4	20,5	192,500	211,560	1,725	35,5	42,6	61,397	73,463	15,247	11,8	12,6	179,731	190,914	54,124
Alpes (Hautes-)	10,052	12,9	30,0	130,000	320,900	»	»	»	»	»	27,300	14,8	14,8	893,500	496,000	120,592
Alpes-Maritimes	1,238	19,5	13,8	248,450	165,647	1,827	40,0	33,7	57,061	45,791	19,513	14,6	15,1	285,729	294,206	90,000
Ardèche	10,013	32,3	31,3	323,881	313,763	1,563	17,2	17,2	26,735	26,751	50,320	18,9	18,6	951,443	937,879	70,393
Ardennes	42,912	39,4	39,8	1,692,371	1,706,471	8,535	30,8	35,0	263,935	298,737	57,026	37,7	40,2	2,117,087	2,293,982	8,573
Ariège	15,195	38,5	50,0	597,173	774,612	1,064	69,9	90,0	187,465	151,192	21,834	25,0	29,6	545,880	615,986	79,568
Aube	41,585	35,5	41,0	1,408,638	1,705,049	3,087	141,9	156,3	523,188	570,115	31,638	23,9	25,2	827,317	812,095	4,676
Aude	27,248	27,0	21,0	735,696	841,088	4,120	25,0	32,9	103,000	131,840	7,080	25,7	23,1	181,611	163,531	26,084
Aveyron	31,616	35,3	35,6	1,115,119	1,125,582	2,081	42,9	42,9	87,253	87,055	74,100	30,7	30,0	2,281,192	2,231,640	115,151
Bouches-du-Rhône	18,052	36,0	39,0	649,875	701,028	1,426	29,1	35,1	41,515	60,517	4,148	20,3	23,9	84,400	99,059	64,751
Calvados	51,000	50,0	50,0	2,550,000	2,550,000	4,500	20,0	20,0	100,000	900,000	97,000	50,0	46,1	4,850,000	4,476,000	6,000
Cantal	2,389	36,0	39,4	86,004	94,177	855	44,6	49,1	38,305	42,000	87,802	35,7	31,1	3,129,663	2,731,373	140,950
Charente	29,916	31,0	27,0	926,928	808,423	»	»	»	»	»	64,898	31,9	29,7	2,068,140	1,923,846	20,083
Charente-Inférieure	23,383	39,0	31,0	909,987	725,323	3,581	53,0	58,9	189,700	189,793	72,780	17,2	18,1	1,258,834	956,046	11,778
Cher	48,190	32,6	32,0	1,601,260	1,571,857	8,377	97,1	105,0	814,281	879,887	67,372	30,0	37,2	2,121,050	2,131,828	17,402
Corrèze	2,749	28,0	23,0	76,720	54,800	1,190	58,0	55,9	83,070	83,160	79,303	35,6	35,1	2,826,183	2,787,331	71,473
Corse	1,266	17,8	21,1	22,478	27,831	1,295	6,2	6,5	8,036	8,411	19,584	18,6	19,0	363,570	372,575	142,160
Côte-d'Or	28,608	43,1	40,9	1,232,140	1,170,144	7,341	50,0	48,9	380,073	352,368	43,120	39,5	25,7	1,705,144	1,108,012	15,000
Côtes-du-Nord	19,000	43,0	40,0	817,000	760,000	5,000	45,0	41,0	235,000	220,000	52 000	20,2	20,2	1,500,000	1,500,000	73,500
Creuse	9,073	26,9	22,1	241,904	200,885	6,705	32,6	25,9	219,107	174,000	78,414	26,9	22,1	2,114,819	1,736,381	81,496
Dordogne	25,642	41,0	61,3	1,123,848	1,577,100	10,113	14,9	16,1	156,800	170,300	110,435	40,0	48,3	4,417,400	5,356,007	5,029
Doubs	21,380	28,0	40,9	594,440	819,200	5,044	42,0	93,9	241,096	407,068	96,136	39,8	32,2	3,786,050	3,064,969	63,167
Drôme	38,245	41,1	50,0	1,582,965	1,912,256	1,523	88,4	118,6	127,121	180,650	20,976	31,6	36,7	663,742	769,248	110,298
Eure	58,850	41,3	42,0	2,405,206	2,469,906	12,249	82,3	81,1	1,067,095	986,579	33,240	58,7	58,2	1,952,237	1,939,461	11,170
Eure-et-Loir	98,006	34,5	35,7	3,414,029	3,536,550	11,442	88,7	92,2	1,010,971	1,066,055	16,507	34,3	39,5	566,608	630,797	2,125
Finistère	18,000	50,0	50,0	900,000	900,000	5,500	100,9	109,1	555,000	600,000	39,120	35,0	34,0	1,369,200	1,330,080	100,500
Gard	13,148	32,0	30,0	420,736	394,440	2,903	15,2	11,3	41,295	32,338	14,880	16,0	20,0	238,080	297,600	37,815
Garonne (Haute-)	35,000	45,4	51,4	1,630,000	1,800,000	10,000	100,0	120,0	1,020,000	1,200,000	40,000	37,5	45,0	1,500,000	1,800,000	20,000
Gers	14,389	42,0	45,3	604,753	651,640	4,710	27,1	31,1	123,170	160,878	55,879	34,8	35,3	1,946,805	1,974,387	3,307
Gironde	11,708	41,7	45,4	488,158	531,824	4,857	61,1	60,1	311,797	291,010	58,099	49,4	35,2	2,870,375	2,046,971	103,388
Hérault	5,000	42,0	40,0	210,000	200,000	3,300	51,0	48,0	168,300	158,400	9,400	29,1	28,0	270,000	272,000	158,000
Ille-et-Vilaine	28,340	26,4	22,3	748,211	631,995	12,701	91,0	92,5	1,166,083	1,174,068	59,661	12,0	21,2	715,170	1,261,487	36,734
Indre	32,638	25,1	25,0	815,725	815,911	5,260	40,2	43,4	211,098	228,424	60,955	25,7	28,4	1,521,106	1,384,115	23,705
Indre-et-Loire	29,620	30,0	28,0	888,600	829,360	3,800	150,0	140,9	670,000	532,000	38,500	52,3	44,4	2,017,600	1,710,700	4,600
Isère	50,174	32,5	29,3	1,631,711	1,467,725	5,140	41,0	51,5	203,670	204,799	67,832	21,1	28,6	1,451,694	1,357,918	35,679
Jura	31,801	24,4	25,4	774,774	806,497	3,790	38,7	35,7	146,726	180,004	49,094	14,2	12,6	695,781	616,053	48,682
Landes	14,000	24,0	29,0	336,000	406,000	8,580	21,5	29,3	180,000	180,000	20,787	14,0	16,0	291,970	332,611	98,200
Loir-et-Cher	37,765	25,6	25,4	967,565	961,178	3,611	52,3	69,5	189,000	251,086	18,825	28,9	30,3	542,858	581,112	11,365
Loire	18,555	40,0	38,0	742,200	705,900	16,021	50,0	50,0	801,050	801,050	77,048	40,0	35,0	3,001,920	2,096,680	12,305
Loire (Haute-)	7,248	40,0	35,0	289,920	260,000	4,861	123,9	100,0	397,411	485,700	89,080	26,0	26,0	2,319,410	2,350,280	52,262
Loire-Inférieure	40,000	28,0	30,0	1,120,000	1,200,000	30,000	50,0	35,0	1,500,000	1,050,000	106,000	27,0	25,0	2,862,000	2,650,000	49,000

TABLEAU N° 4. (*Suite.*) — **PRAIRIES.**

DÉPARTEMENTS.	PRAIRIES ARTIFICIELLES (TRÈFLE, SAINFOIN, LUZERNE, MÉLANGE, RAY-GRASS).					FOURRAGES ANNUELS (HERBACÉS, LÉGUMINEUX ET RACINES).					PRÉS NATURELS (Y COMPRIS LES VERGERS).					PACAGES.
	ÉTENDUE en hectares.	PRODUIT MOYEN.		PRODUIT TOTAL.		ÉTENDUE en hectares.	PRODUIT MOYEN.		PRODUIT TOTAL.		ÉTENDUE en hectares.	PRODUIT MOYEN.		PRODUIT TOTAL.		
		1873.	Année moyenne.	1873.	Année moyenne.		1873.	Année moyenne.	1873.	Année moyenne.		1873.	Année moyenne.	1873.	Année moyenne.	
		quint. mét.	quint. mét.	quint. mét.	quint. mét.		quint. mét.	quint. mét.	quint. mét.	quint. mét.		quint. mét.	quint. mét.	quint. mét.	quint. mét.	ha
Loiret	48,410	37,0	31,0	1,790,400	1,645,500	8,790	100,8	112,8	987,810	1,102,350	19,893	39,4	33,4	783,500	663,670	5,126
Lot	7,500	36,0	34,9	262,500	262,000	500	35,0	35,0	17,500	17,500	25,000	40,0	40,0	1,000,000	1,000,000	15,000
Lot-et-Garonne	27,800	30,0	40,0	834,000	1,112,000	6,000	20,0	30,0	120,000	180,000	34,500	30,0	35,0	1,035,000	1,209,600	3,500
Lozère	7,010	25,3	30,6	177,601	214,233	982	20,7	23,8	20,388	23,351	18,155	17,0	20,0	308,635	363,100	12,704
Maine-et-Loire	49,148	35,0	30,4	1,720,095	1,494,299	19,328	40,0	40,2	773,120	776,480	80,408	55,0	30,0	2,314,103	2,412,000	5,103
Manche	54,132	68,1	67,8	3,685,915	3,668,000	9,211	50,1	47,2	461,780	435,000	80,118	38,0	29,3	2,647,995	2,350,000	24,163
Marne	64,991	22,2	22,5	1,441,274	1,461,370	5,087	134,2	130,5	682,788	709,770	33,834	31,7	23,1	1,072,221	781,270	1,723
Marne (Haute-)	26,839	27,9	29,3	749,060	786,059	2,088	151,5	150,8	316,393	314,871	30,087	34,9	31,0	1,305,746	1,246,767	4,891
Mayenne	48,200	36,0	35,0	1,555,200	1,512,000	4,130	110,0	150,0	451,300	619,500	70,389	29,3	20,3	2,062,888	1,840,481	850
Meurthe-et-Moselle	21,123	44,0	40,0	929,261	815,028	1,875	150,0	150,0	281,250	281,250	44,961	32,5	29,5	1,460,500	1,329,411	2,128
Meuse	30,989	33,7	38,1	1,044,981	1,179,171	4,040	181,8	127,4	734,614	514,826	52,688	33,5	32,6	1,764,945	1,718,632	1,683
Morbihan	7,528	38,8	37,3	292,238	280,362	2,460	147,0	150,0	361,620	369,000	71,336	24,8	24,5	1,771,838	1,744,550	116,812
Nièvre	44,190	36,5	34,7	1,614,368	1,534,041	5,429	60,5	56,8	328,047	308,601	74,753	40,0	31,8	2,988,703	2,375,665	11,407
Nord	30,247	50,0	50,8	1,512,313	1,568,003	5,710	63,8	61,7	362,135	353,097	55,312	42,1	40,1	2,329,078	2,218,922	4,454
Oise	63,613	47,8	47,5	3,040,698	3,018,421	11,085	58,4	60,1	645,377	662,687	28,795	33,6	32,9	967,570	946,962	4,314
Orne	56,290	31,9	32,0	1,796,810	1,802,845	4,985	43,6	47,6	217,896	236,765	77,361	28,8	27,3	2,234,176	2,112,689	5,770
Pas-de-Calais	45,150	42,2	45,0	1,905,780	2,029,587	16,517	62,2	65,1	1,028,097	1,076,013	24,816	45,0	44,8	1,117,096	1,112,416	11,349
Puy-de-Dôme	23,500	40,0	38,0	940,000	893,000	5,200	155,0	160,0	806,000	882,000	83,730	37,0	39,9	3,176,880	3,337,050	99,735
Pyrénées (Basses-)	11,572	40,0	40,0	462,880	462,880	6,700	70,0	100,0	474,890	670,000	58,555	30,2	28,9	1,818,016	1,512,282	66,212
Pyrénées (Hautes-)	2,913	37,0	48,3	107,825	140,040	»	»	»	»	»	30,761	31,8	40,0	977,584	1,230,440	65,000
Pyrénées-Orientales	10,000	30,0	30,0	300,000	300,000	1,700	57,0	57,0	96,900	96,900	11,050	24,0	24,0	265,000	265,000	78,250
Rhin (Haut-) [Belfort]	2,301	48,0	39,4	110,718	90,583	176	135,3	117,5	23,821	20,677	11,908	25,2	21,2	299,915	252,257	587
Rhône	10,221	50,0	42,0	511,050	429,282	4,242	60,0	60,0	254,520	254,520	38,457	45,0	35,0	1,730,565	1,345,995	12,876
Saône (Haute-)	13,390	35,0	46,2	643,450	849,000	7,270	38,0	42,7	276,260	310,430	62,027	31,9	41,6	1,980,433	2,582,000	9,669
Saône-et-Loire	21,285	39,0	42,0	830,116	893,970	3,230	98,0	88,0	316,540	284,240	118,284	19,0	20,6	2,241,093	2,414,732	15,830
Sarthe	58,772	26,4	24,1	1,552,167	1,418,812	5,032	38,0	35,0	191,216	176,120	58,404	26,3	24,7	1,536,845	1,407,834	12,232
Savoie	16,804	33,9	31,9	569,603	536,049	1,245	124,0	100,0	154,752	124,800	60,012	29,2	29,1	2,032,310	2,019,977	71,020
Savoie (Haute-)	34,716	47,4	40,0	1,647,450	1,598,393	4,466	135,0	120,0	602,775	535,800	37,081	32,5	31,8	1,204,010	1,176,792	38,850
Seine	2,084	94,3	113,9	196,560	237,400	220	66,4	66,7	14,612	14,670	432	16,0	20,0	6,132	8,640	16
Seine-Inférieure	58,206	41,0	40,0	2,503,024	2,331,840	20,287	39,5	32,9	801,687	768,362	77,276	45,3	44,1	3,420,432	3,407,229	11,530
Seine-et-Marne	72,264	40,5	40,3	2,926,044	2,911,964	14,159	208,2	205,5	2,948,528	2,910,505	27,327	30,9	30,0	843,567	817,086	904
Seine-et-Oise	60,088	36,0	40,0	2,164,708	2,427,520	7,970	70,4	83,5	578,201	667,701	14,153	28,0	24,4	396,090	401,925	1,521
Sèvres (Deux-)	31,200	40,0	30,0	1,248,000	936,000	2,000	50,0	45,0	100,000	90,000	50,800	35,0	40,0	1,778,000	2,032,000	1,200
Somme	51,260	42,0	40,0	2,152,920	2,052,930	21,200	50,0	61,3	1,060,220	1,300,325	25,490	26,1	27,9	665,300	712,510	5,030
Tarn	24,843	37,2	40,5	925,065	1,006,379	1,895	61,0	60,0	115,598	113,291	47,780	27,9	26,4	1,338,132	1,278,607	17,546
Tarn-et-Garonne	28,006	40,0	41,4	1,120,240	1,160,270	2,845	50,7	70,3	170,000	200,000	20,022	20,3	20,3	416,000	416,000	2,631
Var	6,371	48,0	35,0	305,808	222,985	1,250	36,2	35,5	45,357	44,339	6,012	23,9	23,5	143,987	141,434	20,074
Vaucluse	20,104	29,1	29,2	588,591	590,001	2,612	14,0	13,7	35,850	81,400	10,868	40,0	40,0	434,720	434,720	7,580
Vendée	21,670	52,7	52,8	1,141,568	1,143,750	13,527	70,0	69,0	946,890	933,363	88,946	30,2	20,5	2,686,607	1,822,151	31,007
Vienne	51,316	48,7	48,7	2,500,000	2,500,000	1,813	100,0	100,0	181,300	181,300	31,261	31,3	31,3	980,000	980,000	10,009
Vienne (Haute-)	7,472	28,0	25,0	209,216	186,800	3,772	146,8	149,9	554,082	561,933	84,059	38,2	35,8	3,215,410	3,012,866	33,170
Vosges	24,101	30,3	26,1	740,810	636,444	2,577	146,9	147,0	378,539	383,640	93,070	26,2	31,3	2,431,806	2,910,987	12,151
Yonne	85,007	27,8	27,0	2,871,000	2,300,000	11,276	126,0	125,7	1,421,000	1,417,000	29,292	41,1	38,0	1,204,951	1,196,010	6,021
Totaux	2,586,492	36,93	37,25	95,536,866	96,250,000	508,512	69,42	70,95	35,307,739	36,084,108	4,224,103	31,65	30,39	133,673,140	123,054,911	3,131,243

TABLEAU N° 5. — ARBORICULTURE.

DÉPARTEMENTS.	VALEUR EN FRANCS DE LA RÉCOLTE ANNUELLE. ARBRES À NOYAUX ET À AMANDES. — Pruniers, abricotiers, pêchers, cerisiers, etc. 1873.	Année moyenne.	ARBRES À PEPINS. — Pommiers, poiriers, cognassiers, etc. 1873.	Année moyenne.	ARBUSTES DIVERS. — Câpriers, etc. 1873.	Année moyenne.	OBSERVATIONS.
Ain	13,206	65,645	19,080	162,373	750	3,800	
Aisne	150,106	279,486	1,247,255	2,060,120	21,855	30,805	
Allier	16,277	87,160	4,800	130,628	»	»	
Alpes (Basses-)	268,000	684,000	166,500	208,100	100,400	121,000	
Alpes (Hautes-)	100,000	250,000	25,000	56,000	»	»	
Alpes-Maritimes	875,956	708,460	286,271	338,855	1,200	1,480	
Ardèche	119,865	179,870	189,050	198,696	43,575	61,705	
Ardennes	56,148	352,882	581,991	1,083,641	9,000	33,585	
Ariége	68,250	96,608	102,765	205,654	410	500	
Aube	12,415	258,316	57,270	800,800	105	2,345	
Aude	165,162	183,867	50,594	72,836	»	»	
Aveyron	21,092	176,155	19,386	246,115	4,000	3,650	
Bouches-du-Rhône	152,015	195,207	80,511	95,100	60,065	60,485	
Calvados	75,630	70,400	7,425,000	7,425,000	»	»	
Cantal	610	4,980	3,900	134,350	»	»	
Charente	91,638	185,593	45,070	148,396	485	2,430	
Charente-Inférieure	76,408	121,013	80,120	115,060	3,705	4,280	
Cher	5,575	87,290	16,640	289,780	1,600	»	
Corrèze	80,000	629,810	2,395	240,730	1,200	30,175	
Corse	81,408	137,495	229,816	306,860	10,100	15,100	
Côte-d'Or	»	17,700	»	32,000	»	»	
Côtes-du-Nord	»	»	»	»	»	»	Renseignement non fourni.
Creuse	1,216	25,907	1,005	77,010	»	»	
Dordogne	85,128	187,007	67,811	209,675	300	300	
Doubs	3,550	147,420	11,290	203,810	»	»	
Drôme	719,325	1,082,370	418,975	450,815	»	»	
Eure	376,890	375,411	5,363,580	5,606,091	5,400	3,600	
Eure-et-Loir	77,950	114,504	912,240	1,082,895	4,000	3,300	
Finistère	»	»	750,000	600,000	»	»	
Gard	266,070	333,977	72,486	111,475	4,880	6,472	
Garonne (Haute-)	200,000	500,000	150,000	400,000	10,000	15,000	
Gers	22,690	38,470	21,808	41,768	»	»	
Gironde	131,407	272,885	163,005	517,890	52,000	236,000	
Hérault	»	»	»	»	»	»	Id.
Ille-et-Vilaine	10,310	9,060	13,072,140	9,683,620	»	»	
Indre	28,518	95,091	25,610	151,000	700	1,200	
Indre-et-Loire	300,000	200,000	200,000	240,000	190,000	160,000	
Isère	1,056,230	644,154	136,744	371,925	2,400	10,380	
Jura	225	3,578	80	3,879	»	»	
Landes	60,000	150,000	10,000	15,000	»	»	
Loir-et-Cher	36,175	63,505	91,436	259,440	10,000	25,000	
Loire	»	»	»	»	»	»	Id.
Loire (Haute-)	8,400	38,130	5,515	47,130	»	2,800	
Loire-Inférieure	»	»	»	»	»	»	Id.
Loiret	60,000	135,000	125,000	550,000	»	»	
Lot	60,000	100,000	50,000	100,000	»	»	
Lot-et-Garonne	850,000	5,600,000	130,000	300,000	450,000[1]	5,000,000[1]	[1] Raisins de table.
Lozère	19,775	31,322	32,000	83,585	1,100	5,500	
Maine-et-Loire	65,000	80,000	220,000	300,000	»	»	
Manche	80,400	106,300	7,004,850	7,203,000	7,100	6,460	
Marne	116,118	302,510	160,441	481,275	100	500	
Marne (Haute-)	6,753	317,407	5,214	810,051	200	1,160	
Mayenne	18,000	22,000	735,000	945,700	»	»	
Meurthe-et-Moselle	67,988	575,111	60,794	495,775	1,305	14,807	
Meuse	180,173	470,579	93,396	417,706	280	8,300	
Morbihan	160,200	227,000	1,215,000	1,682,000	»	»	
Nièvre	19,437	121,672	12,010	190,420	150	250	
Nord	126,768	194,337	846,812	3,577,955	23,577	16,790	
Oise	110,593	257,011	2,989,200	2,774,169	13,050	25,210	
Orne	29,918	27,997	4,768,875	4,543,100	»	»	
Pas-de-Calais	61,381	81,400	613,822	678,533	1,135	1,236	
Puy-de-Dôme	150,800	250,000	131,000	200,000	»	»	
Pyrénées (Basses-)	72,571	89,301	117,330	143,461	»	»	
Pyrénées (Hautes-)	»	»	»	»	»	»	Renseignement non fourni.
Pyrénées-Orientales	200,000	200,000	100,000	100,000	»	»	
Rhin (Haut-) [Belfort]	1,000	10,000	1,500	10,000	500	5,000	
Rhône	188,200	521,000	93,000	631,000	2,000	9,000	
Saône (Haute-)	30,473	315,200	12,361	48,720	»	»	
Saône-et-Loire	8,408	11,000	11,760	15,760	1,058	12,058	
Sarthe	57,583	94,698	1,073,030	2,274,216	10,000	6,000	
Savoie	23,455	66,010	48,501	302,927	1,765	4,811	
Savoie (Haute-)	49,074	128,731	88,260	765,865	210	1,022	
Seine	500,550	585,000	152,000	100,700	46,000	48,000	
Seine-Inférieure	155,774	198,839	5,814,809	5,849,423	1,000	1,000	
Seine-et-Marne	304,161	624,593	778,056	2,052,223	60,940	202,000	
Seine-et-Oise	85,764	110,398	91,691	120,913	6,608	8,210	
Sèvres (Deux-)	125,000	125,000	270,000	360,000	»	»	
Somme	63,223	67,300	1,423,000	1,632,000	»	»	
Tarn	54,395	185,882	19,720	80,288	35,000	50,000	
Tarn-et-Garonne	87,170	217,450	16,240	45,840	»	»	
Var	366,790	408,052	209,161	260,571	537,780	440,990	
Vaucluse	250,210	220,604	72,440	75,920	10,300	10,200	
Vendée	»	»	»	»	»	»	Id.
Vienne	1,500	1,500	1,500	1,500	»	»	
Vienne (Haute-)	5,020	36,770	5,050	113,410	»	603	
Vosges	»	»	515,798	619,302	424,521	505,380	
Yonne	49,685	940,000	287,124	950,000	635	3,470	
TOTAUX	10,551,798	21,829,487	82,058,761	75,805,972	2,170,694	7,341,288	

TROISIÈME SECTION

ANIMAUX DOMESTIQUES

TABLEAU N° 1. — EFFECTIF DES ANIMAUX DOMESTIQUES.

EXISTENCES AU 31 DÉCEMBRE 1873.

DÉPARTEMENTS.	ESPÈCE CHEVALINE. Poulains et pouliches de moins de 3 ans.	Chevaux étalons pour reproduction.	Chevaux entiers.	Chevaux hongres.	Juments.	Total.	Anes et ânesses.	Mules et mulets.	Veaux (0—3 mois).	Bouvillons et taurillons.
Ain	2,401	92	188	5,615	8,188	10,787	3,922	1,170	30,430	20,443
Aisne	7,432	207	3,863	36,648	33,250	81,400	8,898	460	9,205	7,607
Allier	1,131	25	1,230	4,178	4,264	10,826	8,336	466	18,201	23,053
Alpes (Basses-)	911	20	70	2,488	2,340	5,741	6,923	15,740	420	503
Alpes (Hautes-)	595	24	108	2,914	2,970	6,608	5,743	8,506	2,067	1,024
Alpes-Maritimes	188	•	636	1,719	1,357	3,900	6,523	8,933	1,483	903
Ardèche	1,072	33	316	4,102	3,062	8,698	2,717	19,759	6,098	4,558
Ardennes	10,261	319	818	16,883	22,300	50,191	1,810	213	7,175	4,858
Ariège	1,254	43	448	1,920	4,648	8,313	10,898	2,631	5,977	5,071
Aube	2,044	25	7,416	8,018	11,326	28,889	1,082	312	7,528	2,197
Aude	1,583	102	1,400	7,494	7,382	18,051	4,956	9,150	2,030	2,077
Aveyron	1,745	84	500	2,904	6,831	12,028	4,081	4,503	18,505	14,087
Bouches-du-Rhône	1,922	110	897	6,608	3,560	13,187	4,100	15,375	402	560
Calvados	13,070	318	1,861	14,677	28,569	60,018	4,035	185	40,572	10,811
Cantal	1,214	16	51	977	6,092	8,290	2,226	774	31,042	27,705
Charente	2,214	757	302	10,500	14,712	28,071	6,379	6,170	6,522	8,612
Charente-Inférieure	9,307	65	358	7,014	22,013	31,757	8,241	1,080	5,216	6,001
Cher	5,927	104	7,220	2,176	11,837	30,264	8,141	865	11,012	15,786
Corrèze	673	35	133	2,425	3,094	6,360	11,003	1,808	16,037	10,412
Corse	2,771	145	765	2,213	3,358	9,282	4,949	11,829	3,925	3,883
Côte-d'Or	8,217	141	5,212	12,135	25,213	50,918	5,531	323	16,271	9,317
Côtes-du-Nord	25,210	610	13,000	10,300	46,230	95,350	1,938	128	20,760	22,000
Creuse	646	4	513	1,753	2,513	5,329	4,929	208	17,311	14,736
Dordogne	1,068	42	157	5,348	10,220	16,770	15,110	8,955	9,597	10,356
Doubs	3,875	102	78	7,351	9,016	20,456	516	185	18,082	12,540
Drôme	2,637	121	507	9,210	3,242	15,818	5,018	20,277	1,042	1,517
Eure	8,198	62	24,410	11,067	8,810	52,493	9,336	210	13,168	5,064
Eure-et-Loir	4,656	51	26,004	4,910	5,518	41,262	5,719	244	12,090	2,531
Finistère	36,408	556	16,164	5,984	44,736	103,948	45	•	56,383	57,550
Gard	1,812	50	771	11,566	4,000	18,217	3,049	20,565	562	113
Garonne (Haute-)	2,370	95	387	6,481	12,719	22,035	5,108	6,028	11,655	7,816
Gers	2,415	31	146	9,826	10,872	23,292	2,063	1,498	16,326	10,084
Gironde	1,870	54	1,091	12,348	14,912	30,279	6,080	769	8,160	4,223
Hérault	620	120	480	10,538	2,300	14,058	10,200	15,000	700	600
Ille-et-Vilaine	12,072	118	23,017	10,196	21,228	66,633	1,561	24	54,951	11,026
Indre	2,911	83	7,779	3,010	8,851	22,637	11,099	577	8,542	13,020
Indre-et-Loire	1,545	90	6,000	14,769	9,850	33,184	10,871	2,060	8,000	10,700
Isère	3,200	217	886	10,270	11,086	25,600	3,931	5,563	8,706	8,097
Jura	2,225	60	381	5,885	7,262	15,836	518	568	6,821	7,487
Landes	4,608	32	80	6,066	8,083	18,869	2,812	4,830	5,832	8,430
Loir-et-Cher	4,700	25	14,536	4,024	9,025	33,810	5,753	302	7,842	4,872
Loire	792	15	632	3,885	7,412	12,736	4,001	787	10,322	4,126
Loire (Haute-)	2,251	84	248	1,761	7,323	11,670	1,207	557	13,324	8,171
Loire-Inférieure	7,800	25	75	8,000	14,500	31,000	200	150	60,000	50,000

DÉPARTEMENTS.	ESPÈCE BOVINE. Génisses.	Taureaux.	Bœufs.	Vaches laitières.	Autres vaches.	Total.	ESPÈCE PORCINE. Cochons de lait.	Verrats.	Cochons.	Truies.	Total.
Ain	24,691	13,231	32,917	193,740	3,075	234,680	28,206	595	25,116	7,850	61,767
Aisne	22,445	2,362	9,757	63,757	8,276	123,190	23,078	1,338	52,937	9,117	86,183
Allier	22,877	13,709	46,313	57,867	18,057	200,267	20,411	1,221	66,501	10,655	97,793
Alpes (Basses-)	124	92	3,308	3,140	441	8,106	11,526	107	13,235	4,126	25,084
Alpes (Hautes-)	2,010	365	3,227	16,011	945	25,682	8,253	71	12,595	1,350	22,269
Alpes-Maritimes	1,511	608	3,437	8,507	1,259	17,705	225	16	8,819	918	10,029
Ardèche	4,932	1,716	4,086	30,607	2,109	54,495	18,163	696	47,181	11,713	80,759
Ardennes	20,570	1,227	2,611	52,518	4,369	91,319	11,205	216	66,812	3,531	71,854
Ariège	5,546	910	20,460	39,106	9,419	87,488	10,207	418	42,619	6,559	50,704
Aube	12,502	1,081	761	56,878	6,313	87,263	3,113	112	24,087	1,212	28,524
Aude	2,634	482	12,377	1,771	6,896	28,307	5,805	259	12,288	4,116	22,558
Aveyron	12,334	8,369	31,129	42,787	16,352	138,571	41,192	462	66,871	20,930	129,124
Bouches-du-Rhône	597	108	973	7,806	718	11,163	13,218	673	22,329	6,274	42,494
Calvados	45,215	2,886	31,116	127,072	3,815	261,887	39,514	916	17,624	14,115	72,164
Cantal	34,290	4,098	6,776	85,523	13,689	213,763	10,809	129	22,565	11,326	45,170
Charente	6,178	402	45,389	4,372	27,080	98,925	23,761	196	45,793	12,815	82,565
Charente-Inférieure	4,516	2,104	53,066	24,339	3,656	96,184	9,238	151	38,862	8,300	56,611
Cher	15,277	4,726	22,123	49,407	9,441	125,808	14,330	536	21,482	6,411	42,780
Corrèze	12,015	5,206	17,409	31,008	30,454	131,962	28,490	318	75,277	15,914	120,098
Corse	5,535	2,761	12,747	2,140	7,771	38,708	12,120	1,748	46,301	11,328	71,596
Côte-d'Or	16,115	2,116	12,704	75,614	128	132,451	9,871	235	31,771	4,281	45,614
Côtes-du-Nord	25,000	7,224	22,576	128,866	64,411	296,810	61,910	2,012	45,371	40,638	153,063
Creuse	10,016	19,705	14,955	63,314	28,012	163,168	11,761	201	43,289	6,376	61,813
Dordogne	6,573	279	62,279	5,118	20,457	120,918	42,609	517	90,770	18,825	153,241
Doubs	16,366	1,245	22,872	56,423	• •	127,024	3,661	105	21,980	2,714	31,359
Drôme	1,008	252	15,201	7,896	307	27,016	31,217	602	33,558	12,313	77,680
Eure	22,918	1,034	1,500	78,164	7,979	126,017	16,837	700	29,688	6,050	55,875
Eure-et-Loir	8,555	1,356	376	69,277	2,607	97,409	5,700	800	19,596	1,700	27,427
Finistère	60,775	6,870	22,240	198,085	2,185	404,140	37,230	3,589	32,796	20,806	98,581
Gard	183	138	2,044	2,108	726	6,773	10,302	402	21,608	8,766	41,078
Garonne (Haute-)	11,148	3,776	40,489	16,127	44,530	135,515	28,803	425	51,052	11,971	99,211
Gers	10,802	2,831	33,698	5,875	53,581	138,906	14,503	227	20,166	9,765	57,394
Gironde	4,587	1,217	23,790	25,866	23,154	91,003	8,555	168	50,979	6,588	66,290
Hérault	1,500	400	900	900	2,600	7,500	3,000	100	8,000	2,200	13,300
Ille-et-Vilaine	25,098	8,186	18,166	201,792	9,051	337,190	45,319	1,506	42,508	15,284	134,517
Indre	8,002	8,100	34,045	36,915	9,780	117,118	29,175	732	31,252	10,663	72,010
Indre-et-Loire	•	1,050	15,178	83,368	•	99,080	10,650	3,860	23,260	10,534	48,574
Isère	17,002	3,360	20,167	69,616	8,745	135,792	17,678	388	40,913	11,384	70,397
Jura	26,754	5,129	31,074	76,948	1,210	155,220	10,000	91	33,161	4,791	40,039
Landes	6,350	454	46,181	18,042	14,851	102,116	11,842	201	61,652	12,423	76,121
Loir-et-Cher	14,300	2,060	3,113	62,322	4,507	99,115	13,851	438	26,512	7,015	46,216
Loire	19,085	3,250	11,532	59,060	4,080	108,706	13,175	804	29,806	6,294	50,079
Loire (Haute-)	10,841	5,537	6,200	65,951	15,704	128,758	20,848	701	13,961	11,110	61,657
Loire-Inférieure	60,360	10,000	75,510	89,000	150	300,000	19,500	600	23,000	31,500	74,600

TABLEAU N° 1. (*Suite.*) — EFFECTIF DES ANIMAUX DOMESTIQUES.

EXISTENCES AU 31 DÉCEMBRE 1873.

DÉPARTEMENTS.	ESPÈCE CHEVALINE. Poulains et pouliches de moins de 3 ans.	Chevaux étalons pour reproduction.	Chevaux entiers.	Chevaux hongres.	Juments.	Total.	Anes et anesses.	Mules et mulets.	ESPÈCE BOVINE. Veaux (0—3 mois).	Bouvillons et taurillons.
Loiret	2,784	48	20,097	6,070	8,211	37,211	6,778	995	16,729	4,552
Lot	700	12	50	2,800	3,590	7,082	6,000	2,800	3,000	4,000
Lot-et-Garonne	1,374	16	48	9,017	9,114	10,500	3,715	781	15,757	11,600
Lozère	1,518	59	110	1,170	3,907	6,824	1,104	804	8,512	7,017
Maine-et-Loire	7,092	203	907	12,600	35,830	56,532	1,185	229	25,068	37,915
Manche	25,803	447	8,740	7,852	47,811	90,748	1,905	906	31,759	20,440
Marne	3,225	101	2,757	29,102	15,034	50,382	4,602	959	10,077	4,875
Marne (Haute-)	7,611	185	4,157	11,026	22,247	45,126	156	18	6,826	11,731
Mayenne	21,510	910	8,750	7,709	58,000	92,530	604	64	23,900	21,000
Meurthe-et-Moselle	10,523	446	1,540	10,785	22,651	51,945	452	165	9,838	5,297
Meuse	9,338	328	1,905	19,309	21,100	51,980	492	240	7,654	7,760
Morbihan	7,383	72	5,902	11,323	13,234	42,918	80	41	32,184	21,726
Nièvre	3,852	106	1,181	2,914	11,240	19,303	5,984	638	13,093	20,781
Nord	9,701	145	2,215	35,483	35,500	83,068	5,054	2,298	20,526	17,840
Oise	2,756	17	13,158	23,361	11,409	55,721	5,135	652	9,562	4,373
Orne	17,363	408	6,237	5,520	26,748	56,276	2,200	498	29,808	15,564
Pas-de-Calais	10,139	100	1,219	27,322	41,212	80,016	7,667	2,910	10,920	6,811
Puy-de-Dôme	1,280	1	950	8,300	6,010	16,641	4,430	1,002	28,150	4,252
Pyrénées (Basses-)	4,250	176	300	4,761	12,070	22,117	11,847	5,822	17,131	21,319
Pyrénées (Hautes-)	2,408	143	»	3,582	7,267	13,900	12,162	2,187	12,021	8,071
Pyrénées-Orientales	900	50	1,495	3,690	3,032	9,047	9,000	4,700	1,800	1,600
Rhin (Haut-) [Belfort]	802	19	9	907	1,793	3,620	20	6	1,810	1,452
Rhône	803	2	296	8,209	2,427	11,936	2,270	702	9,718	1,924
Saône (Haute-)	2,415	136	68	11,439	8,560	22,610	210	51	31,700	11,812
Saône-et-Loire	4,000	500	200	7,068	11,500	24,108	4,700	170	31,330	38,000
Sarthe	13,458	816	3,000	7,375	30,803	64,041	4,058	487	19,826	21,871
Savoie	240	13	80	803	998	2,174	3,058	4,124	9,881	9,210
Savoie (Haute-)	1,020	06	61	2,437	5,266	8,790	618	1,879	8,665	5,000
Seine	41	»	6,061	5,111	3,123	14,380	234	47	17	4
Seine-Inférieure	11,765	123	7,269	10,060	35,411	73,617	1,350	201	19,310	14,727
Seine-et-Marne	1,565	7	11,592	21,193	5,885	43,180	6,304	470	8,942	1,853
Seine-et-Oise	901	13	30,722	14,288	3,057	49,881	0,988	196	6,265	1,611
Sèvres (Deux-)	3,712	110	255	4,728	22,903	31,708	2,820	10,653	21,910	10,233
Somme	10,232	208	8,162	20,500	26,882	65,981	7,002	1,007	10,716	2,481
Tarn	1,029	67	302	2,919	8,062	13,279	5,728	3,742	14,668	4,000
Tarn-et-Garonne	1,838	48	188	3,273	7,003	12,375	2,633	2,185	6,506	6,496
Var	637	19	070	6,000	1,074	9,000	7,155	13,348	118	312
Vaucluse	1,440	378	1,126	7,062	2,386	12,392	4,250	10,694	200	182
Vendée	4,126	182	»	3,661	16,857	21,825	2,467	5,275	49,607	37,175
Vienne	5,730	12	750	10,000	18,608	35,100	12,358	8,600	500	650
Vienne (Haute-)	723	11	120	2,808	3,759	7,437	4,698	913	18,063	17,254
Vosges	5,882	101	1,016	12,283	17,343	37,534	41	24	13,519	10,395
Yonne	4,991	61	16,708	7,016	12,531	40,800	9,782	1,911	12,829	6,290
Totaux	432,123	11,[illegible]53	318,677	761,611	1,1[illegible]7,118	2,742,708	410,264	310,775	1,352,477	947,821

DÉPARTEMENTS.	ESPÈCE BOVINE (suite). Génisses.	Taureaux.	Bœufs.	Vaches laitières.	Autres vaches.	Total.	ESPÈCE PORCINE. Cochons de lait.	Verrats.	Cochons.	Truies.	Total.
Loiret	18,015	1,914	1,249	87,747	3,056	129,762	11,816	306	22,411	4,692	39,315
Lot	800	3,800	55,000	3,600	700	70,800	12,000	200	45,000	10,000	67,200
Lot-et-Garonne	20,500	4,777	25,760	2,500	67,430	148,574	1,862	152	31,780	4,307	41,101
Lozère	6,757	3,761	10,726	15,286	2,012	54,874	11,335	181	13,685	5,468	30,669
Maine-et-Loire	25,046	10,401	66,017	100,488	14,706	280,861	13,660	565	71,300	18,701	101,388
Manche	44,529	2,020	36,133	103,136	11,900	253,910	46,320	808	43,216	10,228	110,296
Marne	19,066	1,450	3,211	65,178	6,536	110,752	33,001	377	47,433	5,345	86,151
Marne (Haute-)	16,811	814	7,293	46,450	2,014	92,842	8,007	181	61,119	4,014	66,324
Mayenne	60,000	4,100	64,500	100,000	10,000	274,100	60,690	244	5,152	16,594	82,680
Meurthe-et-Moselle	10,835	1,377	3,003	43,532	8,780	78,052	22,271	544	89,262	18,318	125,300
Meuse	19,585	1,186	4,312	48,409	3,961	92,807	25,175	423	96,126	11,332	133,016
Morbihan	57,982	2,608	30,516	132,800	5,176	284,092	28,911	3,258	15,912	17,744	65,880
Nièvre	20,087	2,088	58,224	48,502	16,705	169,076	18,038	770	43,331	8,900	70,995
Nord	43,783	3,906	8,304	145,649	10,212	261,080	22,326	829	51,870	10,060	85,002
Oise	21,187	1,581	4,212	63,043	7,522	111,480	13,711	540	38,601	4,701	57,553
Orne	31,183	3,297	10,423	71,003	15,450	168,612	16,532	665	18,618	7,274	43,139
Pas-de-Calais	33,174	1,015	1,600	110,181	17,576	197,170	87,301	1,227	99,005	18,891	167,434
Puy-de-Dôme	31,088	5,900	9,056	145,491	»	215,776	18,810	493	48,303	11,882	79,490
Pyrénées (Basses-)	12,822	636	54,029	56,830	30,372	202,472	30,088	375	51,622	19,038	101,131
Pyrénées (Hautes-)	4,385	613	12,066	48,513	18,620	101,061	19,963	329	15,311	16,557	52,160
Pyrénées-Orientales	1,000	500	7,000	1,700	9,600	22,800	2,659	160	20,490	7,635	30,835
Rhin (Haut-) [Belfort]	8,649	105	2,413	3,726	267	18,422	3,534	92	6,141	2,407	12,171
Rhône	3,898	1,028	7,220	43,273	12,249	79,100	2,233	127	11,611	779	14,750
Saône (Haute-)	15,287	1,413	32,721	48,519	210	141,153	12,347	2,608	88,055	15,510	60,430
Saône-et-Loire	40,000	11,827	57,600	135,400	200	314,927	60,600	850	87,000	21,700	169,960
Sarthe	28,088	4,430	12,125	93,319	8,100	188,650	39,780	373	30,936	17,050	80,803
Savoie	28,008	2,204	18,563	71,507	4,906	134,457	2,909	308	18,408	4,658	28,199
Savoie (Haute-)	14,712	2,106	10,076	71,156	1,644	119,064	6,963	227	13,011	8,586	21,637
Seine	11	15	49	3,579	81	3,609	159	31	2,281	225	2,690
Seine-Inférieure	30,163	2,931	7,710	112,666	17,967	214,473	41,196	1,342	33,109	10,608	89,313
Seine-et-Marne	11,380	1,407	1,674	67,498	2,800	95,551	3,082	221	18,451	1,167	22,921
Seine-et-Oise	5,586	969	2,656	50,918	2,196	70,881	2,146	1,013	14,010	870	19,039
Sèvres (Deux-)	11,940	15,110	51,325	58,301	2,144	173,886	30,245	315	25,674	13,916	70,150
Somme	27,622	1,682	1,620	74,220	25,600	145,384	11,900	610	19,030	9,226	40,796
Tarn	5,786	1,800	21,071	9,318	49,813	106,358	35,387	413	34,848	18,013	99,121
Tarn-et-Garonne	6,278	2,034	38,557	2,217	45,466	100,640	11,229	162	26,808	5,155	43,352
Var	163	151	1,535	636	394	3,380	6,009	327	21,436	2,355	30,127
Vaucluse	9	42	600	640	70	1,723	13,018	301	26,932	5,109	45,431
Vendée	20,000	36,954	87,535	134,317	»	365,588	19,518	315	22,117	7,527	49,507
Vienne	11,795	51	41,600	20,030	1,380	76,428	2,500	1,350	2,050	56,131	62,631
Vienne (Haute-)	16,285	4,232	18,022	15,668	70,691	160,091	3[illegible],313	378	60,372	16,160	110,223
Vosges	18,[illegible]81	3,356	17,053	86,005	7,610	157,381	36,898	1,033	63,027	13,745	111,[illegible]93
Yonne	22,614	2,025	7,128	56,081	6,361	115,864	8,416	107	27,140	3,890	80,955
Totaux	1,476,630	313,081	1,702,575	4,838,901	1,019,857	11,721,139	1,611,530	54,551	3,097,548	921,978	5,735,150

TABLEAU N° 1. (*Suite.*) — EFFECTIF DES ANIMAUX DOMESTIQUES.

EXISTENCES AU 31 DÉCEMBRE 1873.

DÉPARTEMENTS.	ESPÈCE OVINE. Races perfectionnées (métis compris). Agneaux.	Béliers.	Moutons.	Brebis.	TOTAL.	Races communes. Agneaux.	Béliers.	Moutons.	Brebis.	TOTAL.	Total général. Agneaux.	Béliers.	Moutons.	Brebis.	TOTAL.	ESPÈCE CAPRINE. Chevreaux.	Boucs.	Chèvres.	TOTAL.	NOMBRE de ruches d'abeilles.
Ain	219	40	273	389	921	23,120	1,650	18,5[illegible]	30,274	73,514	23,339	1,690	18,773	30,654	74,435	5,815	521	21,889	28,228	27,131
Aisne	111,882	2,825	189,983	191,178	501,420	86,581	1,718	130,952	195,961	414,107	199,063	4,338	320,887	390,429	915,617	2,619	458	10,135	13,232	23,000
Allier	7,189	705	11,055	14,701	37,260	81,281	9,807	120,757	106,419	318,260	88,463	10,512	136,405	121,120	355,520	14,037	316	18,168	33,440	19,235
Alpes (Basses-)	204	11	846	606	1,070	273,104	5,433	60,303	110,421	446,315	273,308	5,444	60,646	110,927	450,415	8,696	1,134	22,081	32,111	15,376
Alpes (Hautes-)	6,350	126	14,764	3,456	24,086	58,263	3,369	98,612	76,865	237,370	64,613	3,495	113,097	80,260	262,055	7,481	958	15,506	21,315	13,450
Alpes-Maritimes	»	»	»	»	»	25,520	2,810	25,704	51,511	105,605	25,520	2,810	25,704	51,541	105,605	8,671	2,431	22,239	33,337	10,685
Ardèche	6,292	706	7,280	11,078	25,353	60,868	6,570	58,281	103,234	227,956	66,100	7,275	65,564	114,312	253,311	20,178	922	83,061	101,161	44,215
Ardennes	33,412	657	30,300	64,157	128,526	70,021	1,251	78,137	133,030	282,415	103,433	1,908	108,437	197,193	410,971	2,298	417	16,520	19,244	20,593
Ariège	488	39	1,532	1,467	3,526	72,212	3,628	117,586	159,874	353,300	72,700	3,067	110,118	161,341	356,826	1,938	212	4,850	7,009	13,590
Aube	10,427	314	15,128	18,129	43,997	44,501	1,424	70,082	91,448	207,458	54,931	1,737	85,210	109,577	251,455	876	257	4,060	5,188	33,420
Aude	15,524	1,008	17,763	46,245	80,540	76,628	3,853	105,449	155,205	341,135	92,152	4,861	123,219	201,450	421,675	3,228	378	6,431	10,037	9,117
Aveyron	6,129	307	811	19,819	27,360	152,091	9,436	122,997	413,527	728,051	159,120	9,743	123,808	463,346	756,317	5,905	380	15,956	22,241	27,615
Bouches-du-Rhône	45,685	11,010	19,398	127,610	194,703	35,134	2,091	21,935	79,422	141,582	80,819	13,101	35,333	207,032	336,285	3,049	436	6,455	9,035	19,453
Calvados	4,867	163	3,017	8,324	16,371	38,504	1,096	27,315	41,817	111,732	43,371	1,259	30,332	53,141	128,103	724	154	1,721	2,599	48,735
Cantal	7,282	581	3,389	9,908	21,110	86,696	6,858	68,677	181,393	343,624	93,928	7,439	72,066	191,301	364,734	6,396	996	18,017	25,017	39,000
Charente	1,517	109	1,174	2,261	5,071	88,126	4,187	51,635	163,598	307,546	89,653	4,296	52,809	165,859	312,617	1,345	97	4,164	5,606	20,501
Charente-Inférieure	2,232	345	4,283	6,739	13,593	42,223	4,500	64,115	107,210	208,384	44,455	4,845	58,728	113,949	221,977	3,639	185	5,179	9,208	13,728
Cher	11,218	381	17,180	37,938	67,296	134,766	3,827	106,216	249,566	487,375	145,981	4,808	123,405	280,474	554,671	6,577	303	20,217	27,000	31,963
Corrèze	350	45	184	519	1,098	104,166	14,321	164,305	307,406	590,195	104,516	14,366	164,487	307,924	591,298	5,047	393	10,765	16,195	41,174
Corse	11,102	443	1,664	10,720	21,227	57,875	7,188	22,56[illegible]	124,928	212,049	68,777	7,626	24,230	135,643	230,276	40,216	11,100	125,526	185,903	11,027
Côte-d'Or	32,791	691	17,313	41,761	95,559	69,834	1,470	31,857	83,212	189,378	102,625	2,161	52,170	127,076	284,032	551	158	2,103	2,812	32,820
Côtes-du-Nord	46,350	4,960	25,490	63,200	140,000	1,670	170	706	2,024	4,570	48,020	5,130	26,190	66,224	144,570	1,491	306	3,143	5,030	60,000
Creuse	18,151	1,210	11,592	28,633	69,626	196,135	8,048	113,235	389,020	738,438	210,329	9,258	154,627	427,650	808,064	6,396	322	13,453	20,156	28,773
Dordogne	5,295	910	5,519	10,578	22,302	81,627	108,324	321,962	227,636	739,549	86,922	109,234	327,481	238,214	761,851	6,901	309	7,585	11,794	22,136
Doubs	303	86	251	422	1,062	17,602	2,829	13,987	28,879	63,297	17,905	2,915	14,238	29,301	64,360	2,017	275	9,688	11,060	25,000
Drôme	3,064	90	1,836	2,052	7,042	143,724	9,668	86,921	210,365	450,673	146,788	9,758	88,757	212,417	457,715	9,174	1,162	53,210	63,546	26,148
Eure	32,357	681	77,556	50,118	160,714	68,045	1,450	110,519	111,093	321,146	100,402	2,143	218,101	161,211	481,860	576	194	2,212	2,982	15,518
Eure-et-Loir	78,280	1,952	99,564	118,286	328,087	95,280	1,171	127,321	103,755	387,530	173,560	3,123	226,885	312,040	715,617	610	235	2,965	3,810	27,622
Finistère	1,526	142	453	1,490	3,611	19,874	3,150	12,312	24,250	59,616	21,400	3,292	12,765	25,740	63,227	420	80	1,100	1,600	63,207
Gard	6,379	518	5,410	19,237	31,544	72,760	6,440	73,1[illegible]	149,357	301,746	79,139	6,958	78,599	168,594	333,290	9,238	732	22,925	32,895	18,781
Garonne (Haute-)	7,879	198	4,811	10,761	23,629	50,805	4,149	51,122	132,915	238,991	58,684	4,347	55,963	143,010	262,013	1,018	88	2,787	3,893	12,771
Gers	1,535	169	1,212	4,105	7,434	49,620	3,466	18,488	90,006	161,791	51,187	3,635	19,700	94,503	169,225	736	99	2,311	3,146	10,000
Gironde	4,596	619	1,660	21,969	28,874	35,927	3,972	30,817	158,351	229,067	40,523	4,621	32,480	180,811	257,911	927	136	2,029	3,092	20,277
Hérault	1,500	700	2,600	1,600	6,300	50,000	3,000	110,200	150,300	315,500	51,500	3,700	112,800	151,800	310,800	3,000	400	13,000	16,400	11,500
Ille-et-Vilaine	865	200	631	1,511	3,213	13,508	1,336	4,913	17,674	37,491	11,433	1,536	5,547	19,188	40,704	3,224	699	4,226	8,018	96,036
Indre	28,074	813	10,554	40,896	89,347	150,680	6,028	141,375	290,754	578,837	178,754	6,871	160,000	321,650	668,184	9,803	589	35,874	46,266	14,225
Indre-et-Loire	2,640	135	2,266	5,181	8,212	98,930	4,500	91,500	128,824	323,274	101,500	4,635	93,760	131,508	331,493	9,550	1,066	24,625	35,230	11,800
Isère	13,930	902	8,604	10,952	34,388	27,776	4,404	30,709	88,277	151,166	41,706	5,306	39,313	99,229	185,551	10,951	1,005	48,852	61,408	30,705
Jura	281	105	711	769	1,866	8,233	1,593	8,172	15,361	33,359	8,514	1,698	8,913	16,130	35,255	545	105	4,918	5,068	15,272
Landes	1,316	193	200	5,663	7,150	25,330	6,135	9,981	115,700	156,145	26,646	5,325	10,174	121,450	163,595	1,115	343	5,522	6,980	21,000
Loir-et-Cher	26,670	650	10,321	46,352	84,022	91,096	2,804	67,916	145,705	299,531	117,685	3,474	70,387	192,057	383,558	5,200	537	19,670	25,407	21,001
Loire	1,580	225	1,091	3,081	5,977	28,781	2,631	21,782	56,492	109,689	30,361	2,856	22,873	59,573	115,666	13,502	614	41,868	55,984	8,000
Loire (Haute-)	520	59	358	833	1,770	66,852	6,196	113,825	126,685	312,861	67,372	6,255	114,186	127,518	314,631	14,045	358	13,151	27,557	10,800
Loire-Inférieure	2,050	600	5,650	9,703	18,[illegible]	55,000	9,200	76,000	125,200	265,400	57,050	9,800	81,650	134,900	284,860	1,800	300	3,500	5,600	40,000

TABLEAU N° 1. (*Suite.*) — **EFFECTIF DES ANIMAUX DOMESTIQUES.**

EXISTENCES AU 31 DÉCEMBRE 1873.

DÉPARTEMENTS.	ESPÈCE OVINE															ESPÈCE CAPRINE.				NOMBRE de RUCHES d'abeilles.
	RACES PERFECTIONNÉES (métis compris).					RACES COMMUNES.					TOTAL GÉNÉRAL.									
	Agneaux.	Béliers.	Moutons.	Brebis.	TOTAL.	Agneaux.	Béliers.	Moutons.	Brebis.	TOTAL.	Agneaux.	Béliers.	Moutons.	Brebis.	TOTAL.	Chevreaux.	Boucs.	Chèvres.	TOTAL.	
LOIRET	24,571	718	20,188	38,491	83,971	67,276	2,126	95,415	126,584	290,400	91,846	2,844	115,603	164,075	374,371	834	241	5,200	6,381	33,010
LOT	2,000	300	600	7,000	9,900	100,000	6,000	68,000	240,000	414,000	102,000	6,300	68,600	247,000	423,900	2,500	200	12,000	14,700	25,000
LOT-ET-GARONNE	900	75	1,561	2,829	5,365	19,849	1,197	29,648	57,623	108,317	20,749	1,272	31,209	60,452	113,682	324	93	1,831	2,248	18,633
LOZÈRE	3,380	77	4,120	6,116	14,693	88,523	6,438	73,306	132,218	300,484	91,903	6,515	77,425	138,331	314,177	4,789	275	12,316	17,380	12,387
MAINE-ET-LOIRE	2,984	484	1,383	3,717	8,568	16,553	1,735	12,941	29,857	61,086	19,537	2,219	14,324	33,574	69,654	1,049	406	1,107	2,562	18,360
MANCHE	11,510	1,315	6,463	21,371	40,680	73,371	5,722	33,524	107,051	219,772	84,881	7,037	40,001	128,422	260,461	677	162	1,078	1,917	41,447
MARNE	70,571	1,310	105,846	125,081	303,008	45,780	1,134	67,885	85,604	200,548	116,301	2,641	173,731	210,975	503,651	1,884	361	5,172	7,417	36,900
MARNE (HAUTE-)	8,900	256	8,968	15,794	34,007	33,839	1,087	40,651	71,236	146,776	42,339	1,343	49,512	87,030	180,783	1,079	194	5,010	6,283	31,107
MAYENNE	6,715	271	235	5,474	12,695	28,510	930	3,555	27,610	65,606	40,225	1,201	3,790	33,084	78,300	1,780	458	2,850	5,088	31,500
MEURTHE-ET-MOSELLE	4,127	160	4,172	4,429	12,888	29,341	1,507	35,742	56,013	122,603	33,468	1,667	39,915	60,441	135,491	1,962	473	15,418	17,853	22,066
MEUSE	9,438	318	10,610	17,782	38,148	29,667	970	50,761	50,402	131,803	39,105	1,288	61,371	68,184	169,951	2,527	458	14,489	17,474	26,395
MORBIHAN	2,188	716	1,152	2,420	6,476	31,972	4,196	20,612	52,941	109,724	34,160	4,912	21,761	55,364	116,205	2,906	432	3,074	6,412	48,130
NIÈVRE	17,498	880	7,811	25,432	51,621	44,151	2,653	33,235	93,735	174,774	61,949	3,533	41,746	119,167	226,395	767	232	4,898	5,897	23,239
NORD	2,859	240	14,790	6,461	24,350	15,047	912	63,576	32,131	111,709	17,906	1,152	78,366	38,596	136,059	3,407	789	28,957	33,153	10,989
OISE	58,696	1,221	128,108	101,220	292,312	53,512	1,128	99,914	96,475	251,029	112,203	2,349	226,080	200,701	543,341	1,223	382	6,474	8,029	21,104
ORNE	12,086	810	18,199	23,612	54,657	25,111	1,366	23,990	40,215	90,682	37,147	2,176	42,189	63,827	145,339	1,207	251	1,515	2,976	18,169
PAS-DE-CALAIS	15,297	600	12,392	25,072	53,360	50,950	1,611	90,180	105,709	248,453	60,247	2,223	102,602	130,781	301,759	4,530	777	42,408	47,800	20,012
PUY-DE-DÔME	1,156	186	1,120	1,950	4,406	71,102	5,760	93,091	145,400	315,703	72,612	5,936	94,211	117,350	320,109	5,271	638	20,880	26,789	12,010
PYRÉNÉES (BASSES-)	40	23	10	297	370	90,265	9,181	93,943	311,042	516,431	90,305	9,204	93,959	314,339	516,807	3,812	704	14,421	18,937	17,201
PYRÉNÉES (HAUTES-)	1,142	184	859	3,039	5,224	58,014	4,554	60,703	148,794	273,065	60,156	4,738	61,562	151,833	278,289	1,905	180	5,542	7,627	11,740
PYRÉNÉES-ORIENTALES	1,000	150	1,500	4,000	6,650	40,000	3,200	68,000	35,000	146,200	41,000	3,350	69,500	39,000	152,850	4,175	631	19,302	24,108	17,900
RHIN (HAUT-) [BELFORT]	20	1	10	25	56	2,007	274	1,441	3,635	7,357	2,027	275	1,451	3,660	7,413	770	84	1,862	2,716	2,350
RHÔNE	2,767	343	2,273	3,721	9,104	10,154	1,544	7,577	18,766	38,041	12,921	1,887	9,850	22,487	47,145	13,058	330	21,756	30,044	8,953
SAÔNE (HAUTE-)	268	30	1,816	1,025	3,139	10,715	1,215	45,361	27,019	84,310	10,983	1,245	47,177	28,044	87,449	5,148	666	4,733	10,547	12,633
SAÔNE-ET-LOIRE	100	50	740	450	1,400	65,000	2,600	56,500	88,700	212,800	65,100	2,650	57,240	89,150	214,200	16,800	500	35,000	52,300	42,920
SARTHE	2,167	192	1,173	5,070	8,602	18,066	1,894	8,249	27,688	55,897	20,233	2,086	9,422	32,758	64,499	8,641	618	27,133	36,392	17,916
SAVOIE	2,642	1,331	2,403	5,980	12,356	19,700	7,481	15,119	47,170	89,470	22,342	8,812	17,522	53,150	101,826	6,759	1,054	26,016	33,829	21,325
SAVOIE (HAUTE-)	744	324	473	1,158	2,699	10,897	3,990	9,525	19,139	43,551	11,641	4,314	9,998	20,297	46,250	3,721	844	27,527	32,065	26,455
SEINE	»	»	1,036	200	1,236	124	35	3,723	272	4,154	124	35	4,759	472	5,390	111	45	862	1,018	148
SEINE-INFÉRIEURE	14,136	212	18,865	21,625	54,838	54,762	1,370	90,805	125,321	272,258	68,898	1,582	109,670	147,546	327,680	357	162	827	1,346	16,891
SEINE-ET-MARNE	82,040	1,373	100,798	99,561	258,775	38,138	3,845	184,855	121,297	326,135	120,178	5,218	285,653	220,861	581,910	802	214	3,527	4,433	17,530
SEINE-ET-OISE	10,226	816	59,793	31,676	111,509	37,829	972	162,875	62,681	264,397	57,054	1,787	222,668	94,337	375,836	582	379	4,114	5,075	23,614
SÈVRES (DEUX-)	247	21	46	223	537	54,312	10,940	21,875	76,637	166,764	54,559	10,961	21,921	76,860	167,301	19,126	638	33,625	53,389	18,030
SOMME	17,050	1,150	65,200	34,000	117,400	80,230	2,505	99,400	250,200	432,335	97,280	3,655	164,600	284,200	549,735	2,390	450	17,412	20,182	32,000
TARN	2,987	158	9,344	5,532	18,021	90,027	4,715	127,140	223,018	451,800	93,014	4,873	137,084	229,450	470,421	1,783	115	3,562	5,460	19,137
TARN-ET-GARONNE	821	96	804	2,037	3,757	26,069	2,835	34,120	62,083	125,107	26,890	2,930	34,924	64,120	128,864	218	45	909	1,172	7,722
VAR	2,163	96	1,387	4,230	8,476	27,177	1,738	28,536	72,887	130,318	29,340	1,834	30,523	77,037	138,794	5,746	950	15,142	21,838	23,716
VAUCLUSE	3,026	2,094	8,680	9,164	22,964	37,138	2,548	46,824	50,312	136,820	40,164	4,642	55,504	59,476	159,790	5,502	364	18,422	24,288	7,500
VENDÉE	813	42	229	1,365	2,449	101,450	3,213	82,157	152,747	339,567	102,263	3,255	82,386	154,112	342,016	427	352	857	1,636	14,596
VIENNE	4,585	3,000	600	22,367	30,552	94,580	30,000	50,000	290,222	464,802	99,165	33,000	50,600	312,589	495,454	5,800	550	25,512	31,862	15,500
VIENNE (HAUTE-)	10,923	1,680	24,658	46,947	93,303	143,735	9,259	104,927	300,075	557,596	153,658	10,939	128,585	347,022	650,901	5,122	416	8,269	13,807	25,420
VOSGES	408	188	458	1,050	2,110	17,333	1,382	205,679	21,779	246,173	17,741	1,570	206,137	22,835	248,283	9,218	730	25,883	35,831	32,813
YONNE	26,095	783	27,950	52,070	107,507	64,304	1,802	78,923	101,401	246,851	90,399	2,585	106,882	153,872	354,338	2,782	214	6,012	9,008	36,671
TOTAUX	1,031,831	61,793	1,318,877	1,912,858	4,327,862	5,199,462	454,956	5,828,437	10,124,307	21,607,252	6,233,706	516,749	7,147,314	12,037,265	25,935,114	436,897	50,611	1,306,290	1,794,837	2,073,708

TABLEAU N° 2. — **RENDEMENT EN VIANDE DES ANIMAUX DE BOUCHERIE.**

NOMBRE ET POIDS BRUT DES ANIMAUX LIVRÉS A LA BOUCHERIE.

DÉPARTEMENTS.	NOMBRE DES ANIMAUX.								POIDS MOYEN DE L'ANIMAL VIVANT (POIDS BRUT).				
	Bœufs et taureaux.	Vaches.	Veaux.	Moutons et brebis.	Agneaux.	Porcs.	Boucs et chèvres.	Chevreaux.	Bœuf et taureau.	Vache.	Veau.	Mouton et brebis.	Agneau.
Ain	10,906	10,493	45,532	30,421	3,051	50,019	2,076	14,098	552	343	53	30	16
Aisne	8,656	16,500	38,940	111,367	2,091	47,010	387	1,785	560	410	59	42	20
Allier	6,751	11,985	36,761	69,809	4,061	46,199	1,308	14,737	582	363	64	35	20
Alpes (Basses-)	894	321	1,054	11,026	6,910	2,563	722	4,200	320	260	55	28	10
Alpes (Hautes-)	784	3,055	5,771	41,257	5,937	14,142	1,932	10,317	360	270	52	36	15
Alpes-Maritimes	3,413	776	920	26,608	15,031	6,790	6,236	7,763	440	280	45	28	8
Ardèche	1,451	3,311	3,170	54,426	9,405	25,656	5,957	58,547	543	376	54	32	15
Ardennes	4,788	11,203	26,841	22,719	995	34,908	599	6,005	500	380	46	40	20
Ariège	3,375	1,571	17,865	42,487	16,895	16,606	278	5,684	546	338	79	35	16
Aube	1,012	15,311	29,212	46,620	990	24,883	256	2,130	486	342	86	34	20
Aude	5,170	4,355	16,723	37,204	27,717	11,877	»	8,022	502	395	149	42	15
Aveyron	1,625	2,280	23,964	64,387	87,496	43,901	907	11,337	504	365	99	37	6
Bouches-du-Rhône	30,849	2,693	10,801	273,216	80,968	26,587	164	4,073	442	428	72	33	13
Calvados	4,615	18,417	35,987	62,407	6,513	19,307	155	127	520	440	80	43	26
Cantal	780	2,300	21,300	42,670	1,360	26,500	980	10,275	550	470	60	30	5
Charente	5,352	2,460	14,090	21,681	10,595	53,504	»	4,087	530	417	81	42	8
Charente-Inférieure	9,022	5,239	30,069	59,336	25,150	34,022	103	5,680	529	336	66	37	9
Cher	5,333	9,806	27,928	42,867	1,816	24,198	1,194	17,237	496	383	61	31	27
Corrèze	3,619	2,624	18,607	74,869	977	47,945	82	11,053	480	330	61	27	7
Corse	6,121	3,742	6,568	35,708	44,178	22,377	35,679	43,315	162	120	43	18	5
Côte-d'Or	4,687	10,357	38,161	54,419	4,511	40,938	477	1,017	550	429	74	42	21
Côtes-du-Nord	14,500	90,000	35,000	80,000	30,000	50,000	3,000	960	350	270	40	30	15
Creuse	2,978	4,685	45,284	43,429	180	22,832	961	14,419	439	320	52	23	7
Dordogne	7,601	7,730	21,106	38,720	14,998	51,884	229	9,462	628	434	108	45	11
Doubs	7,703	5,429	34,231	42,031	918	28,156	1,652	21,360	580	390	75	33	10
Drôme	28,645	9,215	17,042	93,157	60,420	40,200	2,150	27,345	545	380	65	30	15
Eure	4,772	16,273	34,356	106,040	2,350	42,844	58	278	494	381	97	45	30
Eure-et-Loir	3,868	8,692	37,349	62,116	3,475	29,326	168	621	525	395	100	40	24
Finistère	18,875	25,883	75,411	26,497	8,850	38,484	»	»	327	216	43	35	15
Gard	5,038	6,126	7,798	155,180	86,959	20,561	420	43,255	400	319	93	35	14
Garonne (Haute-)	10,775	8,412	41,945	40,812	75,021	39,020	596	2,701	500	330	90	40	18
Gers	2,681	2,370	34,060	17,714	24,500	26,879	23	708	575	330	82	34	13
Gironde	7,739	5,097	24,818	37,836	33,111	33,466	75	577	480	410	75	35	11
Hérault	800	2,100	4,000	150,000	2,000	7,000	»	1,000	400	380	120	37	16
Ille-et-Vilaine	1,937	23,302	110,438	14,494	6,910	38,196	794	3,811	356	256	48	28	16
Indre	3,740	6,050	20,187	64,236	5,108	21,750	2,239	33,172	458	295	52	28	13
Indre-et-Loire	11,430	934	31,601	64,523	»	10,684	»	»	480	412	62	31	»
Isère	8,298	14,974	69,761	92,337	12,810	29,719	4,461	25,550	513	330	61	34	14
Jura	5,818	6,156	36,796	22,850	481	23,438	298	4,421	455	356	40	30	17
Landes	5,600	1,700	14,700	10,000	27,000	30,000	300	1,250	400	250	40	25	8
Loir-et-Cher	1,195	6,136	90,146	36,394	1,792	19,657	1,547	15,351	445	328	63	32	18
Loire	9,318	3,927	38,163	108,577	19,591	39,511	2,480	16,080	490	333	72	31	11
Loire (Haute-)	737	3,905	38,622	54,106	5,115	20,250	1,041	11,251	504	346	56	28	16
Loire-Inférieure	16,000	2,500	62,000	66,500	14,000	51,000	1,200	500	385	250	46	30	16

DÉPARTEMENTS.	POIDS MOYEN (suite)			POIDS BRUT TOTAL DES ANIMAUX EN VIE.								
	Porc.	Bouc et chèvre.	Chevreau.	Bœufs et taureaux.	Vaches.	Veaux.	Moutons et brebis.	Agneaux.	Porcs.	Boucs et chèvres.	Chevreaux.	TOTAL.
Ain	114	33	8	6,020,112	3,588,600	2,418,196	913,680	63,216	3,432,166	96,208	119,081	16,638,1
Aisne	96	30	7	4,511,360	6,705,000	2,297,091	4,677,414	41,820	4,455,060	11,610	12,495	28,753,6
Allier	117	40	12	3,998,602	4,332,406	2,352,704	2,446,220	81,720	5,415,283	52,320	170,316	18,853,5
Alpes (Basses-)	100	34	7	196,080	80,880	57,970	310,088	69,100	256,300	24,548	29,400	963,9
Alpes (Hautes-)	95	35	6	282,240	824,850	300,092	1,484,532	89,055	1,343,490	67,620	62,082	4,458,9
Alpes-Maritimes	120	28	10	1,501,720	217,280	41,400	745,024	120,248	815,780	174,603	77,630	3,693,6
Ardèche	147	36	6	787,888	1,470,536	171,180	1,741,600	141,075	3,775,842	214,452	351,282	8,653,8
Ardennes	117	30	6	2,394,000	4,257,140	1,231,086	908,760	19,900	3,978,936	17,970	36,030	12,847,1
Ariège	136	32	10	1,842,750	528,143	1,406,655	1,487,045	270,320	2,253,280	8,896	56,840	7,853,8
Aube	120	28	10	490,820	5,236,362	2,512,232	1,585,080	19,980	2,745,840	7,148	21,300	12,618,5
Aude	90	»	10	2,595,340	1,720,225	2,470,727	1,562,568	415,752	1,150,160	»	80,220	10,003,9
Aveyron	151	41	7	820,512	832,200	2,372,436	2,382,319	524,976	6,642,811	37,187	79,359	18,891,6
Bouches-du-Rhône	125	40	8	13,634,258	1,153,460	777,672	9,017,118	1,052,581	3,323,375	6,560	32,584	28,997,6
Calvados	133	30	12	2,399,800	8,103,480	2,878,960	2,683,501	169,338	2,625,752	5,550	1,524	18,867,9
Cantal	130	30	5	429,000	1,081,000	1,278,000	1,280,100	6,800	3,445,000	29,400	51,375	7,600,6
Charente	132	»	6	2,960,102	1,025,820	1,142,019	150,602	84,760	7,722,528	»	21,522	13,110,8
Charente-Inférieure	115	30	7	4,772,638	1,760,304	1,984,554	2,196,172	226,350	3,916,530	3,090	39,802	14,893,4
Cher	86	34	5	2,655,380	3,739,215	1,703,608	1,328,877	49,032	2,081,208	40,596	86,185	14,681,0
Corrèze	120	27	5	1,734,210	865,920	1,135,027	2,021,814	6,839	5,753,520	2,214	55,265	11,574,5
Corse	83	24	4	991,602	448,840	282,424	643,194	220,890	1,857,291	856,296	173,260	5,473,7
Côte-d'Or	101	39	6	2,587,850	4,443,153	2,807,011	2,285,518	108,064	4,134,752	18,603	11,502	10,038,8
Côtes-du-Nord	140	20	10	5,075,000	24,300,000	1,400,000	2,400,000	450,000	7,000,000	60,000	9,600	41,703,6
Creuse	103	27	5	1,307,342	1,507,750	2,354,768	998,706	1,260	2,530,606	26,028	72,095	8,768,6
Dordogne	163	35	10	4,773,428	3,354,820	2,279,448	1,742,400	164,978	7,938,252	8,015	94,620	20,355,9
Doubs	105	40	7	4,467,740	2,117,310	2,567,325	1,387,023	9,180	2,956,380	66,080	149,520	13,720,5
Drôme	130	47	6	15,611,525	3,501,700	1,107,730	2,653,123	906,300	5,226,000	101,050	164,070	33,451,4
Eure	102	26	14	2,357,368	6,201,918	3,332,532	4,771,800	70,500	4,412,932	1,456	3,892	21,152,3
Eure-et-Loir	118	32	10	2,030,700	3,433,340	3,734,900	2,484,640	83,400	3,460,468	5,376	6,210	15,239,0
Finistère	132	»	»	6,192,875	5,590,512	3,243,963	927,500	132,750	4,038,948	»	»	20,776,0
Gard	140	30	8	2,015,200	1,954,194	725,214	5,431,300	1,217,412	2,878,540	12,600	346,040	15,580,5
Garonne (Haute-)	136	35	10	5,387,500	2,775,960	3,775,050	1,632,480	1,350,378	5,072,000	20,860	27,010	20,011,8
Gers	130	30	10	1,541,575	782,100	2,792,920	602,276	318,617	3,494,270	690	7,080	9,540,4
Gironde	135	30	10	3,714,720	2,089,770	1,861,350	1,324,260	364,221	4,517,910	2,250	5,770	13,880,2
Hérault	138	»	10	320,000	798,000	480,000	5,550,000	32,000	966,000	»	10,000	8,156,0
Ille-et-Vilaine	110	33	7	689,452	5,965,312	5,301,024	405,832	110,560	4,201,560	26,202	26,677	16,719,6
Indre	100	30	5	1,712,920	1,784,430	1,049,724	1,798,561	66,404	2,175,000	67,170	165,860	8,822,1
Indre-et-Loire	101	»	»	5,486,400	384,808	1,959,262	2,000,213	»	1,079,084	»	»	10,909,7
Isère	98	35	7	4,256,874	5,090,120	4,255,421	3,139,458	179,340	2,816,305	156,135	178,850	20,672,5
Jura	116	33	8	2,647,190	2,205,776	1,471,840	685,390	8,177	2,718,808	9,834	35,368	9,782,5
Landes	100	20	8	2,240,000	425,000	588,000	250,000	216,000	3,000,000	6,000	10,000	7,335,0
Loir-et-Cher	97	28	4	531,775	2,018,843	5,608,098	812,368	31,176	1,906,729	43,316	61,401	11,133,7
Loire	116	31	5	4,562,280	1,307,691	2,747,016	3,365,887	215,501	4,583,024	77,066	80,430	16,912,4
Loire (Haute-)	131	34	7	371,448	1,351,130	2,162,832	1,516,704	82,840	2,652,750	35,394	78,757	8,251,8
Loire-Inférieure	120	27	7	6,160,000	625,000	2,852,000	1,995,000	224,000	6,480,000	32,400	3,500	18,371,8

TABLEAU N° 2. (*Suite.*) — RENDEMENT EN VIANDE DES ANIMAUX DE BOUCHERIE.

ÉPARTEMENTS.	NOMBRE ET POIDS BRUT DES ANIMAUX LIVRÉS A LA BOUCHERIE.																								
	NOMBRE DES ANIMAUX.								POIDS MOYEN DE L'ANIMAL VIVANT (POIDS BRUT).								POIDS BRUT TOTAL DES ANIMAUX EN VIE.								
	Bœufs et taureaux	Vaches.	Veaux.	Moutons et brebis.	Agneaux.	Porcs.	Boucs et chèvres.	Chevreaux.	Bœuf et taureau.	Vache.	Veau.	Mouton et brebis.	Agneau.	Porc.	Bouc et chèvre.	Chevreau.	Bœufs et taureaux.	Vaches.	Veaux.	Moutons et brebis.	Agneaux.	Porcs.	Boucs et chèvres.	Chevreaux.	TOTAL
RET.	681	18,703	41,700	53,387	2,278	27,013	210	2,324	530	370	75	30	17	115	40	10	345,080	5,070,110	3,127,950	1,601,610	38,726	3,106,496	8,400	23,210	13,321,561
'	3,000	200	10,000	15,000	1,000	20,000	100	16,000	600	400	90	30	20	160	25	7	1,800,000	80,000	900,000	450,000	20,000	3,200,000	7,500	112,030	6,569,500
-ET-GARONNE	3,428	840	21,190	17,200	8,000	34,700	40	184	500	425	85	34	18	115	25	10	1,714,000	357,000	1,801,000	584,800	160,200	3,990,500	1,000	1,810	8,611,000
ÈRE	1,783	2,245	9,890	70,910	4,302	13,171	371	10,149	350	266	51	34	24	172	36	10	640,097	597,170	523,584	2,411,246	103,248	2,265,412	11,003	101,490	6,656,315
NE-ET-LOIRE	5,380	11,767	46,593	43,381	4,919	61,525	156	1,342	468	386	51	42	23	103	35	11	2,582,052	4,442,062	2,376,396	1,822,002	113,187	6,337,075	5,100	14,761	17,632,916
NCHE.	3,673	11,406	32,754	57,050	48,395	40,700	28	163	473	338	68	37	23	107	27	14	1,737,329	3,855,228	2,030,745	2,129,053	1,113,085	4,362,233	753	4,232	15,283,894
RNE.	9,698	22,760	51,740	67,507	1,506	37,639	102	1,410	568	429	116	47	27	136	34	11	5,508,464	9,767,901	6,002,884	3,177,960	40,715	5,114,901	3,533	16,510	29,637,966
RNE (HAUTE-)	2,845	6,033	24,150	31,321	824	36,889	125	2,500	460	334	72	35	20	110	23	7	1,308,700	2,031,712	1,730,448	1,096,310	16,480	4,139,921	3,025	17,563	10,353,792
ENNE.	6,861	6,350	23,251	18,990	7,781	28,075	120	1,502	430	365	60	45	25	140	45	8	2,950,230	2,467,250	1,395,060	854,100	194,525	3,230,500	5,805	12,733	11,110,206
RTHE-ET-MOSELLE	7,017	7,182	50,038	50,765	3,488	58,851	573	9,421	490	330	70	98	31	111	28	5	3,438,330	2,373,360	3,502,310	2,152,260	108,124	6,532,101	16,017	47,195	18,170,571
USE.	3,161	8,520	29,773	40,011	2,191	64,007	402	8,082	479	366	61	32	18	122	32	7	1,514,119	3,120,516	1,816,163	1,250,352	39,433	7,808,851	12,861	56,574	15,618,870
RBIHAN	6,300	8,860	69,840	15,680	6,810	32,090	656	1,918	290	186	32	30	11	101	27	5	1,827,000	1,647,060	2,234,880	470,400	95,340	3,241,090	17,712	9,590	9,543,972
VRE.	3,903	6,174	16,563	24,800	1,854	25,097	104	4,202	578	362	53	28	19	101	30	6	2,259,258	2,231,088	878,104	695,248	31,426	2,535,397	5,820	25,212	8,725,453
RD.	18,010	74,187	80,044	140,967	4,461	104,811	1,038	1,065	643	528	88	50	31	116	37	9	11,580,723	39,170,730	7,043,879	7,045,350	138,291	12,158,076	38,406	17,865	77,212,819
E.	4,952	10,435	32,940	101,079	1,265	46,201	347	1,655	596	439	85	45	21	97	34	11	2,951,392	4,580,864	2,800,410	4,548,555	26,565	4,481,497	11,793	18,205	19,399,386
E.	6,829	18,480	38,806	42,449	14,637	25,188	343	800	532	372	67	40	21	130	30	12	3,633,028	6,875,632	2,608,955	1,697,920	333,651	3,274,140	10,290	9,708	18,141,024
-DE-CALAIS	2,454	27,598	30,333	69,815	1,940	106,838	599	883	557	470	97	49	20	96	28	12	1,300,106	12,971,060	3,815,301	3,420,835	50,596	10,256,448	16,772	10,596	31,910,711
-DE-DÔME	550	4,282	21,874	33,707	4,571	8,056	413	3,721	500	290	60	64	8	103	35	7	275,000	1,241,780	1,474,806	2,157,248	36,568	821,712	15,535	26,017	6,018,666
ÉNÉES (BASSES-)	5,177	4,369	19,545	34,498	300,385	50,207	10	5,001	350	155	100	23	7	75	25	8	1,811,950	686,645	1,951,500	793,451	2,102,695	3,765,525	250	40,008	11,156,027
ÉNÉES (HAUTES-)	1,225	2,355	10,845	7,581	10,883	6,859	356	940	414	294	140	33	13	106	40	12	507,150	692,370	1,510,370	248,523	141,166	727,051	14,210	11,240	3,852,153
ÉNÉES-ORIENTALES	6,000	5,500	3,600	46,000	40,000	27,000	1,400	5,800	380	220	45	30	10	130	24	8	2,280,000	1,210,000	161,000	1,380,000	400,000	3,510,000	33,630	46,400	9,061,000
N (HAUT-) [BELFORT]	1,520	1,704	2,816	2,065	207	5,946	225	1,081	675	425	52	35	20	82	35	7	1,032,075	724,200	145,800	72,275	4,140	475,640	7,875	11,767	2,473,818
ÔNE	37,848	12,105	108,961	285,229	20,525	70,220	4,081	35,746	600	400	74	35	12	130	35	5	22,690,800	4,842,000	8,106,112	9,982,805	246,330	9,129,770	142,835	178,730	55,321,632
NE (HAUTE-)	3,460	7,220	36,412	11,201	1,041	47,272	961	3,901	520	392	50	42	12	98	28	4	1,799,200	2,833,768	2,148,338	470,442	12,492	4,632,656	26,903	15,604	11,930,738
NE-ET-LOIRE	21,556	13,524	72,321	34,101	7,050	68,796	414	3,822	550	280	45	25	12	125	30	6	11,855,800	3,786,720	3,254,540	852,600	84,672	8,598,500	13,320	20,532	28,463,724
RTHE.	6,248	16,558	42,648	33,582	9,218	56,853	2,146	14,528	515	394	63	37	22	104	33	7	3,216,700	6,523,852	2,683,044	1,242,531	202,776	5,869,712	71,818	101,006	19,902,152
OIE.	1,972	5,304	29,604	25,838	4,662	7,008	2,313	8,377	400	350	39	31	8	160	32	6	788,800	1,856,400	1,154,400	800,978	37,296	1,121,280	75,976	50,262	5,886,392
OIE (HAUTE-)	1,554	1,862	32,744	13,834	1,627	10,307	3,623	13,073	410	307	50	31	10	108	37	6	637,110	568,561	1,631,290	470,353	16,270	1,113,121	134,081	78,433	4,919,830
NE	12,703	2,259	15,341	95,125	585	25,632	450	517	500	380	95	33	16	105	26	6	6,351,500	1,036,420	1,457,396	3,130,125	9,360	2,691,360	11,700	3,102	14,749,962
NE-INFÉRIEURE	8,003	27,540	32,959	92,661	519	45,535	40	17	541	445	86	51	33	88	34	9	4,332,033	12,252,810	2,833,700	4,725,711	17,127	4,007,080	1,360	153	28,280,051
NE-ET-MARNE	5,640	12,862	39,617	88,814	23,703	31,883	85	500	559	413	92	39	25	110	33	10	3,157,791	5,312,006	3,644,764	3,336,863	591,075	3,507,130	2,365	5,000	19,610,490
NE-ET-OISE	15,414	7,470	35,217	195,712	2,398	41,312	96	419	627	474	117	47	16	164	30	15	9,664,578	3,545,046	4,120,330	9,201,178	38,381	6,775,168	2,780	4,190	32,514,685
RES (DEUX-)	1,798	3,276	15,756	27,923	1,958	26,510	305	13,546	300	225	55	25	8	95	30	5	539,400	750,600	866,580	698,075	15,664	2,519,305	9,150	67,730	5,475,501
MME.	942	24,420	22,301	51,160	500	72,000	332	1,100	624	500	60	45	18	80	35	12	587,808	12,210,000	1,338,240	2,302,200	9,000	5,808,000	29,120	13,200	22,297,503
RN.	2,579	5,894	27,803	47,179	18,960	37,394	221	4,707	555	400	105	36	11	150	41	9	1,431,345	2,357,600	2,919,315	1,698,444	205,524	5,609,100	9,061	40,363	14,330,752
RN-ET-GARONNE	2,151	1,572	13,083	15,731	21,116	17,631	10	303	560	420	98	42	15	133	30	10	1,760,210	660,240	1,277,231	660,823	301,740	2,351,673	300	3,030	7,021,183
R	2,250	657	840	80,245	26,931	21,763	2,531	9,782	435	335	118	38	11	112	31	9	923,615	220,095	99,120	3,044,975	296,241	2,439,696	86,051	88,038	7,103,884
UCLUSE	2,570	232	914	75,580	56,351	17,590	240	17,298	402	330	61	36	15	92	26	7	1,033,140	76,560	55,751	2,720,880	845,310	1,618,280	6,240	121,080	6,477,250
NDÉE	6,571	5,070	20,998	31,174	5,916	25,929	80	251	514	410	49	31	17	132	24	9	3,377,191	2,078,700	1,028,922	966,391	100,572	3,422,628	1,920	2,259	10,976,889
ENNE.	1,900	700	7,500	17,000	5,000	6,000	1,500	18,000	470	275	70	25	5	137	30	5	893,000	192,500	525,000	415,000	25,000	780,000	45,000	90,000	2,965,500
ENNE (HAUTE-)	3,850	7,883	27,492	176,405	15,430	38,724	631	10,663	611	399	83	21	7	119	26	6	2,783,500	3,145,317	2,281,836	3,704,505	108,040	4,608,156	16,400	63,978	16,661,103
GES.	5,023	13,080	51,470	19,798	1,772	43,829	1,179	14,087	500	350	50	35	12	100	30	6	2,511,500	4,578,000	2,723,050	692,930	21,264	4,382,900	35,370	84,522	15,030,133
NNE.	2,456	14,456	49,928	52,862	2,871	28,096	145	8,281	468	341	58	35	20	120	35	6	1,149,408	4,939,106	2,895,824	1,850,170	57,420	3,371,400	5,075	19,704	11,288,497
OTAUX ET MOYENNES.	550,524	841,108	2,734,539	5,115,184	1,492,735	2,925,084	113,997	788,728	509	372	68	36	12	116	30	7	275,003,980	312,650,658	186,676,658	189,016,326	18,633,136	336,278,392	3,425,048	4,801,975	1,321,024,292

TABLEAU N° 2. (*Suite.*) — **RENDEMENT EN VIANDE DES ANIMAUX LIVRÉS A LA BOUCHERIE, ET AUTRES PRODUITS DES ANIMAUX.**

DÉPARTEMENTS.	RENDEMENT EN VIANDE DES ANIMAUX LIVRÉS A LA BOUCHERIE. POIDS MOYEN DE L'ANIMAL ABATTU. — POIDS NET.								RENDEMENT TOTAL EN VIANDE.									AUTRES PRODUITS DES ANIMAUX. PRODUCTION ANNUELLE APPROXIMATIVE.					
	Bœuf et taureau.	Vache.	Veau.	Mouton et brebis.	Agneau.	Porc.	Bouc et chèvre.	Chevreau.	Bœufs et taureaux.	Vaches.	Veaux.	Moutons et brebis.	Agneaux.	Porcs.	Boucs et chèvres.	Chevreaux.	TOTAL GÉNÉRAL.	Laine.	Suif.	Miel.	Cire.	Lait.	Œufs.
																		q. m.	q. m.	q. m.	q. m.	hectol.	milliers.
AIN	206	184	35	20	8	77	20	4	3,228,080	1,072,684	1,309,556	608,420	21,003	2,311,463	50,520	50,802	9,774,320	878	14,446	1,546	510	1,689,201	11,282
AISNE	327	203	37	25	11	71	17	5	3,634,312	3,894,000	1,411,113	2,784,575	28,001	3,337,710	6,579	8,925	14,129,815	24,500	3,000	1,830	428	900,000	57,665
ALLIER	337	227	43	15	15	87	26	8	2,275,087	2,709,425	1,580,723	1,258,036	52,703	4,019,313	26,160	117,806	12,030,453	4,025	3,344	918	519	438,370	14,296
ALPES (BASSES-)	192	137	20	13	7	77	10	6	75,648	43,977	80,566	160,728	48,370	197,351	13,718	25,200	631,558	5,480	1,303	354	201	26,206	2,751
ALPES (HAUTES-)	215	155	32	18	8	75	20	3	108,560	473,525	184,072	742,266	47,496	1,000,050	38,640	21,141	2,746,950	3,900	900	230	150	160,000	5,000
ALPES-MARITIMES	220	150	30	14	6	80	14	6	750,560	116,400	27,000	872,513	90,186	543,920	87,304	46,578	2,035,360	2,298	3,320	550	85	114,143	2,050
ARDÈCHE	342	232	36	10	9	110	21	4	496,242	907,352	114,120	1,034,075	84,645	2,825,460	125,097	234,188	5,921,170	11,364	3,820	1,514	718	532,418	29,178
ARDENNES	273	203	35	22	12	93	16	4	1,307,124	2,274,209	989,426	490,318	11,940	3,162,741	9,554	24,020	8,273,874	10,825	5,378	1,282	621	711,643	29,094
ARIÉGE	339	240	51	23	10	111	17	5	1,137,526	850,833	961,470	977,201	168,950	1,815,155	4,726	28,420	5,471,780	4,030	1,568	208	140	480,000	6,379
AUBE	304	217	58	23	12	90	17	7	307,648	3,224,487	1,694,206	1,025,610	11,988	3,149,170	4,362	11,073	8,402,561	4,000	4,069	1,463	174	680,020	51,725
AUDE	579	374	134	37	13	70	»	8	2,993,430	1,028,770	2,940,882	1,876,548	300,321	1,003,390	»	61,176	9,070,517	10,579	510	398	155	26,000	1,708
AVEYRON	300	212	60	21	5	107	22	3	488,400	183,360	1,437,840	1,352,127	262,488	4,717,037	10,954	34,011	8,825,217	18,037	1,266	1,164	473	516,000	10,391
BOUCHES-DU-RHÔNE	244	210	45	18	8	98	25	5	7,331,156	565,050	486,045	4,018,428	617,744	2,605,526	4,100	20,305	16,779,314	11,803	8,153	1,149	180	134,000	5,984
CALVADOS	260	220	60	25	16	105	14	0	1,190,900	4,051,710	1,799,850	1,500,178	101,808	3,027,235	2,500	1,143	10,716,311	2,216	15,709	1,906	199	2,303,400	81,688
CANTAL	300	220	30	15	3	100	15	3	231,000	506,900	639,030	640,050	4,080	2,650,090	14,700	30,835	4,718,665	7,017	1,060	3,174	173	950,000	16,560
CHARENTE	434	258	57	26	5	108	»	3	2,171,398	634,090	803,643	562,706	52,075	6,025,012	»	12,261	10,237,505	4,639	3,020	431	103	577,528	8,197
CHARENTE-INFÉRIEURE	343	208	43	21	6	92	20	4	3,004,546	1,089,712	1,292,967	1,946,476	159,900	3,136,021	2,060	22,741	10,028,199	2,002	3,843	886	401	330,000	28,261
CHER	300	104	39	16	22	57	20	5	1,590,600	1,902,170	1,089,192	636,074	30,259	1,379,286	26,850	51,711	6,772,463	10,552	1,641	1,586	601	476,728	12,033
CORRÈZE	283	164	33	15	4	75	14	3	1,018,866	430,856	614,031	1,123,233	3,008	3,595,960	1,118	38,150	6,820,028	22,666	1,857	856	222	310,000	15,852
CORSE	125	100	31	15	4	70	14	2	705,125	374,200	203,608	536,095	176,712	1,566,390	400,506	129,946	4,231,481	2,995	632	675	380	116,614	7,581
CÔTE-D'OR	324	203	45	20	13	87	17	4	1,538,389	2,123,185	1,768,245	1,058,330	51,492	3,536,706	8,100	7,868	10,125,178	8,705	5,780	934	323	1,209,834	24,055
CÔTES-DU-NORD	245	180	35	20	9	120	15	7	3,352,560	16,200,000	1,225,000	1,600,000	270,000	6,000,000	45,000	6,050	28,996,150	2,800	6,500	5,700	600	100,000	5,000
CREUSE	261	184	35	13	4	78	18	3	777,254	869,500	1,584,940	564,486	720	1,780,118	17,352	48,257	5,637,020	9,076	1,114	847	841	463,064	14,593
DORDOGNE	254	272	72	26	6	90	21	5	2,800,754	2,109,550	1,519,632	963,000	89,083	5,130,518	4,800	47,910	12,659,560	4,727	1,614	690	836	50,519	16,017
DOUBS	331	147	45	15	5	81	10	8	2,666,050	1,015,223	1,540,305	659,465	4,590	2,365,104	31,683	64,080	8,347,206	1,700	1,600	1,000	250	1,497,408	8,443
DRÔME	330	163	35	18	8	95	29	4	9,452,860	1,548,120	506,670	1,078,826	457,860	3,819,000	62,350	102,389	17,748,456	6,608	883	1,530	392	160,000	10,000
EURE	318	237	67	26	17	79	18	8	1,517,496	3,857,886	2,901,852	2,767,010	89,350	3,381,675	936	2,184	13,862,090	9,777	1,872	1,563	154	1,223,829	28,358
EURE-ET-LOIR	316	225	65	22	13	80	20	6	1,222,285	1,056,700	2,427,035	1,366,552	45,175	2,610,014	3,360	3,796	9,634,500	27,008	3,677	1,015	170	972,028	36,018
FINISTÈRE	201	123	29	23	9	93	»	»	3,608,375	3,183,486	2,197,780	609,500	70,650	3,812,792	»	»	13,366,509	265	1,524	2,018	595	1,325,440	12,875
GARD	266	210	65	21	0	116	17	6	1,340,108	1,286,400	506,870	3,256,780	762,022	2,385,076	7,111	259,580	9,820,557	5,290	1,028	402	135	36,563	3,080
GARONNE (HAUTE-)	270	190	52	20	9	85	17	6	2,009,250	1,598,280	2,181,147	816,240	675,180	3,310,700	10,132	16,296	11,523,137	5,487	8,499	414	180	192,000	16,442
GERS	302	247	57	21	8	108	20	6	1,050,352	632,790	1,041,420	371,094	106,072	2,902,982	400	4,785	7,101,408	1,505	658	478	268	72,000	13,489
GIRONDE	360	275	67	23	6	111	17	7	2,786,010	1,451,675	1,414,023	870,228	264,838	3,815,124	1,275	4,030	10,557,896	3,740	2,840	630	276	416,000	13,351
HÉRAULT	240	190	60	18	8	115	»	5	192,000	309,000	240,000	2,700,000	16,000	806,000	»	5,000	4,357,000	3,240	3,500	330	165	13,500	6,000
ILLE-ET-VILAINE	211	148	28	17	11	79	18	4	404,487	3,448,696	3,092,201	246,398	76,010	3,017,481	14,282	15,244	10,314,875	324	2,028	2,440	619	1,951,204	9,400
INDRE	257	163	33	15	6	78	16	3	961,180	987,128	666,171	583,870	30,648	1,690,500	35,824	90,516	5,446,687	11,859	3,180	604	268	370,000	5,602
INDRE-ET-LOIRE	356	206	37	15	»	81	»	»	3,849,481	102,404	1,169,237	967,846	»	865,404	»	»	7,085,371	3,977	5,459	632	180	1,152,905	17,400
ISÈRE	287	215	44	22	9	78	19	5	2,381,526	5,219,410	3,069,494	2,031,414	115,290	2,318,082	84,750	127,750	15,347,715	2,850	1,737	1,885	563	756,820	11,331
JURA	275	215	26	17	12	89	23	5	2,768,550	1,332,140	360,896	386,501	5,672	2,056,982	5,930	22,105	7,560,506	310	1,257	402	122	1,210,209	11,195
LANDES	250	160	27	14	8	80	14	6	1,400,000	207,000	411,000	140,000	162,030	2,660,000	4,200	7,500	5,072,300	4,500	1,100	430	250	180,000	15,600
LOIR-ET-CHER	291	201	38	16	10	75	15	2	517,745	1,231,156	3,156,018	421,151	17,320	1,471,275	23,205	30,702	6,978,534	7,391	2,069	1,049	271	868,000	13,000
LOIRE	272	188	43	15	7	84	16	8	2,067,606	733,276	1,640,579	1,628,655	137,137	3,319,176	49,776	50,058	10,261,858	700	650	201	63	708,000	11,874
LOIRE (HAUTE-)	353	211	38	14	12	112	16	4	257,950	823,055	1,467,036	758,352	61,880	2,266,000	16,650	45,004	5,608,033	3,150	825	312	93	770,000	8,090
LOIRE-INFÉRIEURE	254	155	30	16	10	92	18	4	4,032,000	387,530	1,860,030	1,061,000	140,000	4,368,000	21,900	2,060	12,475,100	3,340	7,300	1,800	400	1,140,810	30,000

TABLEAU N° 2. (*Suite.*) — **RENDEMENT EN VIANDE DES ANIMAUX LIVRÉS A LA BOUCHERIE ET AUTRES PRODUITS DES ANIMAUX.**

RENDEMENT EN VIANDE DES ANIMAUX LIVRÉS A LA BOUCHERIE.

DÉPARTEMENTS.	POIDS MOYEN DE L'ANIMAL ABATTU. — POIDS NET. Bœuf et taureau.	Vache.	Veau.	Mouton et brebis.	Agneau.	Porc.	Bouc et chèvre.	Chevreau.	RENDEMENT TOTAL EN VIANDE. Bœufs et taureaux.	Vaches.	Veaux.
Loiret	310	215	46	15	8	93	24	7	201,810	2,016,145	1,618,470
Lot	330	200	59	15	12	156	11	4	900,000	40,000	580,000
Lot-et-Garonne	300	280	70	21	10	105	15	8	1,038,400	285,200	1,483,720
Lozère	233	179	33	22	9	134	24	5	424,351	401,856	368,448
Maine-et-Loire	302	211	32	26	14	78	23	7	1,627,478	2,483,837	1,491,072
Manche	285	194	34	21	13	75	16	7	1,016,805	2,212,764	1,244,652
Marne	316	232	73	25	15	110	20	7	3,064,568	5,282,408	3,777,061
Marne (Haute-)	263	185	58	18	11	90	15	4	785,306	1,125,355	1,401,222
Mayenne	250	199	30	20	15	110	22	4	1,715,260	1,383,050	827,036
Meurthe-et-Moselle	280	200	37	19	12	88	15	3	1,061,760	1,438,400	1,851,221
Meuse	271	203	40	17	9	97	17	4	856,031	1,773,408	1,190,920
Morbihan	168	127	23	17	9	80	16	3	1,026,900	1,123,240	1,606,328
Nièvre	232	230	37	17	13	79	16	4	1,296,464	1,420,020	613,016
Nord	348	275	52	28	18	71	19	6	6,307,920	20,401,425	4,109,288
Oise	335	237	52	23	12	71	17	6	1,051,920	2,473,106	1,718,102
Orne	300	210	45	20	15	109	20	7	2,018,700	3,875,760	1,748,023
Pas-de-Calais	311	293	59	28	13	68	10	8	838,178	8,086,214	2,320,641
Puy-de-Dôme	282	196	41	13	6	90	16	5	155,100	839,272	940,460
Pyrénées (Basses-)	230	184	70	10	5	69	15	6	1,199,719	584,106	1,868,150
Pyrénées (Hautes-)	193	154	81	10	6	86	28	6	353,925	862,670	837,915
Pyrénées-Orientales	200	150	35	24	8	100	17	6	1,200,000	825,000	183,000
Rhin (Haut-) [Belfort]	350	220	31	17	10	69	17	3	676,412	362,100	87,480
Rhône	320	200	40	18	8	105	20	3	12,161,760	2,421,000	4,158,100
Saône (Haute-)	310	178	36	16	7	76	16	2	1,072,000	1,286,762	1,310,832
Saône-et-Loire	300	160	32	17	8	100	22	4	6,469,800	2,163,340	2,314,364
Sarthe	293	200	39	19	11	80	17	4	1,830,061	3,311,600	1,900,932
Savoie	220	200	23	19	5	120	22	4	433,840	1,060,800	680,900
Savoie (Haute-)	260	151	30	20	8	87	24	3	404,010	835,212	1,277,016
Seine	310	265	70	19	10	85	14	4	4,319,020	757,635	1,073,870
Seine-Inférieure	331	216	52	27	13	61	20	4	2,426,063	6,774,840	1,713,100
Seine-et-Marne	300	286	60	21	11	80	17	6	1,746,541	2,036,432	2,377,020
Seine-et-Oise	331	259	71	25	6	112	18	6	5,561,454	1,937,061	2,500,407
Sèvres (Deux-)	265	180	41	16	5	88	18	5	370,388	638,061	645,000
Somme	330	250	40	22	10	60	20	8	339,120	6,178,260	893,100
Tarn	271	206	63	22	9	129	23	5	608,909	1,225,952	1,751,580
Tarn-et-Garonne	400	210	50	22	8	117	15	7	1,261,600	380,120	768,917
Var	289	185	67	18	6	85	18	6	580,001	121,545	56,250
Vaucluse	281	200	48	23	9	75	15	5	593,670	46,400	43,972
Vendée	352	199	37	19	11	65	15	5	2,310,563	1,008,030	778,020
Vienne	350	200	50	19	4	100	15	4	665,000	140,000	375,000
Vienne (Haute-)	316	221	56	12	4	97	11	8	1,409,100	1,712,143	1,620,552
Vosges	350	280	35	20	4	75	15	4	1,770,650	3,662,400	1,936,705
Yonne	295	210	35	18	10	85	17	4	724,520	8,085,760	1,747,487
TOTAUX ET MOYENNES.	300	213	41	20	8	88	17	4	165,510,460	179,230,999	119,511,117

DÉPARTEMENTS.	RENDEMENT TOTAL EN VIANDE (suite). Moutons et brebis.	Agneaux.	Porcs.	Boucs et chèvres.	Chevreaux.	TOTAL GÉNÉRAL.	AUTRES PRODUITS DES ANIMAUX. PRODUCTION ANNUELLE APPROXIMATIVE. Laine.	Suif.	Miel.	Cire.	Lait.	Œufs.
							q. m.	q. m.	q. m.	q. m.	hectol.	milliers.
Loiret	800,805	18,201	2,512,209	5,040	16,768	8,418,057	3,285	7,490	1,935	406	1,000,836	18,915
Lot	225,000	12,000	2,720,000	1,100	61,000	4,612,100	2,400	300	500	250	60,000	5,000
Lot-et-Garonne	412,800	80,000	3,613,500	600	1,472	6,894,692	1,207	1,265	682	137	52,500	12,000
Lozère	1,560,918	38,718	1,623,204	8,904	50,745	4,486,416	1,439	100	443	116	142,382	3,712
Maine-et-Loire	1,081,526	66,860	4,798,950	8,588	9,891	11,564,710	1,792	5,480	461	255	1,438,000	13,200
Manche	1,908,789	629,135	3,057,675	448	1,141	9,401,859	6,477	1,209	2,512	557	2,748,015	11,189
Marne	1,080,925	22,620	4,110,293	8,810	9,870	17,001,188	10,328	5,063	1,918	1,053	1,155,000	45,489
Marne (Haute-)	563,882	9,064	3,212,019	1,875	10,086	7,038,609	2,674	1,464	1,042	200	841,112	5,365
Mayenne	493,480	116,715	2,538,250	2,838	6,868	7,092,987	700	500	1,000	250	462,000	7,050
Meurthe-et-Moselle	1,136,915	41,856	5,178,888	8,505	28,203	11,017,808	2,108	1,038	817	471	681,256	23,850
Meuse	680,187	19,719	6,208,679	6,844	32,328	10,763,706	1,735	1,490	788	249	780,338	35,470
Morbihan	266,560	61,260	2,507,290	10,496	5,751	6,609,740	918	2,904	3,792	752	1,173,804	5,688
Nièvre	422,722	21,502	2,030,028	3,492	16,803	5,828,017	3,209	1,123	566	523	763,000	10,585
Nord	3,015,306	80,298	7,441,584	19,722	11,919	42,370,540	4,820	19,211	474	196	3,921,500	41,516
Oise	2,324,817	15,180	5,280,271	5,899	9,276	11,479,739	27,839	4,880	1,466	346	1,103,618	41,296
Orne	848,950	219,555	2,518,800	6,860	5,663	11,278,223	4,303	6,953	1,155	210	1,143,282	41,177
Pas-de-Calais	1,951,820	25,293	7,264,981	9,584	7,064	20,506,789	9,248	8,873	1,303	319	2,619,010	69,334
Puy-de-Dôme	606,726	23,855	725,010	7,088	18,008	3,316,142	5,400	3,326	421	156	3,361,784	30,933
Pyrénées (Basses-)	551,068	1,511,925	3,464,288	150	30,006	8,091,298	1,166	1,477	806	365	570,000	11,018
Pyrénées (Hautes-)	143,080	85,292	580,874	9,908	5,640	2,878,403	2,300	1,250	330	118	473,000	12,500
Pyrénées-Orientales	812,000	320,000	2,700,000	23,800	31,800	6,178,000	2,474	710	980	144	23,000	9,000
Rhin (Haut-) [Belfort]	36,137	2,076	380,514	3,937	4,707	1,553,387	47	»	178	11	326,500	3,600
Rhône	5,181,014	164,200	7,374,015	91,620	107,208	31,542,037	971	14,030	597	293	640,095	43,079
Saône (Haute-)	179,216	7,287	3,502,672	15,370	7,992	7,472,727	4,724	3,011	219	73	620,000	14,515
Saône-et-Loire	579,808	56,448	5,879,600	9,768	15,288	18,485,090	3,520	4,206	1,883	294	2,108,230	65,444
Sarthe	634,068	101,308	4,506,240	36,182	54,112	12,145,686	1,351	4,873	805	360	1,488,000	26,813
Savoie	400,922	23,310	840,960	51,546	33,506	3,515,086	1,001	1,850	1,120	210	930,388	10,130
Savoie (Haute-)	276,680	18,016	910,260	86,962	30,219	3,872,344	854	1,378	2,014	834	921,544	15,112
Seine	350,125	5,850	2,176,720	8,800	2,008	9,109,538	438	7,216	8	8	83,484	2,343
Seine-Inférieure	2,501,847	9,842	2,914,240	800	69	16,811,500	5,226	10,354	793	124	2,184,020	66,994
Seine-et-Marne	1,828,882	332,082	2,560,640	1,446	3,061	11,769,496	17,641	4,774	1,585	200	1,267,787	54,019
Seine-et-Oise	4,602,800	19,184	4,626,944	1,728	2,514	19,515,002	10,106	5,192	1,054	500	1,357,109	29,279
Sèvres (Deux-)	509,614	9,700	2,883,672	5,400	67,780	4,578,744	1,078	695	695	180	2,655,391	37,500
Somme	1,125,520	5,000	4,350,000	16,640	8,800	12,921,500	9,031	9,010	1,310	175	2,580,000	58,000
Tarn	1,037,088	170,894	4,509,088	5,683	23,535	9,475,768	13,596	2,263	1,108	495	85,851	9,309
Tarn-et-Garonne	316,148	109,928	2,008,677	150	2,121	4,998,091	1,958	580	280	132	44,375	11,701
Var	1,606,410	161,580	1,851,556	45,558	58,092	4,141,527	1,891	1,017	1,263	501	14,700	16,104
Vaucluse	1,738,310	507,186	1,319,260	3,000	80,400	4,333,808	3,559	670	128	77	15,000	7,806
Vendée	592,806	82,824	1,085,885	1,200	4,255	6,468,389	5,303	1,100	637	147	6,318,001	9,490
Vienne	328,000	90,000	600,000	22,500	72,000	2,217,500	8,000	1,200	620	465	1,050,000	28,000
Vienne (Haute-)	2,116,860	61,720	3,717,504	8,884	31,089	10,027,402	18,903	1,500	806	300	155,000	19,983
Vosges	396,960	7,088	3,287,175	17,685	56,148	11,112,271	761	2,000	961	631	1,171,214	20,592
Yonne	551,516	28,719	2,388,075	2,465	13,136	8,601,663	8,806	2,404	1,384	570	1,209,000	41,944
TOTAUX ET MOYENNES.	101,402,093	11,470,723	257,483,231	1,058,992	3,035,144	880,661,865	500,787	306,257	93,112	27,038	80,499,500	1,796,738

QUATRIÈME SECTION

ÉCONOMIE RURALE

TABLEAU N° 1. — NOMBRE ET ÉTENDUE DES EXPLOITATIONS RURALES

D'APRÈS LE MODE D'EXPLOITATION. — MORCELLEMENT DE LA PROPRIÉTÉ.

DÉPARTEMENTS.	NOMBRES DES EXPLOITATIONS DIRIGÉES PAR LES :				SUPERFICIE PAR MODE D'EXPLOITATION.				NOMBRE PROPORTIONNEL des exploitations p. 1,000.			ÉTENDUE PROPORTIONNELLE des exploitations p. 1,000.			ÉTENDUE MOYENNE			
	propriétaires. (Faire-valoir direct.)	fermiers.	métayers.	TOTAL.	Faire-valoir direct.	Fermes.	Métairies.	TOTAL.	Faire-valoir direct.	Fermiers.	Métayers.	Faire-valoir direct.	Fermes.	Métairies.	des exploitations directes.	des fermes.	des métairies.	des exploitations agricoles en général.
AIN	45,455	9,849	1,709	57,013	213,415	119,121	16,015	348,611	798	172	30	612	342	46	4,7	12,1	9,4	6,1
AISNE	24,537	8,879	302	33,718	315,406	275,826	4,851	596,582	727	264	9	529	464	7	12,9	31,1	14,4	17,7
ALLIER	20,221	6,156	11,632	38,009	181,601	149,620	180,208	511,429	532	163	305	356	293	352	9,0	21,3	15,5	13,4
ALPES (BASSES-)	26,349	1,725	1,209	29,283	136,303	33,433	15,085	184,821	900	59	41	739	179	82	5,2	19,4	12,6	6,3
ALPES (HAUTES-)	16,220	1,760	2,080	20,060	111,608	26,832	32,656	171,096	805	90	105	651	157	192	6,9	15,2	15,7	8,5
ALPES-MARITIMES	27,725	1,810	3,091	32,626	61,480	21,951	19,505	102,936	833	55	112	598	213	190	2,2	11,9	5,8	3,1
ARDÈCHE	51,618	10,064	3,619	65,301	137,356	87,245	26,219	250,820	790	155	55	548	348	104	2,7	8,7	7,4	3,8
ARDENNES	33,700	3,797	529	38,026	291,802	78,282	2,783	372,867	887	100	13	784	210	6	8,6	20,6	5,3	9,8
ARIÈGE	21,541	1,765	3,801	27,107	114,032	39,065	43,299	197,296	793	67	140	584	198	218	5,3	22,1	11,4	7,3
AUBE	35,037	2,860	580	38,477	346,270	68,600	4,930	419,800	929	75	15	827	163	10	9,9	24,0	8,5	10,9
AUDE	39,419	3,013	3,246	45,678	240,502	47,471	79,810	367,783	863	66	71	663	125	212	6,1	15,7	24,6	8,0
AVEYRON	76,666	5,783	1,906	84,302	337,118	128,169	30,120	495,407	910	68	22	681	258	61	4,4	22,4	15,8	5,9
BOUCHES-DU-RHÔNE	20,685	9,820	7,127	37,632	51,748	98,270	75,700	228,803	550	261	189	239	430	331	2,6	10,0	10,6	6,1
CALVADOS	23,329	15,711	11	39,051	169,374	235,309	145	404,828	597	403	»	418	582	»	7,3	15,0	13,2	10,4
CANTAL	36,208	3,853	2,292	42,353	106,998	110,420	51,440	268,858	851	92	54	399	411	190	3,0	28,7	22,5	6,3
CHARENTE	45,270	2,503	10,776	58,549	314,516	33,636	106,981	451,130	774	42	184	698	78	224	6,9	13,4	9,8	7,8
CHARENTE-INFÉRIEURE	67,185	3,018	3,784	73,987	419,483	57,926	39,742	517,151	908	41	51	811	112	77	6,2	19,2	10,5	7,0
CHER	18,230	4,842	2,549	25,621	151,842	189,850	115,616	457,308	713	189	98	393	350	217	8,3	39,0	57,2	17,8
CORRÈZE	36,166	3,051	6,402	45,619	117,157	76,275	96,030	319,409	792	68	140	461	238	301	4,1	25,0	15,0	7,0
CORSE	19,848	6,310	3,272	28,930	104,097	83,600	42,342	231,590	658	218	114	453	362	185	5,4	13,3	13,2	8,0
CÔTE-D'OR	21,716	7,254	3,598	32,508	285,655	148,643	51,642	486,940	668	221	111	586	303	111	13,1	20,5	15,2	15,0
CÔTES-DU-NORD	28,817	22,186	1,813	52,816	158,250	332,790	18,130	509,170	545	421	34	311	654	35	5,5	15,0	10,0	9,6
CREUSE	43,077	1,440	2,068	46,585	193,209	52,038	96,691	341,938	926	31	43	563	153	284	4,5	36,1	47,1	7,3
DORDOGNE	48,035	7,351	24,803	80,679	147,893	276,422	248,358	672,673	600	92	308	220	411	369	3,0	37,6	10,0	8,3
DOUBS	21,184	4,845	645	26,678	208,049	92,172	4,633	301,854	791	179	30	686	302	15	9,8	19,0	4,1	11,3
DRÔME	37,476	3,358	4,540	45,360	216,176	65,765	55,235	337,176	826	75	99	641	195	164	5,8	19,6	12,2	7,4
EURE	26,323	27,236	96	53,655	190,612	220,924	1,201	412,737	490	508	2	462	587	1	7,8	8,1	12,5	7,7
EURE-ET-LOIR	20,546	25,291	155	45,992	176,023	310,991	2,734	489,748	446	550	4	360	635	6	8,6	12,3	15,1	10,6
FINISTÈRE	24,569	19,070	2,741	46,380	162,253	161,367	25,943	349,563	532	410	58	464	462	74	6,6	8,5	9,5	7,5
GARD	59,328	14,781	4,246	78,355	163,786	83,426	23,974	271,186	757	189	54	604	308	88	2,8	5,6	5,6	3,5
GARONNE (HAUTE-)	63,257	3,657	6,042	72,956	304,510	52,160	111,330	468,000	868	49	83	651	111	238	4,8	14,3	18,4	6,4
GERS	44,651	374	4,803	49,828	325,299	15,620	134,277	475,196	896	8	96	685	33	282	7,3	41,8	28,0	9,5
GIRONDE	77,700	4,520	11,568	93,788	201,051	124,895	135,485	461,431	828	48	124	436	271	293	2,6	27,6	11,6	4,9
HÉRAULT	36,000	1,800	1,700	39,500	268,235	51,000	19,000	338,235	911	46	43	793	151	56	7,4	28,3	11,2	8,6
ILLE-ET-VILAINE	25,253	34,560	1,750	61,563	181,422	304,147	19,769	505,338	410	561	29	359	602	39	7,3	8,7	11,3	8,2
INDRE	20,871	2,936	3,440	27,247	193,724	79,534	63,071	336,329	768	107	125	576	236	188	11,1	27,1	18,3	16,0
INDRE-ET-LOIRE	23,275	8,645	3,552	35,472	168,133	219,580	41,157	428,870	656	242	102	392	512	96	7,2	25,4	11,5	12,1
ISÈRE	68,081	6,646	1,027	75,754	358,697	79,085	12,620	450,402	899	88	13	796	176	28	5,2	11,9	12,3	5,9
JURA	26,359	13,585	3,080	43,024	129,960	103,588	17,758	251,306	613	315	72	518	411	71	4,9	7,6	5,8	5,8
LANDES	6,240	3,580	27,484	37,304	32,608	80,500	287,080	400,180	166	97	737	83	212	720	5,2	27,8	14,3	14,6
LOIR-ET-CHER	20,428	7,331	3,064	31,823	130,287	147,731	92,305	370,320	595	227	178	351	400	249	6,3	18,0	15,2	10,8
LOIRE	31,284	6,797	2,300	40,381	190,843	135,600	23,000	349,443	775	168	57	548	387	65	6,1	19,9	10,0	8,6
LOIRE (HAUTE-)	32,896	7,848	4,766	45,510	158,257	90,580	57,950	306,787	723	172	105	516	294	190	4,8	11,5	12,2	6,7
LOIRE-INFÉRIEURE	12,900	21,000	12,000	45,900	91,650	340,500	120,000	552,150	281	458	261	171	613	216	7,8	16,2	10,0	12,1
LOIRET	26,938	14,320	1,487	42,745	112,220	286,780	26,900	466,000	630	335	35	454	490	56	7,9	16,0	17,5	10,9

TABLEAU N° 1. (*Suite.*) — **NOMBRE ET ÉTENDUE DES EXPLOITATIONS RURALES D'APRÈS LE MODE D'EXPLOITATION. — MORCELLEMENT DE LA PROPRIÉTÉ.**

DÉPARTEMENTS.	NOMBRE DES EXPLOITATIONS DIRIGÉES PAR LES :				SUPERFICIE PAR MODE D'EXPLOITATION.				NOMBRE PROPORTIONNEL des exploitations p. 1,000.			ÉTENDUE PROPORTIONNELLE des exploitations p. 1,000.			ÉTENDUE MOYENNE			
	propriétaires. (Faire-valoir direct.)	fermiers.	métayers.	TOTAL.	Faire-valoir direct.	Fermes.	Métairies.	TOTAL.	Faire-valoir direct.	Fermiers.	Métayers.	Faire-valoir direct.	Fermes.	Métairies.	des exploitations directes.	des fermes.	des métairies.	des exploitations agricoles en général.
Lot	33,200	3,500	10,000	46,700	213,575	60,[illegible]	100,000	373,575	711	75	214	571	161	268	6,4	17,2	10,0	8,0
Lot-et-Garonne	43,214	1,852	6,175	51,241	172,681	80,[illegible]	167,908	420,932	844	35	121	411	190	399	4,0	43,4	27,2	8,2
Lozère	21,800	1,609	325	23,787	158,920	51,[illegible]	7,897	217,870	916	71	13	729	234	37	7,3	30,7	21,3	9,3
Maine-et-Loire	20,578	29,091	2,934	52,508	127,825	375,[illegible]	61,250	567,425	391	553	56	226	651	113	6,2	12,9	21,9	10,8
Manche	39,390	31,253	3	73,616	210,381	227,7[illegible]	44	438,130	534	461	4	479	521	»	5,3	6,6	14,7	6,0
Marne	45,337	2,577	18	47,932	517,755	115,[illegible]	579	633,627	946	51	»	818	182	»	11,4	44,7	32,2	13,2
Marne (Haute-)	31,890	5,737	301	37,928	317,180	92,4[illegible]	5,894	415,908	842	150	8	761	222	14	10,0	16,1	19,8	11,0
Mayenne	9,500	18,700	9,900	38,100	97,554	217,1[illegible]	101,203	416,178	249	490	261	233	523	244	10,3	11,6	10,2	10,9
Meurthe-et-Moselle	30,778	4,567	471	35,816	209,811	111,[illegible]	6,001	327,446	860	126	14	642	340	18	6,8	24,4	12,7	9,1
Meuse	52,315	4,462	86	56,863	340,038	80,8[illegible]	1,164	428,083	919	79	2	840	189	1	6,6	18,1	13,5	7,5
Morbihan	12,533	30,117	1,229	43,879	81,759	250,1[illegible]	23,103	355,015	285	686	29	231	705	64	6,5	8,3	18,8	8,1
Nièvre	36,167	6,547	922	43,636	239,867	157,8[illegible]	36,009	433,756	830	149	21	553	364	83	6,6	24,1	39,1	9,9
Nord	25,587	40,247	1,093	66,927	69,569	358,[illegible]	5,655	433,878	383	601	16	160	827	13	2,7	8,9	5,2	6,5
Oise	24,410	40,030	77	64,517	228,459	220,1[illegible]	2,400	450,049	707	290	3	486	510	4	8,9	22,6	33,3	13,0
Orne	34,549	18,378	55	52,982	207,428	219,[illegible]	1,355	428,462	646	343	11	484	514	2	6,0	11,9	24,6	8,1
Pas-de-Calais	20,040	40,731	713	61,493	175,730	336,[illegible]	6,430	518,604	336	681	10	310	649	11	7,6	8,3	8,9	8,0
Puy-de-Dôme	63,840	4,800	4,310	72,950	464,758	63,[illegible]	47,296	576,013	877	69	54	808	111	81	7,3	13,3	11,0	7,9
Pyrénées (Basses-)	36,939	3,198	7,675	47,862	131,155	46,[illegible]	85,184	262,711	772	67	161	500	176	324	3,5	14,5	11,1	5,5
Pyrénées (Hautes-)	28,537	950	435	29,922	124,924	20,3[illegible]	6,284	151,506	954	33	13	826	133	30	4,7	21,4	14,3	5,1
Pyrénées-Orientales	20,000	1,200	1,000	22,200	86,824	45,0[illegible]	35,000	166,824	901	54	45	521	269	210	4,3	37,5	35,0	7,5
Rhin (Haut-) [Belfort]	5,138	247	5	5,384	29,406	1,5[illegible]	76	31,030	943	57	»	967	53	»	5,7	6,3	15,0	5,8
Rhône	34,033	6,977	5,870	46,880	132,865	50,5[illegible]	32,446	215,850	725	149	126	618	233	149	3,9	7,2	5,5	4,6
Saône (Haute-)	19,344	5,430	3,121	27,895	82,283	224,[illegible]	37,504	343,910	670	232	106	239	653	108	4,3	34,9	12,0	11,0
Saône-et-Loire	43,500	11,000	688	55,188	337,381	254,[illegible]	11,115	603,000	435	110	7	560	422	18	7,7	23,1	16,2	10,9
Sarthe	21,796	23,917	1,632	47,375	176,527	290,[illegible]	21,705	489,240	461	504	35	360	595	45	8,1	12,1	13,3	10,3
Savoie	43,613	5,947	1,586	51,146	107,001	59,[illegible]	10,250	178,108	853	116	31	607	337	56	2,5	10,1	6,5	3,5
Savoie (Haute-)	44,724	4,080	853	49,616	142,069	35,7[illegible]	8,049	185,887	901	81	18	763	194	43	3,2	8,9	9,4	3,7
Seine	2,508	1,896	20	4,424	8,963	8,[illegible]	200	17,687	568	429	»	500	500	»	3,4	4,7	10,0	4,0
Seine-Inférieure	9,899	28,241	339	38,479	87,779	336,9[illegible]	14,337	439,113	246	734	20	200	769	31	9,3	11,9	17,1	11,4
Seine-et-Marne	26,709	8,162	355	35,226	190,490	248,[illegible]	3,361	442,431	758	233	9	431	563	6	7,1	30,5	9,5	12,5
Seine-et-Oise	21,398	11,512	434	33,344	158,235	215,3[illegible]	3,602	377,188	643	345	12	420	572	8	7,4	18,7	8,3	11,3
Sèvres (Deux-)	21,380	9,807	3,480	34,667	238,347	173,[illegible]	80,545	493,419	616	284	100	479	352	169	11,0	17,7	21,0	11,2
Somme	22,244	12,036	122	34,402	330,796	230,0[illegible]	2,000	552,796	647	350	3	590	416	4	14,4	19,1	16,4	16,1
Tarn	41,690	1,588	9,893	52,771	263,776	43,4[illegible]	143,744	450,951	790	32	178	586	96	319	6,3	25,7	15,3	8,5
Tarn-et-Garonne	47,287	2,505	5,141	55,023	217,981	30,2[illegible]	60,219	308,400	860	47	93	706	97	195	4,6	11,6	11,7	5,6
Var	44,501	6,303	6,127	57,051	190,505	71,271	22,611	284,390	781	112	107	596	300	104	2,7	11,2	7,0	4,1
Vaucluse	41,372	9,626	5,628	59,626	79,001	51,3[illegible]	98,410	231,776	745	161	94	342	224	424	1,8	5,3	17,5	3,9
Vendée	18,660	17,627	5,997	42,284	158,454	261,[illegible]	140,690	562,454	442	416	142	281	470	249	8,5	15,0	23,4	13,3
Vienne	29,170	4,420	4,410	38,000	230,568	198,4[illegible]	56,150	475,118	768	116	116	501	270	130	9,6	29,0	13,0	12,5
Vienne (Haute-)	28,408	4,513	8,337	41,258	135,824	137,1[illegible]	110,248	383,701	689	109	202	353	359	288	4,8	30,2	13,2	9,3
Vosges	38,391	9,182	576	48,149	238,394	109,1[illegible]	2,306	315,030	797	191	12	691	301	5	6,2	11,4	4,2	7,1
Yonne	51,794	5,506	545	57,835	413,724	112,0[illegible]	15,231	541,008	894	97	9	766	207	27	8,0	20,0	28,0	9,3
TOTAUX ET MOYENNES	2,826,388	831,943	319,450	3,977,781	17,011,847	11,259,3[illegible]	4,366,253	33,337,451	710	210	80	500	350	132	6,0	13,4	13,7	8,1
									1,000			1,000						

TABLEAU N° 2. — OUTILLAGE AGRICOLE, AMENDEMENTS ET ENGRAIS.

DÉPARTEMENTS.	OUTILLAGE AGRICOLE. Charrues du pays.	Charrues perfectionnées.	Charrues total.	Machines à battre à vapeur.	Machines à battre mues par des chevaux.	Machines à battre total.	Machines perfectionnées. Faucheuses.	Machines perfectionnées. Moissonneuses.	MODE de LABOURAGE. Chevaux.	Bœufs ou vaches.	Mixte.
Ain	50,214	19,944	70,158	219	161	380	15	4	50	50	Mixte.
Aisne	11,259	14,910	26,190	216	2,619	2,835	180	104	100	»	»
Allier	16,580	10,263	26,843	56	312	368	29	24	100	»	»
Alpes (Basses-)	17,303	7,767	25,070	1	132	133	3	4	60	40	Mixte.
Alpes (Hautes-)	15,824	2,027	17,851	»	50	50	»	»	50	50	Mixte.
Alpes-Maritimes	11,160	1,125	12,285	»	54	54	60	100	50	50	Mixte.
Ardèche	33,468	5,180	38,648	5	477	482	»	»	100	»	»
Ardennes	14,527	3,816	18,343	62	681	743	117	57	100	»	»
Ariège	30,025	3,527	33,552	19	349	368	10	5	»	100	»
Aube	19,656	5,427	25,083	57	3,501	3,558	33	35	100	»	»
Aude	28,896	5,284	34,180	21	420	441	69	18	50	50	Mixte.
Aveyron	48,177	13,308	61,485	35	34	69	6	2	»	100	»
Bouches-du-Rhône	17,888	8,618	26,506	6	340	346	58	108	100	»	»
Calvados	23,715	12,250	35,965	44	330	374	4	37	100	»	»
Cantal	24,748	3,869	28,617	5	29	34	1	»	»	100	»
Charente	51,259	11,126	62,385	8	747	755	24	26	21	79	Mixte.
Charente-Inférieure	26,290	22,533	48,823	101	401	502	39	17	20	80	Mixte.
Cher	12,352	10,430	22,782	214	402	616	14	20	70	30	Mixte.
Corrèze	44,496	4,885	49,381	5	161	166	4	3	50	50	Mixte.
Corse	12,656	21	12,677	»	123	123	»	»	»	100	»
Côte-d'Or	17,891	20,149	38,040	431	4,934	5,365	16	24	100	»	»
Côtes-du-Nord	33,010	19,584	52,624	35	2,000	2,035	»	»	70	30	Mixte.
Creuse	34,505	10,495	45,000	24	55	79	4	3	100	»	»
Dordogne	51,368	8,099	59,467	38	140	178	4	4	»	100	»
Doubs	19,911	5,603	25,514	83	2,937	3,020	10	8	»	100	»
Drôme	33,513	11,825	45,338	51	127	178	70	22	75	25	Mixte.
Eure	22,309	12,149	34,458	128	655	783	50	49	100	»	»
Eure-et-Loir	13,902	12,564	26,466	187	991	1,178	40	58	80	20	Mixte.
Finistère	29,740	17,500	47,240	35	3,296	3,331	»	»	50	50	Mixte.
Gard	18,163	6,106	24,269	5	915	920	27	21	»	»	»
Garonne (Haute-)	51,250	12,462	63,712	48	564	612	32	15	»	100	»
Gers	50,312	8,851	59,163	57	401	458	86	37	»	100	»
Gironde	61,423	7,772	69,195	40	1,190	1,230	25	9	50	50	Mixte.
Hérault	20,000	7,200	27,200	10	800	810	»	»	»	100	
Ille-et-Vilaine	30,479	20,358	50,837	67	5,205	5,272	5	2	90	10	Mixte.
Indre	11,363	16,765	28,128	100	700	800	6	14	50	50	Mixte.
Indre-et-Loire	20,530	11,500	32,030	55	450	505	30	30	95	5	Mixte.
Isère	53,860	27,152	81,012	116	488	509	11	7	50	50	Mixte.
Jura	27,490	7,889	35,379	77	1,430	1,507	11	»	50	50	Mixte.
Landes	31,800	12,000	43,800	40	200	240	5	15	80	20	Mixte.
Loir-et-Cher	14,727	7,543	22,270	52	403	455	14	6	100	»	»
Loire	33,500	2,500	36,000	10	106	116	5	5	»	100	»
Loire (Haute-)	46,187	6,405	52,592	10	18	28	3	3	»	100	»
Loire-Inférieure	45,500	23,500	71,000	150	3,500	3,650	26	18	»	100	»
Loiret	12,914	12,015	24,929	136	489	625	43	64	100	»	»
Lot	30,000	1,000	31,000	10	130	116	»	»	80	20	Mixte.

DÉPARTEMENTS.	AMENDEMENTS. Chaux.	Plâtre.	Marne.	Cendres.	Autres.	ENGRAIS. Engrais d'étable.	Récoltes et fourrages enfouis pour servir d'engrais.	Guano.	Autres engrais commerciaux.	ASSOLEMENT le plus répandu. en première ligne.	en seconde ligne.
	quint. mét.	quint. mét.	quint. mét.	quint. mét.	quint. mét.	quint. mét.	quint. mét.	quint. mét.	quint. mét.		
Ain	71,152	35,800	131,422	40,711	50,545	8,654,110	100,800	671	1,786	B	T
Aisne	113,300	28,577	2,881,610	177,507	971,795	43,201,103	536,477	150,071	100,017	T	B
Allier	1,010,740	11,143	321,610	7,772	1,460	6,251,530	209,530	14,546	4,932	T	Q
Alpes (Basses-)	546	2,978	»	6,678	3,030	3,900,413	492,538	215	25,150	B	T
Alpes (Hautes-)	1,000	6,000	100,000	2,000	»	2,000,000	500,800	10,000	»	B	T
Alpes-Maritimes	»	»	»	»	»	1,320,803	24,087	8,101	90,318	B	B
Ardèche	180	5,847	20,190	3,237	21,050	19,625,193	143,101	208	609	B	T
Ardennes	30,669	56,970	156,129	26,477	122,665	16,207,428	20,389	6,017	40,378	T	Q
Ariège	830	78,831	200,012	80,377	5,688	7,165,150	101,731	529	200	B	T
Aube	3,305	33,455	31,060	1,740	1,755	17,910,960	505,870	6,470	11,385	T	B
Aude	10,201	18,922	15,250	1,578	10,900	2,761,006	649,682	45,526	33,951	T	Q
Aveyron	237,754	10,927	175	13,893	2,300	6,606,032	15,915	12	590	B	T
Bouches-du-Rhône	»	50	»	1,145	5,217	1,550,909	449,645	700	721,351		B
Calvados	1,331,494	87,674	»	37,715	5,315	21,462,780	190,217	251,800	60,417	T	Q
Cantal	30,700	1,500	9,300	310	»	6,085,710	4,300	»	»	B	T
Charente	10,553	50,291	13,551	21,873	4,135	8,800,621	20,430	11,098	55,890	B	T
Charente-Inférieure	250	3,483	513,852	27,943	449,207	17,378,491	612,301	28,027	39,112	T	Q
Cher	331,335	58,300	1,333,816	61,959	7,330	12,238,053	8,505	49,001	31,312	T	Q
Corrèze	5,533	9,200	»	2,525	1,000	2,096,233	1,530	20	125	B	T
Corse	»	»	»	800	6,000	611,000	8,137	»	»	B	T
Côte-d'Or	16,128	65,880	11	5,328	3,504	20,131,163	31,140	60	15,103	T	B
Côtes-du-Nord	30,000	»	50,600	5,000	2,030	9,148,400	15,000	1,000	15,000	T	Q
Creuse	321,583	50	»	2,837	62,225	7,086,000	2,411,564	1,724	20,608	B	T
Dordogne	46,192	20,017	1,021	12,059	1,150	4,287,015	301,558	27,174	72,293	B	T
Doubs	600	35,898	179,956	3,839	2,856	16,142,857	81,460	83	65	T	B
Drôme	1,000	5,000	1,000	500	3,500	5,500,000	160,000	2,000	7,000	T	Q
Eure	11,460	47,621	3,254,016	9,427	1,960	29,013,470	56,756	44,025	16,863	T	B
Eure-et-Loir	26,813	65,101	2,141,943	20,201	263,318	27,197,486	503,177	97,709	50,332	T	Q
Finistère	8,880	918	985,066	45,000	17,700,801[1]	15,243,201	18,160	65,788	160,000	T	Q
Gard	20,340	60,836	»	409,801	39,001	5,707,133	102,261	6,784	412,618	B	B
Garonne (Haute-)	51,000	108,550	852,000	2,390	4,800	3,850,000	»	3,000	6,000	B	T
Gers	30,528	15,742	603,600	3,750	331,780	10,410,300	47,104	301	2,180	T	B
Gironde	374	13,031	48,350	38,807	171,751	6,218,080	504,144	88,867	233,755	B	T
Hérault	600	450	»	2,000	1,500	1,500,000	2,000	20,000	50,000	B	T
Ille-et-Vilaine	1,050,401	10	3,181,503	108,131	192,085	11,076,715	3,682,912	48,612	1,783,648	T	Q
Indre	190,802	22,424	2,159,590	11,518	2,258	12,255,613	155,078	20,082	169,636	T	Q
Indre-et-Loire	10,000	2,000	10,000	»	»	21,917,000	»	6,000	»	Q	T
Isère	2,886	41,428	139,417	15,023	4,015	11,031,422	1,613,461	21,005	40,704	B	T
Jura	120	113,105	89,600	133,615	2,740	7,433,981	21,870	40	223	T	B
Landes	5,000	600	1,160,000	80,000	100,000	12,520,000	3,200	2,540	100,000	T	B
Loir-et-Cher	32,535	130,773	1,211,401	13,748	25,749	80,035,681	316,825	114,488	65,018	T	Q
Loire	30,000	150,000	»	»	»	4,316,070	»	»	»	B	T
Loire (Haute-)	22,720	65,503	»	23,474	15,100	3,990,706	214,714	»	526	B	T
Loire-Inférieure	23,750	200	»	15,030	10,000	20,000,000	»	2,000	10,000	T	B
Loiret	3,910	39,170	1,911,200	9,780	378,010	25,335,560	2,110	75,050	135,300	T	Q
Lot	40,000	60,000	»	2,000	60,000	4,000,000	207,000	»	2,000	B	B

[1] Maërl, sables calcaires, goëmons.

TABLEAU N° 2. (*Suite.*) — OUTILLAGE AGRICOLE, AMENDEMENTS ET ENGRAIS.

DÉPARTEMENTS.	OUTILLAGE AGRICOLE. Charrues du pays.	Charrues perfectionnées	Charrues TOTAL.	Machines à battre à vapeur.	Machines à battre mues par des chevaux.	Machines à battre TOTAL.	Machines perfectionnées Faucheuses.	Machines perfectionnées Moissonneuses.	MODE DE LABOURAGE. Chevaux.	Bœufs ou vaches.	Mixte.
Lot-et-Garonne	46,530	11,110	57,640	12	310	322	3	9	90	10	Mixte.
Lozère	10,890	810	11,700	1	3	4	»	»	»	100	»
Maine-et-Loire	33,840	25,775	59,615	126	4,605	4,731	26	9	30	70	Mixte.
Manche	40,867	15,735	56,602	4	1,862	1,866	17	17	80	20	Mixte.
Marne	26,437	10,596	37,033	72	4,938	5,010	316	353	50	50	Mixte.
Marne (Haute-)	14,331	8,236	22,567	24	8,655	8,679	59	43	80	20	Mixte.
Mayenne	25,250	12,068	37,318	10	10,781	10,791	24	22	100	»	»
Meurthe-et-Moselle	8,726	8,462	17,188	36	5,449	5,485	161	297	100	»	»
Meuse	12,216	5,296	17,512	24	7,256	7,280	158	115	95	5	Mixte.
Morbihan	39,852	15,169	55,021	112	388	500	1	»	50	50	Mixte.
Nièvre	13,609	8,907	22,516	110	713	823	30	31	»	100	»
Nord	41,714	7,110	48,824	300	1,365	1,665	76	76	100	»	»
Oise	11,256	11,238	22,494	278	1,840	2,118	137	85	90	10	Mixte.
Orne	26,106	8,216	34,321	33	1,514	1,547	9	7	96	4	Mixte.
Pas-de-Calais	32,686	5,832	38,518	161	1,176	1,337	136	183	100	»	»
Puy-de-Dôme	54,130	6,232	60,362	24	126	150	15	5	»	100	»
Pyrénées (Basses-)	42,481	4,453	46,934	26	525	551	9	2	5	95	Mixte.
Pyrénées (Hautes-)	20,260	15,240	35,500	»	140	140	3	»	50	50	Mixte.
Pyrénées-Orientales	15,000	2,000	17,000	15	515	530	»	4	50	50	Mixte.
Rhin (Haut-) [Belfort]	4,011	76	4,087	13	239	252	13	5	100	»	»
Rhône	27,883	10,927	38,810	28	85	113	7	1	20	80	Mixte.
Saône (Haute-)	28,435	1,320	29,755	34	2,633	2,667	4	5	80	20	Mixte.
Saône-et-Loire	38,000	25,500	63,500	658	300	958	24	10	25	75	Mixte.
Sarthe	24,387	16,027	40,414	30	6,010	6,040	12	7	90	10	Mixte.
Savoie	31,287	1,939	33,226	13	170	183	»	»	»	100	»
Savoie (Haute-)	18,536	3,511	22,047	45	968	1,013	4	1	»	100	»
Seine	1,888	378	2,266	4	36	40	3	7	100	»	»
Seine-Inférieure	19,655	4,644	24,290	18	6,001	6,019	86	43	100	»	»
Seine-et-Marne	14,862	5,934	20,796	363	1,510	1,873	52	79	100	»	»
Seine-et-Oise	22,533	14,662	37,195	194	1,944	2,138	61	30	80	20	Mixte.
Sèvres (Deux-)	11,106	21,796	32,902	19	2,104	2,123	23	15	»	100	»
Somme	21,020	10,144	31,164	146	1,160	1,306	87	92	95	5	Mixte.
Tarn	42,582	5,297	47,879	97	210	307	60	23	50	50	Mixte.
Tarn-et-Garonne	35,802	4,005	39,807	34	278	312	20	21	»	100	»
Var	14,587	10,430	25,017	4	62	66	»	2	100	»	»
Vaucluse	16,278	8,612	24,890	62	4	66	53	42	50	50	Mixte.
Vendée	21,679	8,311	30,090	255	328	583	»	4	»	100	»
Vienne	27,000	5,000	32,000	200	800	1,000	20	8	20	80	Mixte.
Vienne (Haute-)	25,805	13,368	39,173	31	203	234	33	14	»	100	»
Vosges	21,258	5,932	27,190	11	3,831	3,842	100	150	100	»	»
Yonne	26,311	10,256	36,567	70	2,610	2,680	19	21	100	»	»
Totaux et moyennes	2,331,978	860,572	3,195,533	6,793	127,323	134,116	3,161	2,883	55	45	
									100		

DÉPARTEMENTS.	AMENDEMENTS. Chaux.	Plâtre.	Marne.	Cendres.	Autres.	ENGRAIS. Engrais d'étable.	Récoltes et fourrages enfouis pour servir d'engrais.	Guano.	Autres engrais commerciaux	ASSOLEMENT le plus répandu en première ligne.	en seconde ligne.
	quint. mét.	quint. mét.	quint. mét.	quint. mét.	quint. mét.	quint. mét.	quint. mét.	quint. mét.	quint. mét.		
Lot-et-Garonne	5,000	64,000	41,000	»	»	3,390,601	2,039	1,000	3,000	B	T
Lozère	123	185	390	2,477	650	2,687,000	280	»	»	B	T
Maine-et-Loire	963,000	18,000	6,500	129,709	12,000	13,832,007	96,000	26,129	59,000	T	B
Manche	1,872,075	65	3,690,250	67,390	2,118,446	16,234,380	1,720,280	1,631	1,022,120	Q	T
Marne	625	25,942	391,630	1,707	20,701	23,307,959	26,247	5,774	18,800	T	Q
Marne (Haute-)	13,512	47,895	2,110	321	36,453	10,237,609	62,761	181	2,030	T	T
Mayenne	4,382,000	400	4,500	106,000	52,000	9,742,000	111,500	11,300	210,000	Q	Q
Meurthe-et-Moselle	4,191	70,188	6,512	6,811	18,782	15,705,907	31,366	29,888	16,633	T	B
Meuse	13,822	53,210	12,000	507	2,580	16,537,997	62,330	170	62,472	T	T
Morbihan	16,838	»	»	13,288	11,605	7,500,000	10,319	»	»	B	T
Nièvre	644,038	78,175	600,544	4,163	115	10,092,708	95,590	8,992	6,107	T	B
Nord	595,840	540	519,433	122,525	744,362	31,392,301	983,938	919,228	2,162,746	T	Q
Oise	116,816	23,792	2,893,031	109,045	118,738	34,014,553	81,071	62,000	78,014	T	Q
Orne	300,221	581,769	517,301	50,390	20,621	10,731,300	103,369	6,259	68,320	Q	T
Pas-de-Calais	37,853	21,736	2,810,778	610,821	451,910	20,562,001	251,837	91,714	463,306	T	B
Puy-de-Dôme	550,330	20,400	16,670	3,745	»	21,191,780	766,966	100	1,200	B	T
Pyrénées (Basses-)	125,670	4,360	653,400	79,182	20,000	8,163,061	133,190	22,015	570	T	B
Pyrénées (Hautes-)	15,200	2,453	30,425	7,903	»	1,825,456	75,638	»	»	B	T
Pyrénées-Orientales	»	2,000	»	»	»	1,286,610	»	»	»	B	B
Rhin (Haut-) [Belfort]	1,000	»	1,500	»	»	1,147,320	»	»	»	T	T
Rhône	52,723	31,979	»	31,388	600	4,191,000	41,090	2,150	1,121,000	B	T
Saône (Haute-)	2,286	100,567	187,206	44,253	61	2,095,630	8,571	35	120	T	B
Saône-et-Loire	3,000	25,000	150,000	200,000	40,000	16,000,000	6,000	810	18,000	B	T
Sarthe	170,374	111,581	813,404	16,699	45,015	12,817,065	160,342	38,565	3,232	Q	T
Savoie	765	142,403	»	6,409	1,914	7,356,565	304,129	1,090	2,365	T	Q
Savoie (Haute-)	411	58,166	500	1,530	10,148	7,095,985	178,895	649	10,185	T	Q
Seine	»	»	»	»	436,460	1,761,735	22,200	7,601	568,722	T	B
Seine-Inférieure	14,358	56,479	4,910,417	4,991	329,026	21,320,518	730,282	41,027	109,351	T	B
Seine-et-Marne	247,978	46,393	2,751,582	21,505	130,600	33,453,311	54,302	610,023	236,529	T	B
Seine-et-Oise	15,635	220,149	923,275	10,231	176,246	36,519,567	41,816	269,751	13,822,947	T	B
Sèvres (Deux-)	14,483	22,233	»	8,025	4,246	8,500,510	25,845	1,156	1,324	T	B
Somme	93,000	4,020	2,500,100	244,624	4,260	26,600,000	7,250	10,250	27,234	T	Q
Tarn	187,331	70,210	83,955	16,301	10,517	6,287,802	383,301	274	4,290	B	T
Tarn-et-Garonne	32,570	40,231	52,750	2,290	1,400	7,020,471	40,870	1,520	100	B	T
Var	200	1,416	»	3,010	30,846	1,558,412	23,898	43,605	409,312	B	T
Vaucluse	40,232	20,040	6,400	226	1,110,060	2,374,152	447,158	185,920	812,628	B	T
Vendée	93,000	»	»	95,000	100,000	12,000,000	50,000	10,000	82,000	B	T
Vienne	10,000	1,000	10,000	»	»	12,330,000	»	2,000	5,000	B	T
Vienne (Haute-)	89,963	6,009	15,978	20,351	1,430,259	10,239,219	120,764	47,312	115,731	B	T
Vosges	1,883	67,280	110	136,550	450	11,635,978	937	71	251	T	B
Yonne	8,235	65,000	297,800	4,362	10,585	22,895,000	403,000	16,530	1,858	T	B
Totaux et moyennes	17,232,201	3,716,219	48,146,750	8,706,019	21,250,079	1,069,598,830	25,150,906	3,778,266	27,116,997	46 T 36 B 5 Q	30 T 27 B 21 Q
								30,895,263		87	

II

STATISTIQUE AGRICOLE

DE

LA HOLLANDE

RÉSUMÉS GÉNÉRAUX PAR PROVINCE

Tableau N° 1. — ÉTENDUE DU TERRITOIRE AGRICOLE PAR NATURE DE CULTURE.

(EN HECTARES.)

		Brabant septentrional.	Gueldre.	Hollande méridionale.	Hollande septentrionale.	Zélande.	Utrecht.	Frise.	Over-Yssel.	Groningue.	Drenthe.	Limbourg.	Le Royaume.
Terres labourables.	Céréales et farineux	121,036	111,211	47,317	21,189	61,728	24,110	41,257	56,151	85,810	37,219	78,003	639,0[illegible]9
	Cultures potagères et maraîchères (Jardins)	3,991	5,041	4,000	2,136	1,201	568	2,249	1,000	1,635	.	1,919	21,339
	Cultures industrielles	11,300	6,471	8,393	5,301	13,492	495	9,702	998	8,777	159	1,562	66,719
	Prairies artificielles	57,336	42,753	8,580	2,862	11,551	4,636	3,518	16,645	12,725	4,083	19,095	183,850
	Jachères mortes	893	3,303	6,920	.	7,106	800	551	.	2,123	114	333	22,297
	Total	191,565	169,332	75,210	34,498	95,108	30,691	57,307	74,797	111,070	41,575	101,912	936,211
Autres terrains productifs.	Prairies naturelles	102,833	140,093	146,000	151,966	39,000	58,698	196,426	103,891	61,575	61,161	24,147	1,086,248
	Vergers et pépinières	1,449	4,578	1,613	1,011	1,063	1,407	858	450	1,000	.	6,339	19,761
	Vignes	.	.	.	.	.	.	.	.	.	.	.	.
	Bois et forêts	48,537	71,360	15,000	6,863	4,300	15,914	6,558	15,177	650	5,500	24,318	211,177
	Total	152,811	216,501	162,613	159,843	44,353	75,919	203,812	119,521	63,225	66,661	54,804	1,320,486
	Total du terrain productif	347,379	385,943	237,850	194,811	139,521	106,043	261,119	194,318	174,295	108,236	156,716	2,256,703
Terres incultes		151,251	126,934	13,000	27,843	12,400	14,829	35,341	114,828	33,000	100,030	57,058	687,090
	Total du territoire agricole	498,633	512,877	250,850	222,181	151,921	121,472	296,493	309,146	207,295	208,236	211,374	2,993,790
Territoire général du royaume		517,774	508,813	301,756	271,638	176,500	138,420	327,191	331,303	229,268	266,262	220,111	3,287,281

TERRITOIRE AGRICOLE

DÉDUCTION FAITE DES TERRAINS ENSEMENCÉS DEUX FOIS, ET DES TERRES INCULTES.

	Brabant septentrional.	Gueldre.	Hollande méridionale.	Hollande septentrionale.	Zélande.	Utrecht.	Frise.	Over-Yssel.	Groningue.	Drenthe.	Limbourg.	Le Royaume.
Terrains ensemencés deux fois	11,428	32,510	086	816	1,000	3,061	1,086	320	2,030	3,123	7,417	67,093
Report des terres incultes	151,254	126,934	13,000	27,813	12,400	11,829	35,341	114,828	33,000	100,000	57,658	687,090
Total	165,082	160,450	13,006	28,659	13,400	17,803	36,130	115,148	35,030	103,123	65,075	751,136
Territoire agricole en exploitation	332,051	353,427	237,163	193,525	138,521	103,570	260,063	191,298	171,865	105,113	150,299	2,239,601

Tableau N° 2. — PRODUIT DES CULTURES.

I. CÉRÉALES ET FARINEUX ALIMENTAIRES.

			Brabant septentrional.	Gueldre.	Hollande méridionale.	Hollande septentrionale.	Zélande.	Utrecht.	Frise.	Over-Yssel.	Groningue.	Drenthe.	Limbourg.	Le Royaume — Année moyenne.	Le Royaume — 187[illegible].
Superficie ensemencée (en hectares).	Céréales	Froment	8,720	12,157	12,[illegible]	[illegible]	10,121	4,020	3,161	586	7,701	3	11,293	83,910	
		Seigle	47,950	38,998	2,[illegible]	3,117	3,512	5,113	7,370	24,931	11,516	17,910	31,853	197,401	
		Orge	3,251	2,516	4,[illegible]	2,817	9,316	116	3,137	1,125	15,135	316	2,573	46,5[illegible]	
		Avoine	18,938	12,319	8,771	5,737	5,517	1,719	4,815	3,774	27,263	2,290	12,767	107,163	
		Sarrasin	15,260	11,274	[illegible]	707	337	5,325	5,671	8,630	2 531	8,501	4,751	63,298	
		Totaux	91,523	80,471	27,[illegible]	15,[illegible]	38,758	11,531	21,711	43,351	63,293	19,050	65,531	500,310	
	Farineux	Légumes secs	4,701	4,318	6,73[illegible]	3,171	16,708	1,159	3,116	1,019	10,389	584	2,791	55,150	
		Pommes de terre	21,744	26,422	13,[illegible]	5,915	5,559	6,418	13,097	11,771	12,218	7,635	10,319	133,510	
		Totaux	26,508	30,740	19,[illegible]	8,717	22,265	7,577	16,513	12,791	22,607	8,109	13,110	188,670	
Rendement moyen par hectare (en hectolitres).	Céréales	Froment	21,1	17,5	[illegible]	21,7	21,1	17,7	26,1	19,6	23,7	20,7	18,9	21,8	21,9
		Seigle	15,8	19,8	[illegible]	19,9	22,9	15,5	22,1	15,9	20,4	17,8	15,0	16,7	11,5
		Orge	31,1	23,7	[illegible]	31,5	30,2	23,0	30,5	21,7	41,9	20,6	22,7	27,7	30,4
		Avoine	35,9	30,9	[illegible]	40,8	39,3	21,2	39,3	23,7	48,1	27,4	30,0	33,9	37,6
		Sarrasin	18,8	18,1	11,[illegible]	17,7	19,7	15,9	18,9	13,5	14,7	13,3	15,9	17,9	1[illegible],5
	Farineux	Légumes secs	23,8	24,2	[illegible]	30,1	22,7	17,1	20,9	17,0	20,2	17,4	11,0	21,9	21,7
		Pommes de terre	121	112	1[illegible]	121	118	117	112	119	133	170	115	120,7	132,5
Production totale (en hectolitres).	Céréales	Froment	183,992	217,997	297,[illegible]	[illegible]	[illegible]	59,091	91,176	11,094	182,561	60	270,031	1,971,130	1,815,895
		Seigle	702,518	653,634	47,72[illegible]	61,018	81,112	81,204	162,877	400,031	211,526	292,122	477,753	3,300,891	2,837,313
		Orge	101,216	59,629	178,14[illegible]	91,153	284,787	3,041	134,906	30,133	631,156	8,072	53,339	1,[illegible]	1,656,930
		Avoine	679,874	380,647	380,[illegible]	235,161	217,097	42,223	198,801	89,144	1,311,601	61,788	383,019	3,081,353	3,917,132
		Sarrasin	289,523	202,642	[illegible]	11,129	6,639	83,322	107,182	112,874	36,903	113,033	60,290	1,127,535	930,141
		Totaux	2,023,158	1,574,619	906,5[illegible]	475,137	1,181,187	271,117	691,971	788,917	2,370,712	470,003	1,258,403	11,071,912	11,215,193
	Farineux	Légumes secs	111,001	104,196	101,6[illegible]	100,020	372,514	20,177	101,797	17,371	272,192	9,191	29,071	1,312,615	1,302,332
		Pommes de terre	2,631,024	3,751,924	2,010,[illegible]	707,115	837,532	9[illegible]8,146	1,650,771	1,0[illegible]9,332	2,985,791	1,221,000	1,193,135	18,711,163	17,630,127
		Totaux	2,742,025	3,856,120	2,211,[illegible]	807,135	1,[illegible]10,076	9[illegible]3,613	1,9[illegible]1,571	1,107,703	2,[illegible]6[illegible],636	1,230,191	1,2[illegible]9,300	20,126,778	19,031,759

TABLEAU N° 2. (*Suite.*) — PRODUIT DES CULTURES.

II. PRINCIPALES CULTURES INDUSTRIELLES (PLANTES OLÉAGINEUSES, TEXTILES, ETC.).

			BRABANT septentrional.	GUELDRE.	HOLLANDE méridionale.	HOLLANDE septentrionale.	ZÉLANDE.	UTRECHT.	FRISE.	OVER-YSSEL.	GRONINGUE.	DRENTHE.	LIMBOURG.	LE ROYAUME. 1873.	LE ROYAUME. Année moyenne.
SUPERFICIE CULTIVÉE (en hectares).	Cultures oléagineuses.	Colza	1,728	962	2,34[illegible]	367	3,309	2[illegible]4	1,753	253	5,914	6	290	17,270	
		Œillette et autres	272	53	7	1,674	16	»	179	185	386	81	297	3,159	
		Chènevis	53	11	1,026	1	»	9	»	8	»	»	11	1,119	
		Lin	4,090	515	2,263	1,925	4,034	»	6,539	438	2,343	40	667	21,874	
	Plantes textiles.	Chanvre	»	»	»	»	»	»	»	»	»	»	»	[1]	
		Lin	»	»	»	»	»	»	»	»	»	»	»	[1]	
	Autres plantes industrielles.	Betteraves à sucre	4,278	3,456	2,234	150	3,056	112	»	111	»	2	250	14,630	
		Houblon	165	30	»	»	1	»	»	»	»	»	0	211	
		Tabac	3	1,407	»	»	»	169	»	»		»	1	1,590	
		Garance	384	»	426	215	2,011	»	»	»	»	»	»	3,006	
		Chicorée	63	»	1	»	»	»	1,936	3	131	21	7	2,169	
			10,066	6,470	8,371	4,352	13,467	494	9,373	996	8,717	150	1,569	65,000[2]	
RENDEMENT MOYEN par hectare.	Cultures oléagineuses (*hectolitres*).	Colza	23,0	21,8	25,7	27,2	27,1	17,6	26,1	13,9	24,7	26,0	17,6	21,9	20,6
		Œillette et autres	11,3	13,5	22,1	20,8	19,4	»	20,7	7,8	17,0	7,5	9,9	17,2	17,2
		Chènevis	7,4	6,8	13,5	8,0	»	12,0	»	13,0	»	»	7,4	13,1	13,5
		Lin	8,4	5,0	7,1	5,4	5,5	»	12,3	4,0	15,0	8,5	9,4	9,1	9,7
	Plantes textiles (*quintaux métriques*).	Chanvre	5,2	5,0	8,3	6,5	»	5,0	»	6,0	»	»	2,9	8,0	8,5
		Lin	3,7	3,5	3,5	5,5	4,1	»	6,3	3,3	7,0	3,5	2,7	5,0	5,5
	Autres cultures industrielles (*quintaux métriques*).	Betteraves à sucre	300,4	300,2	249,4	193,0	256,1	179,9	»	350,0	»	150,0	238,3	292,0	295,0
		Houblon	14,6	11,4	»	»	13,5	»	»	»	»	»	14,4	14,5	10,4
		Tabac	18,1	23,9	»	»	»	16,4	»	»	»	»	30,7	23,3	20,3
		Garance	18,4	»	20,2	18,7	22,0	»	»	»	»	»	»	21,5	22,3
		Chicorée	33,3	»	230,0	»	»	»	211,6	120,0	145,3	168,1	140,1	203,0	166,0
PRODUCTION TOTALE.	Cultures oléagineuses (*hectolitres*).	Colza	39,795	20,930	61,223	9,964	93,243	3,581	46,877	3,597	146,100	136	5,000	480,001	355,762
		Œillette et autres	3,060	718	159	34,878	311	»	3,707	1,345	6,779	612	2,776	54,300	51,150
		Chènevis	388	70	14,237	8	»	114	»	107	»	»	81	15,011	13,106
		Lin	31,240	2,596	16,121	10,404	22,318	»	63,013	1,758	35,145	416	6,258	193,307	212,178
			77,512	24,326	91,731	56,249	116,372	3,696	113,727	6,734	188,024	1,181	14,211	697,708	637,226
	Plantes textiles (*quintaux métriques*).	Chanvre	274	56	8,50[illegible]	6	»	47	»	40	»	»	31	8,972	9,511
		Lin	15,059	1,795	8,15[illegible]	10,500	16,021	»	34,638	1,468	17,011	173	1,770	108,454	122,404
			15,333	1,851	16,6[illegible]	10,506	16,021	47	34,638	1,517	17,011	173	1,801	117,426	132,005
	Autres cultures industrielles (*quintaux métriques*).	Betteraves à sucre	1,285,245	1,016,928	652,1[illegible]	28,703	1,131,094	20,043	»	39,690	»	300	66,896	4,279,938	4,315,850
		Houblon	2,411	523	»	»	2	»	»	»	»	»	153	3,071	2,191
		Tabac	61	33,648	»	»	»	3,110	»	»	»	»	19	36,830	32,074
		Garance	6,128	»	8,6[illegible]	4,632	45,382	»	»	»	»	»	»	61,752	67,034
		Chicorée	17,805	»	1,2[illegible]	»	»	»	409,800	300	19,475	3,539	1,011	439,704	360,051
			1,303,150	1,051,094	662,31[illegible]	34,332	1,177,678	23,164	409,800	39,990	19,475	3,839	68,031	4,817,351	4,717,206

[1] Voir pour la superficie le chènevis et le lin.

[2] (Non compris les canaris pour 706 hectares, et l'épicéa pour 1,004 hectares (en tout 1,710 hectares).

Tableau N° 3. — ANIMAUX DOMESTIQUES. — RUCHES D'ABEILLES.

OUTILLAGE AGRICOLE. — ANIMAUX DE LABOUR.

		Brabant.	Gueldre.	Hollande méridionale.	Hollande septentrionale.	Zélande.	Utrecht.	Frise.	Over-Yssel.	Groningue.	Drenthe.	Limbourg.	Le royaume.
Espèce chevaline.	Poulains et pouliches	4,997	6,519	5,278	1,981	4,241	2,081	3,112	2,746	4,911	2,251	2,773	40,%8
	Étalons	41	153	173	51	63	45	54	40	49	27		700
	Autres (entiers et hongres)	22,507	21,255	28,287	17,276	16,566	7,630	17,449	12,331	21,856	7,998	9,676	132,819
	Juments	3,103	5,381	2,915	1,476	2,915	2,177	2,001	1,610	2,508	1,823	2,017	29,030
	Total	30,618	33,310	37,033	10,697	23,787	11,942	22,616	16,730	29,414	12,090	14,517	258,393
Espèces asine et mulassière		220	1,130	632	517	274	295	43	91	49	9	106	3,166
Espèce bovine.	Veaux pour engrais	19,218	5,622	3,183	.	2,858	757	.	.	.	1,183	5,017	37,916
	Bouvillons, taurillons	61,279	75,068	47,671	81,535	25,131	20,388	51,003	38,136	40,019	23,060	20,097	431,536
	Vaches et bœufs pour engrais	9,051	12,993	11,432	4,372	4,042	1,057	5,389	2,747	7,070	910	1,611	61,187
	Taureaux	906	1,810	3,901	1,425	754	1,077	3,563	1,785	1,090	357	583	17,650
	Bœufs de labour	4,280	1,801	.	.	76	29	1	1,349	.	7	2,590	10,226
	Vaches laitières	102,932	95,910	142,879	105,533	27,456	59,593	145,712	83,793	54,063	38,509	47,041	909,433
	Total	197,663	192,712	209,072	145,990	60,319	82,816	205,671	128,107	101,039	66,023	76,939	1,469,967
Espèce ovine		43,147	71,114	57,190	218,297	32,256	31,480	121,517	39,605	88,292	127,706	56,193	898,715
Espèce porcine.	Cochons de lait	42,499	68,310	18,901	10,000	10,806	11,390	13,821	21,781	18,381	11,131	38,081	263,746
	Adultes	52,191	85,010	31,143	18,457	21,248	23,276	11,422	28,691	19,661	22,081	37,075	357,253
	Total	91,690	153,390	50,047	24,457	32,051	34,666	25,243	50,475	33,038	33,215	75,750	611,001
Espèce caprine		39,766	44,400	11,022	6,371	5,310	7,611	1,672	9,453	3,256	5,763	11,486	116,109
Ruches d'abeilles		56,512	37,292	1,692	5,196	.	13,898	17,028	25,333	15,361	27,702	22,123	222,435

OUTILLAGE AGRICOLE.

		Nombre.	Force en chevaux.
Nombre et force en chevaux des machines à vapeur employées pour	le dessèchement des polders	25	6,419
	les exploitations agricoles	73	324
	dans les fabriques transformant des produits agricoles	417	4,622
		515	11,365
Nombre de chaudières		983	

ANIMAUX DE LABOUR.

Chevaux	168,000
Bœufs	10,580

Nota. — L'assolement le plus répandu est le *triennal*.

III

DOCUMENTS AGRICOLES

RELATIFS AUX DIVERS

ÉTATS DE L'EUROPE

Tableau N° 1. — ÉTENDUE DU TERRITOIRE AGRICOLE, PAR NATURE DE CULTURE.

(EN HECTARES.)

DÉSIGNATION des ÉTATS.	TERRITOIRE PRODUCTIF. — TERRES LABOURABLES.						TERRITOIRE PRODUCTIF. — AUTRES TERRAINS PRODUCTIFS.				TOTAL du territoire productif.	TERRES incultes.	TOTAL du territoire agricole.	ÉTENDUE TOTALE du territoire de chaque État.
	Céréales et farineux.	Cultures potagères et maraîchères.	Cultures industrielles.	Prairies artificielles et fourrages annuels.	Jachères mortes.	TOTAL.	Prairies naturelles et pacages, vergers, etc.	Vignes.	Bois et forêts.	TOTAL.				
Grande-Bretagne (et îles)	4,052,600	15,300	31,000	3,026,500	236,300	7,412,600	5,200,000	»	885,100	6,184,100	13,596,700	5,476,483	19,063,183	23,068,838
Irlande	1,117,000	—	52,400	938,500	5,890	2,168,290	4,217,300	»	100,080	4,317,380	6,485,670	1,000,000	7,485,670	8,421,900
Danemark	1,110,878	6,615	9,566	26,465	237,575	1,390,039	1,043,382	»	176,024	1,219,406	2,609,445	161,717	2,771,162	3,823,678
Norvège	213,600	2,000	—	400,000	20,000	635,600	600,000	»	7,500,000	8,100,000	8,735,600	22,500,000	31,235,600	31,665,000
Suède	1,443,000	37,900	22,400	700,000	329,000	2,532,300	1,986,200	»	17,137,000	19,123,200	21,655,500	20,030,000	41,685,500	44,700,300
Finlande	492,400	15,000	11,300	10,000	250,000	781,700	1,880,000	»	20,700,000	22,580,000	23,361,700	10,400,000	33,761,700	36,871,700
Autriche*	7,507,766	126,608	32,348	1,300,597	46,202	9,013,521	8,112,867	223,909	9,395,835	17,762,111	26,775,932	2,000,000	28,775,932	30,019,000
Hongrie	8,469,530	—	334,929	318,453	2,294,364	11,317,276	8,006,647	425,109	8,539,483	16,970,232	28,287,508	3,225,421	31,512,929	32,385,400
Bavière	2,117,853	70,298	83,141	356,681	474,459	3,102,427	1,451,920	23,164	2,377,429	3,854,513	6,956,940	438,945	7,395,885	7,854,880
Saxe-Royale	477,519	20,806	20,567	195,096	40,000	754,018	212,097	1,708	418,124	631,929	1.385,977	60,000	1,445,977	1,493,956
Wurtemberg	592,076	7,711	36,452	122,582	88,380	847,231	381,404	17,999	604,918	1,004,402	1,851,633	27,293	1,878,926	1,948,900
Bade	381,840	7,000	29,760	171,000	14,000	606,000	248,000	21,000	510,000	803,000	1,409,000	30,000	1,445,000[1]	1,527,400
Hesse-Darmstadt	261,292	3,407	39,867	107,403	10,361	422,330	110,002	9,775	259,960	379,761	782,094	31,360	816,454	848,700
Saxe-Weimar	132,244	305	2,470	27,649	39,011	201,709	33,908	162	92,317	126,387	328,186	22,383	350,569	356,100
Saxe-Altenbourg	57,286	3,680	3,643	11,045	1,469	77,123	10,692	»	37,967	48,659	125,782	2,506	128,288	132,151
Hollande	639,909	21,330	65,719	188,859	22,397	936,214	1,106,009	»	211,477	1,320,486	2,306,700	687,090	2,993,790[2]	3,287,281
Belgique	1,162,797	62,176	115,017	195,160	53,892	1,589,051	365,801	290	446,130	812,224	2,401,275	262,477	2,663,752	2,945,600
France	16,997,752	474,061	812,678	3,089,961	4,863,229	26,207,677	7,355,316	2,589,716	8,357,066	18,295,128	44,502,805	4,423,808	49,016,603	52,904,974
Portugal*	1,056,852	50,000	75,000	10,000	650,000	1,841,852	1,776,000	204,000	630,000	2,610,000	4,451,852	3,380,148	7,832,000	8,962,529
Roumanie	3,023,078	182,197	97,930	—	200,000	3,503,205	2,514,211	132,081	2,014,928	4,661,221	8,164,426	3,787,183	11,951,609	12,097,300

Nota. — Les États marqués d'un astérisque, dans ce tableau et ceux qui suivent, n'ont pas répondu au questionnaire international. On a dû y suppléer à l'aide de chiffres recueillis dans des publications officielles.

[1] Y compris 55,000 hectares ayant fourni deux récoltes dans l'année.

[2] Y compris 67,000 hectares ayant fourni deux récoltes dans l'année.

Tableau N° 2. — PRODUIT DES CULTURES.

I. CÉRÉALES ET FARINEUX ALIMENTAIRES. A) Étendue ensemencée.

DÉSIGNATION DES ÉTATS.	DATES des ENQUÊTES	POPULATION.	SUPERFICIE TOTALE du territoire.	CÉRÉALES. FROMENT et épeautre.	MÉTEIL.	SEIGLE.	ORGE.	AVOINE.	MAÏS.	SARRASIN.	MILLET et menus grains.	TOTAL.	FARINEUX ALIMENTAIRES. LÉGUMES SECS.	POMMES de terre.	TOTAL.
			hectares.	hectares.	hectares.	hectares.	hectares.	hectares.	hectares.	hectares.	hectares.	hectares.	hectares[4].	hectares.	hectares.
1. Grande-Bretagne	1873	26,787,337	23,318,900	1,117,200	»	20,000	948,400	1,038,000	»	»	»	3,474,500	356,700	211,400	574,100
2. Irlande	1873	5,337,261	8,421,900	68,200	»	8,400	93,500	811,100	»	»	»	778,200	5,200	365,600	370,800
3. Danemark	1871	1,784,741	3,823,678	56,986	»	247,837	301,378	370,827	»	10,910	32,620	1,002,467	35,465	42,946	78,411
4. Norvège	1873	1,763,000	31,836,200	4,300	»	13,300	50,000	93,000	»	»	20,000	178,100	3,800	31,700	35,500
5. Suède	1872	4,297,972	44,709,300	—[1]	—	—	—	—	—	—	—	1,215,800[2]	51,000	143,900	197,300
6. Russie*	1870	71,730,880	513,492,300	—	—	—	—	—	—	—	—	—[3]	—	—	—[3]
7. Finlande	1870	1,832,000	37,735,300	2,000	»	265,000	110,000	90,000	»	400	5,000	472,400	»	20,000	20,000
8. Autriche*	1871	20,394,980	30,019,090	981,313	»	1,986,232	1,071,780	1,874,210	206,524	237,300	54,490	6,451,000	198,097	857,730	1,055,827
9. Hongrie	1873	15,509,455	32,885,300	2,234,018	250,010	1,419,714	986,707	1,175,700	1,709,768	51,000	81,009	7,954,011	43,951	371,508	415,459
10. Suisse*	1863	2,669,147	4,141,800	—	—	—	—	—	—	—	—	—[3]	—	—	—[3]
11. Allemagne. Prusse*	1867	24,056,078	34,716,700	1,093,048	»	4,075,305	1,358,431	2,716,589	»	»	»	9,848,381[3]	—	—	—[3]
12. Allemagne. Bavière	1863	4,852,026	7,881,580	Fr. 280,255 Ép. 139,032	»	533,450	338,863	451,758	768	1,623	3,202	1,806,976	49,001	261,276	310,277
13. Allemagne. Saxe-Royale	1873	2,556,244	1,498,856	80,049	»	188,872	71,344	34,884	»	6,935	»	382,081	6,935	88,500	95,435
14. Allemagne. Wurtemberg	1873	1,818,539	1,918,900	Fr. 19,912 Ép. 197,000	19,812	40,871	97,329	130,136	1,784	150	31	507,061	10,917	74,095	85,012
15. Allemagne. Bade	1873	1,461,562	1,527,400	111,000	20,000	42,000	69,000	53,000	3,000	800	10,010	301,640	3,200	80,000	83,200
16. Allemagne. Hesse-Darmstadt	1873	852,894	883,700	48,863	4,014	58,079	54,802	36,704	181	694	301	204,188	9,546	47,558	57,104
17. Allemagne. Saxe-Weimar	1873	286,183	360,400	18,610	»	34,397	27,811	29,820	»	»	»	110,447	4,942	16,855	21,797
18. Allemagne. Saxe-Altenbourg	1873	141,122	132,151	5,760	»	18,044	8,928	14,580	»	»	»	47,282	2,160	7,844	10,004
19. Hollande	1873	3,716,002	3,267,281	86,910	»	197,403	45,531	104,108	»	66,208	»	500,340	55,159	133,510	188,669
20. Belgique	1873	5,253,821	2,945,600	317,884	35,437	258,960	43,618	239,744	»	21,485	»	967,134	24,264	171,398	195,662
21. France	1873	36,102,921	52,904,874	6,966,419	503,178	1,912,601	1,118,071	3,182,456	605,983	677,626	49,984	15,016,328	322,681	1,176,495	1,499,177[5]
22. Portugal*	1865	4,011,908	9,108,700	250,333	»	399,815	60,967	11,991	311,350	»	»	1,043,515	»	13,337	13,337
23. Espagne*	1857	16,262,429	50,703,600	2,053,909	»	1,198,580	1,287,702	»	619,820[1]	»	»	6,065,020	»	205,601	206,601
24. Italie*	—	26,801,151	25,932,000	—	—	—	—	—	—	—	—	—[3]	—	—	—[3]
25. Grèce et Îles Ioniennes*	1867	1,457,894	4,701,500	152,378	»	4,376	47,030	4,146	73,249	9,270	52,158	313,212	»	162	162
26. Turquie d'Europe*	1863	8,700,000	36,403,700	—	—	—	—	—	—	—	—	—[3]	—	—	—[3]
27. Serbie*	1866	1,338,505	4,355,500	—	—	—	—	—	—	—	—	—[3]	—	—	—[3]
28. Roumanie	1873	4,500,000	12,097,300	992,106	»	103,721	354,023	99,212	1,278,093	4,591	93,030	2,932,408	102,000	670	100,670

[1] Le signe — indique que le renseignement n'a pas été fourni. — [2] Répartition non indiquée. — [3] État n'ayant transmis aucun renseignement. — [4] Y compris les fèves et les pois. — [5] Non compris 432,217 hectares de châtaigniers.

TABLEAU N° 2. (*Suite.*) — PRODUIT DES CULTURES.

I. — CÉRÉALES ET FARINEUX ALIMENTAIRES. — a) Semence et rendement moyen par hectare.

DÉSIGNATION DES ÉTATS.	DATES DES ENQUÊTES.	SEMENCE PAR HECTARE (année moyenne). Céréales. Froment et épeautre.	Méteil.	Seigle.	Orge.	Avoine.	Maïs.	Sarrasin.	Millet et menus grains.	Farineux alimentaires. Légumes secs.	Pommes de terre.	RENDEMENT MOYEN PAR HECTARE. Céréales. Froment et épeautre. Année de l'enquête.	Froment et épeautre. Année moyenne.
		hectol.	hectol.	hectol.	hectol.	hectol.	hectol.	hectol.	hectol.	hectol.	hectol.	hectol.	hectol.
1. Grande-Bretagne	1873	—	—	—	—	—	—	—	—	—	—	—	26,1
2. Irlande	1873	—	—	—	—	—	—	—	—	—	—	20,0	—
3. Danemark	1871	2,5	·	2,5	2,6	3,7	·	1,3	3,1	2,8	15,0	—	17,0
4. Norvège	1873	2,8	·	2,1	3,8	5,9	·	·	4,8	3,2	31,0	—	20,1
5. Suède	1872	—	—	—	—	—	—	—	—	—	—	—	..
6. Russie*	1870	—	—	—	—	—	—	—	—	—	—	—	—
7. Finlande	1870	2,9	·	2,2	3,3	4,2	·	0,6	5,0	—	23,3	9,5	15,5
8. Autriche*	1871	—	—	—	—	—	—	—	—	—	—	12,6	—
9. Hongrie	1873	1,2	1,2	1,2	1,5	1,9	0,2	1,2	0,3	1,4	9,2	—	11,0
10. Suisse*	1866	—	—	—	—	—	—	—	—	—	—	—	—
11. Allemagne : Prusse*	1867	—	—	—	—	—	—	—	—	—	—	15,8	—
12. Allemagne : Bavière	1863	fr. 2,06 ép. 4,05	·	2,7	2,9	4,0	·	·	·	2,3	—	fr. 25,4 ép. 14,7	..
13. Allemagne : Saxe-Royale	1873	2,08	·	2,8	2,8	4,0	·	1,5	·	2,8	22,5	—	23,5
14. Allemagne : Wurtemberg	1873	—	—	—	—	—	—	—	—	—	—	fr. 10,0 ép. 12,0	14,5 26,9
15. Allemagne : Bade	1873	—	—	—	—	—	—	—	—	—	—	13,8	14,7
16. Allemagne : Hesse-Darmstadt	1873	—	—	—	—	—	—	—	—	—	—	17,0	34,0
17. Allemagne : Saxe-Weimar	1873	2,5	·	2,4	2,7	3,6	·	·	·	2,5	15,0	13,0	15,0
18. Allemagne : Saxe-Altenbourg	1872	2,3	·	2,0	2,6	3,5	·	·	·	2,3	12,0	26,0	25,0
19. Hollande	1873	—	—	—	—	—	—	—	—	—	—	21,2	21,6
20. Belgique	1873	—	—	—	—	—	—	—	—	—	—	25,0	24,3
21. France	1873	2,2	2,1	2,1	2,1	2,4	0,7	0,9	0,4	1,8	12,9	12,0	14,9
22. Portugal*	1865	—	—	—	—	—	—	—	—	—	—	8,5	11,5
23. Espagne*	1857	—	—	—	—	—	—	—	—	—	—	14,0	—
24. Italie*	—	—	—	—	—	—	—	—	—	—	—	—	—
25. Grèce et Îles Ioniennes*	1867	—	—	—	—	—	—	—	—	—	—	11,8	—
26. Turquie d'Europe*	1863	—	—	—	—	—	—	—	—	—	—	—	..
27. Serbie*	1868	—	—	—	—	—	—	—	—	—	—	—	—
28. Roumanie	1873	2,5	·	2,5	3,0	3,0	0,3	0,9	0,3	0,5	27,0	—	12,0

DÉSIGNATION DES ÉTATS.	RENDEMENT MOYEN PAR HECTARE. Céréales. Méteil. Année de l'enquête.	Méteil. Année moyenne.	Seigle. Année de l'enquête.	Seigle. Année moyenne.	Orge. Année de l'enquête.	Orge. Année moyenne.	Avoine. Année de l'enquête.	Avoine. Année moyenne.	Maïs. Année de l'enquête.	Maïs. Année moyenne.	Sarrasin. Année de l'enquête.	Sarrasin. Année moyenne.	Millet et menus grains. Année de l'enquête.	Millet et menus grains. Année moyenne.	Farineux alimentaires. Légumes secs. Année de l'enquête.	Légumes secs. Année moyenne.	Pommes de terre. Année de l'enquête.	Pommes de terre. Année moyenne.
	hectol.	hectol.	hectol.	hectol.	hectol.	hectol.	hectol.	hectol.	hectol.	hectol.	hectol.	hectol.	hectol.	hectol.	hectol.	hectol.	hectol.	hectol.
1. Grande-Bretagne	—	·	—	30,0	—	34,0	—	40,0	—	·	—	·	—	·	—	27,0	—	144,0
2. Irlande	·	—	18,5	—	31,6	—	33,5	—	·	—	·	—	·	—	24,0	—	120,0	—
3. Danemark	—	·	—	18,0	—	20,0	—	26,0	—	·	—	11,0	—	28,0	—	14,0	—	120,0
4. Norvège	—	·	—	21,9	—	26,8	—	33,8	—	·	—	·	—	32,5	—	16,7	—	209,5
5. Suède	—	—	—	—	—	—	—	—	—	—	—	—	—	—	10,3	17,0	101,8	110,0
6. Russie*	—	—	—	—	—	—	—	—	—	—	—	—	—	—	—	—	—	—
7. Finlande	·	·	12,0	15,2	16,0	19,9	19,0	19,6	·	·	16,5	16,5	19,0	10,0	·	·	126,5	175,0
8. Autriche*	·	—	13,2	—	15,2	—	17,2	—	13,6	—	12,1	—	12,0	—	16,0	—	73,3	—
9. Hongrie	—	14,0	—	16,2	—	12,6	—	12,4	—	14,9	—	9,0	—	14,6	—	14,0	—	120,0
10. Suisse*	—	—	—	—	—	—	—	—	—	—	—	—	—	—	—	—	—	—
11. Allemagne : Prusse*	·	—	15,0	—	22,5	—	20,5	—	·	—	·	—	·	—	15,7	—	—	—
12. Allemagne : Bavière	·	—	14,7	—	18,2	—	20,2	—	22,4	—	10,8	—	15,0	—	13,8	—	92,1	—
13. Allemagne : Saxe-Royale	—	·	—	22,9	—	28,7	—	40,1	—	·	—	15,0	—	·	—	16,7	—	174,9
14. Allemagne : Wurtemberg	12,6	14,0	14,1	16,0	10,4	21,3	25,1	25,9	16,1	10,0	13,0	15,0	13,0	15,0	12,0	—	91,4	—
15. Allemagne : Bade	11,6	14,2	10,0	14,7	19,0	22,5	21,2	22,2	19,1	19,3	14,2	16,2	20,1	14,0	—	12,9	—	90,0
16. Allemagne : Hesse-Darmstadt	17,0	23,4	13,5	18,7	20,8	23,4	26,2	27,0	15,9	17,7	11,4	12,8	28,1	13,6	14,0	—	113,0	—
17. Allemagne : Saxe-Weimar	·	·	16,0	18,0	20,0	25,5	22,5	30,0	·	·	·	·	·	·	12,0	13,5	110,0	150,0
18. Allemagne : Saxe-Altenbourg	·	·	23,0	23,0	35,0	33,0	48,0	45,0	·	·	·	·	·	·	15,0	18,0	150,0	120,0
19. Hollande	·	·	14,5	16,7	36,4	37,0	37,6	38,2	·	·	14,5	17,0	·	·	21,7	21,3	132,5	140,7
20. Belgique	20,2	20,2	16,8	22,1	28,8	30,6	33,4	37,0	·	·	17,5	21,7	·	·	21,4	21,3	167,0	125,0
21. France	12,5	15,4	12,9	13,8	16,7	18,1	21,3	22,1	14,7	16,0	14,4	16,9	12,2	13,7	13,7	15,0	102,3	111,8
22. Portugal*	·	·	6,0	7,4	10,0	14,3	16,7	16,0	17,9	13,5	·	·	·	·	·	·	·	100,0
23. Espagne*	·	—	7,5	—	16,0	—	·	—	14,0	—	·	—	·	—	·	—	110,0	—
24. Italie*	—	—	—	—	—	—	—	—	—	—	—	—	—	—	—	—	—	—
25. Grèce et Îles Ioniennes*	·	—	10,0	—	16,9	—	17,0	—	15,6	—	10,0	—	10,0	—	·	—	40,0	—
26. Turquie d'Europe*	—	—	—	—	—	—	—	—	—	—	—	—	—	—	—	—	—	—
27. Serbie*	—	—	—	—	—	—	—	—	—	—	—	—	—	—	—	—	—	—
28. Roumanie	—	·	—	20,0	—	20,0	—	30,0	—	30,0	—	17,0	—	28,0	—	25,0	—	200,0

Tableau N° 2. (*Suite.*) — PRODUIT DES CULTURES.

CÉRÉALES. — Production totale.

DÉSIGNATION des ÉTATS.	DATES DES ENQUÊTES.	FROMENT ET ÉPEAUTRE. Année de l'enquête.	FROMENT ET ÉPEAUTRE. Année moyenne.	MÉTEIL. Année de l'enquête.	MÉTEIL. Année moyenne.	SEIGLE. Année de l'enquête.	SEIGLE. Année moyenne.	ORGE. Année de l'enquête.	ORGE. Année moyenne.	AVOINE. Année de l'enquête.	AVOINE. Année moyenne.	MAÏS. Année de l'enquête.	MAÏS. Année moyenne.	SARRASIN. Année de l'enquête.	SARRASIN. Année moyenne.	MILLET ET MENUS GRAINS. Année de l'enquête.	MILLET ET MENUS GRAINS. Année moyenne.	TOTAL. Année de l'enquête.	TOTAL. Année moyenne.
		hectol.	hectol.	hectol.	hectol.	hectol.	hectol.	hectol.	hectol.	hectol.	hectol.	hectol.	hectol.	hectol.	hectol.	hectol.	hectol.	hectol.	hectol.
Grande-Bretagne	1873	—	36,847,200	—	»	—	627,00[illegible]	—	32,245,600	—	43,320,000	—	»	—	»	—	»	—	113,238,800
Irlande	1873	1,361,000	—	»	—	62,000	—	2,951,600	—	20,105,100	—	»	—	»	—	»	—	24,480,000	—
Danemark	1871	—	906,722	—	»	—	3,231,28[illegible]	—	6,087,560	—	9,641,502	—	»	—	219,329	—	813,360	—	21,050,351
Norvège	1875	—	97,440	—	»	—	291,27[illegible]	—	1,815,000	—	3,042,000	—	»	—	»	—	659,000	—	5,396,710
Suède	1872	865,197	—	»	—	5,280,453	—	4,430,722	—	11,256,348	—	»	—	3,457	—	1,685,154	—	23,521,811	—
Russie*	1870	78,123,656	—	»	—	217,742,877	—	43,783,610	—	208,154,747	—	»	—	»	—	36,319,694	—	584,124,678	—
Finlande	1870	19,000	81,000	»	»	3,180,000	4,028,00[illegible]	1,750,000	2,180,000	1,710,000	1,764,000	»	»	6,600	6,600	50,000	50,000	6,725,600	8,088,600
Autriche*	1871	12,665,856	—	»	—	26,918,262	—	16,291,056	—	38,296,412	—	4,082,726	—	2,872,419	—	658,880	—	91,970,611	—
Hongrie	1873	—	24,574,253	—	3,581,221	—	22,909,3[illegible]	—	11,562,508	—	14,578,791	—	26,810,488	—	459,510	—	1,183,800	—	105,999,049
Suisse*	1868	758,000	—	»	—	3,060,000	—	501,000	—	1,872,000	—	»	—	»	—	»	—	6,192,000	—
Allemagne. Prusse*	1867	26,980,068	—	»	—	61,120,575	—	30,564,697	—	80,139,160	—	»	—	»	—	»	—	197,813,499	—
Allemagne. Bavière	1863	fr. 4,266,748 ép. 3,353,612	—	»	—	8,650,656	—	6,167,806	—	9,145,410	—	17,203	—	17,528	—	48,030	—	31,646,493	—
Allemagne. Saxe-Royale	1873	—	1,831,151	—	»	—	4,335,16[illegible]	—	2,047,573	—	1,398,818	—	»	—	104,025	—	»	—	9,750,705
Allemagne. Wurtemberg	1873	fr. 189,120 ép. 2,364,000	fr. 238,724 ép. 7,209,300	260,000	277,768	576,281	653,0[illegible]	1,888,183	2,078,107	3,206,414	3,370,522	28,728	34,966	2,087	2,865	408	405	3,575,190	13,971,123
Allemagne. Bade	1873	1,531,800	1,634,700	232,000	284,000	445,200	617,40[illegible]	1,178,600	1,457,000	1,123,600	1,176,600	57,800	57,900	8,620	9,720	201,804	140,560	4,778,824	5,874,880
Allemagne. Hesse-Darmstadt	1873	874,617	1,081,312	63,238	98,037	796,216	1,102,9[illegible]	1,120,475	1,272,773	901,514	891,008	3,878	32,037	7,911	8,846	10,144	6,714	3,842,153	6,160,244
Allemagne. Saxe-Weimar	1873	279,285	249,047	»	»	619,146	550,3[illegible]	701,080	552,220	804,600	670,050	»	»	»	»	»	»	2,497,111	2,015,560
Allemagne. Saxe-Altenbourg	1873	149,760	141,000	»	»	414,322	414,32[illegible]	312,480	294,624	670,690	656,100	»	»	»	»	»	»	1,547,242	1,509,046
Hollande	1873	1,845,805	1,874,136	»	»	2,867,346	2,300,90[illegible]	1,655,990	1,661,884	3,917,132	3,081,363	»	»	959,144	1,127,535	»	»	11,245,423	11,071,912
Belgique	1873	8,097,100	8,453,581	716,857	716,837	4,710,115	6,380,14[illegible]	1,250,198	1,351,741	7,073,140	8,500,528	»	»	375,112	405,130	»	»	28,428,841	25,856,914
France	1873	82,961,193	104,177,048	6,287,301	7,751,190	20,779,367	26,810,01[illegible]	18,732,927	20,251,521	67,801,995	70,328,405	8,018,352	9,676,826	9,722,257	11,448,280	612,031	687,917	216,806,823	250,638,374
Portugal*	1865	2,003,061	2,579,401	»	»	2,108,890	2,958,[illegible]21	900,670	1,000,528	200,299	191,904	5,573,272	4,208,806	»	»	»	»	10,875,195	11,288,775
Espagne*	1857	41,421,726	—	»	—	8,080,350	—	20,603,232	—	»	—	8,677,608	—	»	—	»	—	79,804,914	—
Italie*	1865	37,836,885	—	»	—	3,079,940	—	8,213,960 [1]	—	»	—	17,987,353	—	»	—	7,193,290	—	74,316,440	—
Grèce et Îles Ioniennes*	1867	1,798,060	—	»	—	43,760	—	805,048	—	70,452	—	1,142,084	—	82,700	—	521,580	—	4,474,814	—
Turquie d'Europe*	1868	14,400,000	—	»	—	3,600,000	—	9,000,000	—	1,080,000	—	10,800,000	—	»	—	riz 720,000	—	39,600,000	—
Serbie*	1863	1,440,000	—	»	—	180,000	—	1,030,000	—	180,000	—	1,800,000	—	360,000	—	»	—	5,010,000	—
Roumanie	1873	—	11,905,272	—	»	—	2,071,42[illegible]	—	7,080,460	—	2,977,280	—	38,312,760	—	80,093	—	2,537,610	—	6[illegible],997,910

[1] Y compris l'avoine.

TABLEAU N° 2. (*Suite.*) — **PRODUIT DES CULTURES.**

FARINEUX ALIMENTAIRES. — **c)** Production totale.

DÉSIGNATION des ÉTATS.	DATES DES ENQUÊTES.	LÉGUMES SECS. Année de l'enquête.	LÉGUMES SECS. Année moyenne.	POMMES DE TERRE. Année de l'enquête.	POMMES DE TERRE. Année moyenne.	TOTAL. Année de l'enquête.	TOTAL. Année moyenne.
		hectol.	hectol.	hectol.	hectol.	hectol.	hectol.
1. Grande-Bretagne	1873	—	9,909,900	—	30,431,600	—	40,342,500
2. Irlande	1873	124,800	—	45,872,000	—	48,996,880	—
3. Danemark	1871	—	496,510	—	5,153,520	—	5,650,030
4. Norvége	1873	—	63,460	—	6,641,150	—	6,704,610
5. Suède	1872	559,558	915,000	14,519,017	15,752,000	15,071,600	16,670,000
6. Russie*	1870	»	—	115,189,043	—	115,189,048	—
7. Finlande	1870	»	»	2,530,000	3,500,000	2,580,000	3,500,000
8. Autriche*	1871	1,970,929	—	62,871,609	—	64,850,938	—
9. Hongrie	1873	—	615,314	—	44,580,960	—	45,196,274
10. Suisse*	1868	—	—	—	—	—	—
11. Allemagne: Prusse*	1871	6,025,414	—	200,747,171	—	206,772,585	—
12. Allemagne: Bavière	1869	682,493	—	21,065,520	—	21,748,013	—
13. Allemagne: Saxe-Royale	1873	—	115,814	—	14,551,050	—	14,630,804
14. Allemagne: Wurtemberg	1873	131,001	—	6,994,568	—	7,126,572	—
15. Allemagne: Bade	1873	—	38,400	—	7,200,000	—	7,238,406
16. Allemagne: Hesse-Darmstadt	1873	133,644	—	5,374,051	—	5,507,693	—
17. Allemagne: Saxe-Weimar	1873	66,717	59,304	2,528,250	1,854,050	2,594,967	1,913,354
18. Allemagne: Saxe-Altenbourg	1873	32,400	23,080	1,176,600	941,280	1,209,000	968,360
19. Hollande	1873	1,362,032	1,342,615	17,689,427	18,784,163	19,051,759	20,126,778
20. Belgique	1873	519,250	516,823	28,623,466	21,424,750	29,142,716	21,941,573
21. France	1873	4,431,107	4,850,316	120,416,929	131,859,139	124,845,036	136,709,455
22. Portugal*	1865	»	»	»	1,383,700	—	1,338,700
23. Espagne*	1857	»	—	2,230,611	—	2,239,611	—
24. Italie*	1865	4,351,488	—	10,164,348	—	14,815,836	—
25. Grèce et Îles Ioniennes*	1867	»	—	6,480	—	6,480	—
26. Turquie d'Europe*	1868	—	—	—	—	—	—
27. Serbie*	1868	—	—	—	—	—	—
28. Roumanie	1873	—	2,500,000	—	131,000	—	2,631,000

TABLEAU N° 2. (*Suite.*) — **PRODUIT DES CULTURES.**

II. — CULTURES INDUSTRIELLES. — **A)** Superficie en hectares.

DÉSIGNATION des ÉTATS.	CULTURES OLÉAGINEUSES. Colza.	CULTURES OLÉAGINEUSES. Œillette, navette, cameline, etc.	CULTURES OLÉAGINEUSES. Chènevis.	CULTURES OLÉAGINEUSES. Lin.	PLANTES TEXTILES. Chanvre.	PLANTES TEXTILES. Lin.	AUTRES CULTURES INDUSTRIELLES. Betteraves.	AUTRES CULTURES INDUSTRIELLES. Houblon.	AUTRES CULTURES INDUSTRIELLES. Tabac.	AUTRES CULTURES INDUSTRIELLES. Autres (garance, chicorée, etc.).
Grande-Bretagne	»	»	»	5,900	»	5,000	220	25,600	»	180
Irlande	»	»	»	52,400	»	52,400	»	»	»	»
Danemark	1,739	»	45	4,758	45	4,758	»	351	126	2,545
Norvége	—	—	—	—	—	—	—	—	—	—
Suède	»	»	16,400	»	16,400	»	»	2,000	2,000	2,000
Finlande	»	»	8,600	5,500	8,600	5,500	»	»	200	»
Bavière	11,741		44,765		44,765		»	17,657	5,445	3,529
Saxe-Royale	14,432	»	»	6,135	»	6,135	»	»	»	»
Wurtemberg	9,439	2,834	7,455	6,542	7,456	6,549	4,137	4,900	370	505
Bade	6,200	1,050	6,800	1,050	6,800	1,080	2,250	1,780	9,000	1,500
Hesse-Darmstadt	5,479	500	699	3,162	699	3,162	23,677	38	1,320	4
Saxe-Weimar	1,705	»	»	265	»	265	593	»	»	»
Saxe-Altenbourg	2,208	»	»	»	»	»	1,440	»	»	»
Hollande	17,270	3,150	1,110	21,874	1,110	21,874	14,030	211	1,580	5,173
Belgique	26,413		2,917	57,045	2,917	57,045	18,074	3,961	1,694	4,919
France[1]	158,215	46,503	95,521	87,671	95,521	87,671	253,385	3,528	14,855	10,900
Hongrie	61,156	656	97,876	14,166	97,876	14,166	62,927	2,011	48,039	»
Roumanie	85,180	»	5,237	2,504	5,237	2,504	»	»	2,000	»

[1] Non compris les oliviers, 148,620 hectares.

TABLEAU N° 2. (*Suite.*) — PRODUIT DES CULTURES.

II. — CULTURES INDUSTRIELLES. — Rendement moyen par hectare.

DÉSIGNATION des PAYS.	CULTURES OLÉAGINEUSES. Colza. 1873.	Colza. Année moyenne.	Œillette, navette, etc. 1873.	Œillette, navette, etc. Année moyenne.	Chènevis. 1873.	Chènevis. Année moyenne.	Lin. 1873.	Lin. Année moyenne.	PLANTES TEXTILES. Chanvre. 1873.	Chanvre. Année moyenne.	Lin. 1873.	Lin. Année moyenne.	AUTRES CULTURES INDUSTRIELLES. Betteraves. 1873.	Betteraves. Année moyenne.	Houblon. 1873.	Houblon. Année moyenne.	Tabac. 1873.	Tabac. Année moyenne.	Autres (garance, chicorée, etc.). 1873.	Autres (garance, chicorée, etc.). Année moyenne.
	hectol.	hectol.	hectol.	hectol.	hectol.	hectol.	hectol.	hectol.	quint. mét.	quint. mét.	quint. mét.	quint. mét.	quint. mét.	quint. mét.	quint. mét.	quint. mét.	quint. mét.	quint. mét.	quint. mét.	quint. mét.
Grande-Bretagne (et îles)[1]	»	»	»	»	»	»	—	17,0	»	»	—	7,0	—	250	—	20,0	»	»	»	30,0
Irlande[1]	»	»	»	»	»	»	—	16,1	»	»	—	6,5	»	»	»	»	»	»	»	»
Danemark[1]	—	17,0	—	»	—	10,0	—	10,0	—	8,0	—	5,0	»	»	»	15,0	—	10,0	—	50,0
Norvège	»	»	»	»	»	»	»	»	»	»	»	»	»	»	»	»	»	»	»	»
Suède	»	»	»	»	—	5,0	»	»	—	2,6	»	»	»	»	—	10,0	—	10,0	—	50,0
Finlande	»	»	»	»	4,0	5,0	3,0	5,0	2,0	4,0	2,0	3,0	»	»	»	»	5,0	10,0	»	»
Bavière	—	14,7	»	»	—	7,0	»	»	—	6,0	»	»	»	»	—	12,0	—	16,6	—	50,0
Saxe-Royale	—	19,9	»	»	»	»	—	11,2	»	»	—	6,7	»	»	»	»	»	»	»	»
Wurtemberg	15,0	11,0	8,8	10,0	6,0	7,0	6,0	6,0	7,1	7,0	6,3	6,5	150	250	15,0	15,8	12,0	13,0	35,0	46,0
Bade	18,4	16,6	13,2	13,2	7,0	7,6	8,6	8,1	5,0	7,0	4,5	4,0	186	160	20,0	16,0	20,0	24,0	91,0	93,0
Hesse-Darmstadt	14,0	15,0	12,0	12,0	6,0	8,0	6,0	7,9	6,0	6,0	5,0	6,0	166	188	15,5	15,4	18,8	11,2	157,1	91,4
Saxe-Weimar	15,0	16,5	»	»	»	»	6,5	7,0	»	»	5,0	6,0	200	240	»	»	»	»	»	»
Saxe-Altenbourg	16,0	16,0	»	»	»	»	»	»	»	»	»	»	169	140	»	»	»	»	»	»
Hollande	24,9	20,6	17,2	17,2	13,4	13,5	9,1	9,7	8,0	8,5	5,0	5,6	292	295	14,5	10,4	21,5	22,8	97,5	82,5
Belgique	20,8	24,8	—	—	—	8,2	7,2	7,5	—	7,3	5,8	4,2	360	308	—	13,4	»	13,2	98,0	90,0
France	14,1	16,9	12,5	14,0	6,2	9,2	8,7	9,6	6,3	5,6	5,7	5,9	306	344	11,2	13,1	11,5	10,9	29,3	30,2
Hongrie	8,0	13,5	10,7	10,7	1,8	3,3	2,8	4,3	5,2	4,4	2,7	2,6	107	99	3,9	3,9	7,6	7,6	9,0	11,4
Roumanie	—	16,0	»	»	—	7,5	—	8,0	—	5,0	—	4,0	»	»	»	»	—	15,0	»	»

[1] Ces moyennes ont été recueillies dans divers rapports de Consuls.

TABLEAU N° 2. (*Suite.*) — **PRODUITS DES CULTURES.**

II. CULTURES INDUSTRIELLES. — *b)* Production totale.

DÉSIGNATION DES ÉTATS.	CULTURES OLÉAGINEUSES. (Hectolitres.) COLZA. 1873.	Colza. Année moyenne.	Œillette, navette, cameline, etc. 1873.	Œillette, etc. Année moyenne.	Chènevis. 1873.	Chènevis. Année moyenne.	Graine de lin. 1873.	Graine de lin. Année moyenne.
	hectol.	hectol.	hectol.	hectol.	hectol.	hectol.	hectol.	hectol.
Grande-Bretagne	»	»	»	»	»	»	—	100,2[illegible]
Irlande	»	»	»	»	»	»	—	838,1[illegible]
Danemark	—	29,536	»	»	—	450	—	47,0[illegible]
Norvège	»	»	»	»	»	»	»	»
Suède	»	»	»	»	—	88,000	»	»
Finlande	»	»	»	»	34,000	48,000	16,500	27,5[illegible]
Bavière	—	172,503[1]	»	»	—	318,355[2]	»	»
Saxe-Royale	—	287,107	»	»	»	»	—	68,71[illegible]
Wurtemberg	141,535	132,116	23,522	28,310	44,130	52,185	30,252	30,2[illegible]
Bade	110,400	90,600	13,867	13,800	51,680	61,030	9,288	[illegible]
Hesse-Darmstadt	76,706	82,185	6,000	6,000	4,152	5,536	18,372	22,131
Saxe-Weimar	25,575	28,132	»	»	»	»	1,729	1,5[illegible]
Saxe-Altenbourg	35,218	35,218	»	»	»	»	»	»
Hollande	433,001	355,762	51,360	51,180	15,011	15,100	198,337	212,1[illegible]
Belgique	549,300[1]	641,836[1]	»	»	—	23,319	410,724	427,7[illegible]
France	2,378,507	2,816,908	554,631	653,569	718,890	880,513	760,133	898,4[illegible]
Hongrie	491,618	1,136,936	7,003	7,008	176,177	322,991	41,041	67,96[illegible]
Roumanie	—	1,411,021	»	»	—	39,277	—	20,62[illegible]

DÉSIGNATION DES ÉTATS.	PLANTES TEXTILES. Chanvre. (Filasse.) 1873.	Chanvre. Année moyenne.	Lin. (Filasse.) 1873.	Lin. Année moyenne.	AUTRES CULTURES INDUSTRIELLES. Betteraves. 1873.	Betteraves. Année moyenne.	Houblon. 1873.	Houblon. Année moyenne.	Tabac. 1873.	Tabac. Année moyenne.	Autres (garance, chicorée, etc.). 1873.	Autres. Année moyenne.
	quint. mét.	quint. mét.	quint. mét.	quint. mét.	quint. mét.	quint. mét.	quint. mét.	quint. mét.	quint. mét.	quint. mét.	quint. mét.	quint. mét.
Grande-Bretagne	»	»	—	41,300	—	55,000	—	512,000	»	»	—	11,400
Irlande	»	»	—	310,600	»	»	»	»	»	»	»	»
Danemark	—	860	—	23,700	»	»	—	5,010	—	1,260	—	127,250
Norvège	»	»	»	»	»	»	»	»	»	»	»	»
Suède	—	42,640	»	»	»	»	—	20,000	—	20,000	—	100,000
Finlande	17,200	34,400	11,000	16,500	»	»	»	»	»	2,000	»	»
Bavière	—	268,590[2]	»	»	»	»	—	211,831	—	90,453	—	176,450
Saxe-Royale	»	»	—	41,104	»	»	»	»	»	»	»	»
Wurtemberg	56,157	52,135	41,215	42,523	620,650	1,034,250	73,500	77,420	4,140	5,550	23,175	37,080
Bade	31,000	47,030	4,569	4,320	418,520	360,000	35,600	28,150	231,000	216,000	169,200	167,100
Hesse-Darmstadt	2,400	4,152	15,840	18,972	4,760,382	3,814,011	511	504	21,816	18,744	625	268
Saxe-Weimar	»	»	1,325	1,590	100,000	120,000	»	»	»	»	»	»
Saxe-Altenbourg	»	»	»	»	230,400	201,600	»	»	»	»	»	»
Hollande	8,072	9,511	108,151	121,194	4,272,088	4,315,850	3,071	2,191	33,830	32,074	501,456	427,065
Belgique	—	21,201	350,861	239,589	5,421,200	5,566,702	—	40,116	—	22,361	481,572	412,260
France	533,041	531,386	503,017	519,976	77,135,100	87,075,652	50,224	46,262	172,522	161,175	319,896	330,470
Hongrie	508,965	430,651	38,218	36,832	6,733,189	6,229,778	7,843	7,818	375,004	365,475	»	»
Roumanie	—	25,185	—	10,016	»	»	»	»	—	30,000	»	»

[1] Y compris l'œillette, etc. — [2] Y compris le lin.

Tableau N° 3. — Animaux domestiques.

Nombre de têtes.

Désignation des États.	Dates des enquêtes.	Espèce chevaline. Poulains et pouliches (de moins de 3 ans).	Étalons pour la reproduction.	Chevaux entiers.	Chevaux hongres.	Juments.	Total.
1. Grande-Bretagne	1873	—	—	—	—	—	2,201,100
2. Irlande	1873	—	—	—	—	—	534,100
3. Danemark	1871	30,703[1]	3,690 (étalons et entiers)		111,941	170,236	316,570
4. Norvège	1870	20,000	129,167 (étalons à juments)				149,167
5. Suède	1871	45,756	392,251 (étalons à juments)				438,009
6. Russie[2]	1870	—	—	—	—	—	16,160,000
7. Finlande	1870	—	—	—	—	—	251,829
8. Autriche	1871	165,939	617,594 (étalons à hongres)			583,490	1,367,023
9. Hongrie	1873	382,229	58,301 (étalons et entiers)		830,158	888,131	2,158,819
10. Suisse*	1866	—	—	—	—	—	105,792
11. Allemagne. Prusse*	1873	330,307	8,855	1,939,562 (entiers à juments)			2,278,721
12. Allemagne. Bavière	1873	46,606	802	19,440	120,781	161,101	351,6[illegible]
13. Allemagne. Saxe-Royale	1873	5,905	109,887 (étalons à juments)				115,792
14. Allemagne. Wurtemberg	1873	8,409	417	88,054 (entiers à juments)			96,970
15. Allemagne. Bade	1873	4,831	1,827 (étalons et entiers)		31,639	31,933	70,230
16. Allemagne. Hesse-Darmstadt	1873	2,310	62	38,471 (entiers à juments)			40,843
17. Allemagne. Saxe-Weimar	1873	1,217	42	11	5,850	5,917	13,037
18. Allemagne. Saxe-Altenbourg	1873	693	11	4,100 (entiers et hongres)		4,085	8,889
19. Hollande	1873	40,829	700	182,816 (entiers et hongres)		29,009	253,354
20. Belgique	1866	58,727	—	5,273	87,100	131,973	283,163
21. France	1873	432,123	11,858	318,673	761,611	1,188,445	2,712,710
22. Portugal*	1870	7,056	29,861 (étalons à hongres)			42,799	79,716
23. Espagne*	1865	—	—	—	—	—	680,373
24. Italie*	1868	71,274	3,725	89,783	154,050	203,474	477,306
25. Grèce et Îles Ioniennes*	1867	—	—	—	—	—	60,767
26. Turquie d'Europe*	—	—	—	—	—	—	—
27. Serbie*	—	—	—	—	—	—	—
28. Roumanie	1873	73,134	6,737	16,863	177,605	152,220	426,559

Désignation des États.	Espèce asine.	Espèce mulassière.	Espèce bovine. Veaux de 0 à 3 mois.	Bouvillons et taurillons.	Génisses.	Taureaux.	Bœufs.	Vaches laitières.	Autres vaches.	Total.
1. Grande-Bretagne	—	—	3,748,800 (veaux à bœufs)					2,253,900[3] (vaches)		6,002,700
2. Irlande	—	—	2,615,900 (veaux à bœufs)					1,526,500 (vaches)		4,142,400
3. Danemark	—	—	845,383 (veaux à génisses)			14,609	71,513	807,613 (vaches)		1,[illegible],998
4. Norvège	—	—	190,030 (veaux à génisses)			85,000[5] (taureaux et bœufs)		678,006	—	953,036
5. Suède	—	—	417,809 (veaux à génisses)			41,753	271,381	1,295,887	—	2,026,830
6. Russie	—	—	—	—	—	—	—	—	—	22,770,000
7. Finlande	—	—	236,991 (veaux à génisses)			74,169 (taureaux et bœufs)		686,806 (vaches)		997,960[9]
8. Autriche	31,851	11,625	2,338,702[4] (veaux à génisses)			1,235,314[5] (taureaux et bœufs)		3,851,136 (vaches)		7,425,212
9. Hongrie	30,180	3,268	1,729,112	72,213 (bouvillons et génisses)		32,033	1,391,667	2,052,488 (vaches)		5,279,193
10. Suisse	—	—	—	—	—	—	—	—	—	992,896
11. Prusse	3,771	931	742,221 (0-6 mois)	1,087,491 (bouvillons et génisses)		821,905[6] (taureaux et bœufs)		4,106,820	618,820	6,612,150
12. Bavière	168	60	265,101 (0-6 mois)	761,662 (bouvillons et génisses)		21,961	467,160	1,557,288 (vaches)		3,066,263
13. Saxe-Royale	85	34	56,634 (0-6 mois)	121,[illegible] (bouvillons et génisses)		5,930	40,443	421,785 (vaches)		647,972
14. Wurtemberg	171	25	—	—	—	10,848	475,225[7]	460,092 (vaches)		946,228
15. Bade	130	21	44,136	61,661	101,408	5,170	63,061	376,881 (vaches)		660,105
16. Hesse-Darmstadt	460	13	33,275 (0-6 mois)	1,810	81,106	1,083	13,037	109,545 (vaches)		231,019
17. Saxe-Weimar	26	6	7,086	10,929	19,210	1,423	13,871	59,217	60	112,296
18. Saxe-Altenbourg	1	3	6,075	824	13,261	622	1,418	34,106 (vaches)		57,128
19. Hollande	3,466 (asine et mulassière)		97,816	431,531 (bouvillons et génisses)		17,680	7,113[8]	908,438	—	1,469,937
20. Belgique	11,819 (asine et mulassière)		113,168 (0-6 mois)	64,289	241,751	9,114	42,238	788,732 (vaches)		1,242,445
21. France	402,163	303,775	1,252,477	917,821	1,176,680	318,031	1,702,570	4,833,961	1,049,857	11,721,450
22. Portugal	137,950	50,690	48,097 (0-1 an)	49,858 (bouvillons et génisses)		3,950	256,031	162,538 (vaches)		520,474
23. Espagne	1,299,834	1,021,512	—	—	—	—	—	—	—	2,967,303
24. Italie	498,766	219,455	663,599	281,187 (bouvillons et génisses)		32,785	1,116,737	1,374,006 (vaches)		3,478,984[10]
25. Grèce et Îles Ioniennes	61,051	29,637	—	—	—	—	—	—	—	109,804
26. Turquie d'Europe	—	—	—	—	—	—	—	—	—	—
27. Serbie	—	—	—	—	—	—	—	—	—	—
28. Roumanie	5,128	606	77,025	183,763	109,338	21,365	835,735	553,060 (vaches)		1,812,780[11]

[1] De moins de 2 ans. — [2] Y compris les génisses. — [3] Y compris les vaches non laitières. — [4] Veaux et élèves au-dessous de 3 ans. — [5] Y compris les buffles. — [6] Y compris 60,957 taureaux reproducteurs. — [7] Y compris les jeunes. — [8] Y compris les vaches non laitières. — [9] Rennes domestiques (en Laponie) 59,622. — [10] Buffles { mâles 18,371 ; femelles 25,833 } 44,204. — [11] Non compris 15,191 buffles.

Tableau N° 3. (*Suite.*) — **ANIMAUX DOMESTIQUES.**

NOMBRE DE TÊTES.

DÉSIGNATION DES ÉTATS.	DATES des enquêtes	ESPÈCE OVINE. AGNEAUX. Races perfectionnées. (Métis compris.)	AGNEAUX. Races communes.	AGNEAUX. TOTAL.	BÉLIERS. Races perfectionnées. (Métis compris.)	BÉLIERS. Races communes.	BÉLIERS. TOTAL.	MOUTONS. Races perfectionnées. (Métis compris.)	MOUTONS. Races communes.	MOUTONS. TOTAL.	BREBIS. Races perfectionnées. (Métis compris.)	BREBIS. Races communes	BREBIS. TOTAL.	TOTAL. Races perfectionnées. (Métis compris)	TOTAL. Races communes.	TOTAL. TOTAL.
1. Grande-Bretagne	1873	—	—	10,678,000[1]	—	—	—	—	—	18,817,900[2]	—	—	—	—	—	29,495,900
2. Irlande	1873	—	—	1,589,600	—	—	—	—	—	2,832,400[3]	—	—	—	—	—	4,482,000
3. Danemark	1871	—	—	721,207[1]	—	—	72,045	—	—	1,016,229[4]	—	—	—	—	—	1,842,481
4. Norvége	1865	—	—	—	—	—	—	—	—	—	—	—	—	—	—	1,705,394[7]
5. Suède	1871	—	—	—	—	—	—	—	—	—	—	—	—	—	—	1,635,201
6. Russie*	1870	—	—	—	—	—	—	—	—	—	—	—	—	—	—	46,132,000
7. Finlande	1870	—	—	—	—	—	—	—	—	—	—	—	—	—	—	921,745
8. Autriche*	1871	—	—	—	—	—	—	—	—	—	—	—	—	—	—	5,026,398
9. Hongrie	1873	—	—	—	—	—	—	—	—	—	—	—	—	4,589,375	10,491,622	15,076,907
10. Suisse*	1866	—	—	—	—	—	—	—	—	—	—	—	—	—	—	445,400
11. Allemagne. Prusse*	1873	—	—	—	—	—	—	—	—	—	—	—	—	9,986,108	9,636,650[5]	19,621,758
12. Allemagne. Bavière	1873	—	—	—	—	—	—	—	—	—	—	—	—	361,443	977,747[6]	1,312,100
13. Allemagne. Saxe-Royale	1873	—	—	—	—	—	—	—	—	—	—	—	—	—	—	206,833
14. Allemagne. Wurtemberg	1873	—	—	—	—	—	—	—	—	—	—	—	—	457,452	119,838	577,290
15. Allemagne. Bade	1873	—	—	55,951	—	—	2,783	—	—	51,011	—	—	59,011	—	—	170,556
16. Allemagne. Hesse-Darmstadt	1873	—	—	—	—	—	—	—	—	—	—	—	—	15,739	113,671	130,410
17. Allemagne. Saxe-Weimar	1873	8,250	30,076	39,226	557	1,865	2,422	23,112	44,681	67,793	28,3[illegible]	75,120	108,433	60,253	152,621	212,874
18. Allemagne. Saxe-Altenbourg	1873	—	—	—	—	—	—	—	—	—	—	—	—	—	—	30,771
19. Hollande	1873	—	—	—	—	—	—	—	—	—	—	—	—	—	—	808,715
20. Belgique	1866	—	118,058	118,058	—	—	—	—	468,039	468,039[2]	—	—	—	—	586,097	586,097
21. France	1873	—	—	6,238,790	—	—	516,749	—	—	7,147,311	—	—	12,137,256	1,427,802	20,607,252	26,035,114
22. Portugal*	1870	—	—	196,083	—	—	—	—	—	588,083[4]	—	—	1,821,712	—	—	2,706,777
23. Espagne*	1865	—	—	—	—	—	—	—	—	—	—	—	—	—	—	22,468,969
24. Italie*	1868	—	—	—	—	—	—	—	—	—	—	—	—	—	—	6,984,049
25. Grèce et îles Ioniennes*	1867	—	—	—	—	—	—	—	—	—	—	—	—	—	—	1,200,000
26. Turquie d'Europe* 27. Serbie*	—	—	—	—	—	—	—	—	—	—	—	—	—	—	—	—
28. Roumanie	1873	4,982	703,420	708,402	2,923	204,087	207,610	1,730	186,171	187,901	24,5[illegible]	3,477,840	3,502,404	34,100	4,752,148	4,786,317

DÉSIGNATION DES ÉTATS.	ESPÈCE PORCINE. COCHONS DE LAIT.	VERRATS.	COCHONS.	TRUIES	TOTAL.	ESPÈCE CAPRINE. CHEVREAUX.	BOUCS.	CHÈVRES.	TOTAL.
1. Grande-Bretagne	—	—	—	—	2,510,300	—	—	—	—
2. Irlande	—	—	—	—	1,042,244	—	—	—	—
3. Danemark	320,302[1]	2,136	59,983 (cochons et truies)		442,421	—	—	—	—
4. Norvége	—	—	—	—	96,106[8]	—	—	—	290,9
5. Suède	—	—	—	—	382,811	—	—	—	124,6
6. Russie*	—	—	—	—	9,800,000	—	—	—	1,700,0
7. Finlande	—	—	—	—	190,326	—	—	—	30,6
8. Autriche*	—	—	—	—	2,551,473	—	—	—	979,1
9. Hongrie	—	—	—	—	4,443,279	—	—	—	572,0
10. Suisse*	—	—	—	—	304,191	—	—	—	374,4
11. Allemagne. Prusse*	—	—	—	—	4,278,531	—	—	—	1,477,3
12. Allemagne. Bavière	—	—	—	—	872,006	—	—	—	193,3
13. Allemagne. Saxe-Royale	—	—	—	—	391,868	—	—	—	105,8
14. Allemagne. Wurtemberg	103,104	1,336	138,452	20,458	267,350	—	—	—	38,8
15. Allemagne. Bade	28,801	1,099	309,431	31,105	371,380	5,594	2,188	74,292	82,0
16. Allemagne. Hesse-Darmstadt	—	—	—	—	133,987	—	—	—	78,6
17. Allemagne. Saxe-Weimar	—	—	—	—	78,141	—	—	—	40,2
18. Allemagne. Saxe-Altenbourg	—	—	—	—	37,550	—	—	—	11,3
19. Hollande	260,746	350,258 (verrats, cochons et truies)			611,004	—	—	—	146,1
20. Belgique	145,698	486,703 (verrats, cochons et truies)			632,301	24,852	172,256 (boucs et chèvres)		197,1
21. France	1,031,530	51,551	3,097,596	921,978	5,765,656	435,897	50,611	1,308,209	1,704,8
22. Portugal*	895,940	8,379	277,985	94,501	776,806	191,734[10]	36,935	708,200	930,6
23. Espagne*	—	—	—	—	4,351,736	—	—	—	4,531,2
24. Italie*	—	—	—	—	1,553,582	—	—	—	1,690,4
25. Grèce et îles Ioniennes*	—	—	—	—	56,776	—	—	—	1,339,53
26. Turquie d'Europe* 27. Serbie*	—	—	—	—	—	—	—	—	—
28. Roumanie	212,908	60,147	284,413	279,481	836,941	42,302	25,874	135,922	154,13

[1] Animaux de moins d'un an. — [2] Y compris les béliers et les brebis. — [3] Y compris les béliers. — [4] Y compris les béliers. — [5] Y compris 757,805 béliers. — [6] Y com[illegible]814 béliers. — [7] Dont 320,000 au-dessous d'un an. — [8] Dont 60,000 au-dessous d'un an. — [9] Dont 32,000 au-dessous d'un an — [10] Y compris 64,892 jeunes bou[illegible]

IV

DOCUMENTS RELATIFS

AUX

ÉTATS-UNIS

DE L'AMÉRIQUE DU NORD

TABLEAU N° 1. — SUPERFICIE DES PRINCIPALES CULTURES.

(ANNÉE 1873.)

NOMS DES ÉTATS.	MAÏS.	FROMENT.	SEIGLE.	AVOINE.	ORGE.	SARRASIN.	TOTAL.
	hectares.	hectares.	hectares.	hectares.	hectares.	hectares.	hectares.
1. MAINE	11,900	8,030	720	26,100	9,020	8,300	63,690
2. NEW-HAMPSHIRE	14,100	4,350	910	11,250	1,560	1,640	31,070
3. VERMONT	22,900	10,070	1,890	44,330	1,610	7,190	87,560
4. MASSACHUSETTS	16,700	640	5,850	8,070	2,020	1,290	31,570
5. RHODE-ISLAND	4,200	—	500	1,930	530	»	7,136
6. CONNECTICUT	20,000	890	3,150	12,070	400	2,310	44,120
7. NEW-YORK	230,800	210,900	51,500	539,000	111,930	61,150	1,926,180
8. NEW-JERSEY	117,900	48,000	13,900	41,780	120	7,050	228,000
9. PENSYLVANIE	425,100	442,100	21,400	417,830	7,800	41,900	1,126,500
10. DELAWARE	63,000	21,000	400	8,300	40	20	93,560
11. MARYLAND	107,300	188,100	10,000	60,130	210	1,420	457,100
12. VIRGINIE	409,100	311,900	19,350	133,770	150	900	875,970
13. CAROLINE DU NORD	601,200	182,100	15,300	77,080	80	480	877,140
14. — DU SUD	303,200	38,300	2,580	17,800	130	—	452,070
15. GÉORGIE	780,000	135,000	7,100	144,700	270	—	1,066,970
16. FLORIDE	82,100	—	—	8,300	—	—	85,490
17. ALABAMA	636,100	48,500	860	21,200	—	—	677,060
18. MISSISSIPI	483,000	7,900	610	13,801	—	—	505,310
19. LOUISIANE	273,100	—	—	870	—	—	223,970
20. TEXAS	505,000	33,100	1,180	13,700	773	—	551,030
21. ARKANSAS	278,800	31,700	1,300	13,570	—	—	325,370
22. TENNESSEE	785,000	416,000	9,150	110,000	1,750	2,850	1,304,830
23. VIRGINIE DE L'OUEST	139,300	111,800	8,260	41,330	910	1,380	303,410
24. KENTUCKY	800,500	324,300	52,000	118,400	4,400	95	1,803,296
25. OHIO	1,020,200	625,200	14,750	316,500	20,200	6,770	2,011,630
26. MICHIGAN	183,700	470,700	6,600	118,770	11,600	10,760	801,970
27. INDIANA	1,071,100	751,400	11,300	230,300	10,380	4,610	2,079,070
28. ILLINOIS	2,763,800	860,100	54,100	476,200	40,050	4,230	4,188,330
29. WISCONSIN	219,000	611,500	31,940	217,720	23,010	10,610	1,147,340
30. MINNESOTA	32,200	610,400	8,200	116,440	16,100	1,430	878,770
31. IOWA	1,465,500	1,075,300	11,600	258,090	95,690	3,270	2,910,030
32. MISSOURI	1,215,100	376,400	12,400	226,100	5,130	810	1,838,940
33. KANSAS	485,600	124,900	11,400	111,600	7,570	2,910	746,880
34. NEBRASKA	80,800	93,400	760	32,320	4,780	70	212,130
35. CALIFORNIE	15,174	613,630	830	29,840	155,700	340	815,021
36. ORÉGON	1,265	66,500	60	26,030	5,250	15	99,121
37. NÉVADA	161	7,000	—	920	6,000	—	14,111
LES TERRITOIRES	17,600	41,200	250	16,420	5,220	—	80,620
TOTAUX	15,835,600	8,957,400	461,740	5,930,700	560,100	[illegible]	23,941,720

NOMS DES ÉTATS.	POMMES DE TERRE.	FOIN (superficie consacrée à la récolte du).	TABAC.
	hectares.	hectares.	hectares.
1. MAINE	10,350	523,110	—
2. NEW-HAMPSHIRE	8,500	274,580	110
3. VERMONT	14,680	328,050	110
4. MASSACHUSETTS	7,840	158,900	2,270
5. RHODE-ISLAND	2,310	32,530	—
6. CONNECTICUT	9,470	190,000	2,110
7. NEW-YORK	97,760	1,603,430	1,200
8. NEW-JERSEY	16,030	193,800	—
9. PENSYLVANIE	44,610	850,430	5,100
10. DELAWARE	920	15,460	—
11. MARYLAND	6,750	63,440	8,500
12. VIRGINIE	7,170	61,610	83,210
13. CAROLINE DU NORD	3,350	31,810	9,900
14. — DU SUD	430	8,230	44
15. GÉORGIE	1,010	7,500	180
16. FLORIDE	—	—	50
17. ALABAMA	861	5,721	110
18. MISSISSIPI	400	4,130	45
19. LOUISIANE	960	4,410	18
20. TEXAS	1,110	14,880	73
21. ARKANSAS	2,000	4,380	500
22. TENNESSEE	5,430	43,470	14,210
23. VIRGINIE DE L'OUEST	4,750	79,810	1,550
24. KENTUCKY	12,750	111,000	83,630
25. OHIO	28,730	732,200	11,110
26. MICHIGAN	37,220	857,800	—
27. INDIANA	18,180	288,700	7,830
28. ILLINOIS	65,630	759,520	3,000
29. WISCONSIN	28,210	425,760	1,440
30. MINNESOTA	11,730	246,803	—
31. IOWA	30,440	564,700	—
32. MISSOURI	19,530	191,210	6,670
33. KANSAS	12,420	263,110	140
34. NEBRASKA	5,420	67,250	—
35. CALIFORNIE	10,280	210,900	—
36. ORÉGON	2,250	29,500	—
37. NÉVADA	610	17,000	—
LES TERRITOIRES	2,050	43,990	—
TOTAUX	523,201	8,815,900	194,280

Tableau N° 2. — PRODUCTION.

A) Céréales.

Noms des États.	Maïs.		Froment.		Seigle.		Avoine.		Orge.		Sarrasin.		Total.
	Produit moyen par hectare.	Production totale.	Produit moyen par hectare.	Production totale.	Produit moyen par hectare.	Production totale.	Produit moyen par hectare.	Production totale.	Produit moyen par hectare.	Production totale.	Produit moyen par hectare.	Production totale.	
	hectolitres.	hectolitres.	hectolitres.	hectolitres.	hectolitres.	hectolitres.	hectolitres.	hectolitres.	hectolitres.	hectolitres.	hectolitres.	hectolitres.	hectolitres.
1. Maine	21,6	303,860	9,9	79,700	13,0	9,360	18,9	475,400	15,0	148,800	15,7	135,080	1,156,140
2. New-Hampshire	33,7	475,200	13,5	61,420	18,5	14,370	32,4	361,800	18,0	27,900	16,9	28,050	971,610
3. Vermont	27,9	636,100	11,4	115,010	14,5	21,750	29,3	1,290,450	21,4	35,100	18,1	132,300	2,269,710
4. Massachusetts	31,5	520,050	17,1	10,910	15,3	89,500	29,9	241,300	19,8	40,000	14,0	18,060	925,850
5. Rhode-Island	25,8	108,360	—	—	14,6	7,300	23,1	54,130	22,9	11,900	—	—	181,790
6. Connecticut	27,0	556,200	16,2	14,420	14,1	117,400	25,8	317,000	21,1	8,410	16,4	37,000	1,081,960
7. New-York	27,9	6,433,800	12,1	2,551,900	17,6	674,100	27,9	10,916,100	19,1	2,138,800	17,7	1,069,900	22,881,600
8. New-Jersey	32,4	3,707,900	14,5	704,700	12,7	176,530	23,8	993,700	21,6	2,600	11,8	104,310	5,778,670
9. Pensylvanie	31,6	13,393,200	12,7	5,918,480	13,0	1,189,500	27,2	11,361,900	18,5	141,800	17,5	733,250	32,442,780
10. Delaware	17,1	1,077,300	9,9	213,840	9,9	4,060	17,8	143,630	15,3	600	20,7	410	1,439,810
11. Maryland	19,2	3,789,200	10,1	1,890,810	11,2	112,000	18,9	1,016,200	16,2	5,990	15,3	21,720	6,841,830
12. Virginie	17,1	6,395,600	6,7	2,089,060	8,7	168,360	11,6	1,953,000	16,6	2,530	16,1	14,490	11,228,030
13. Caroline du Nord	12,8	7,695,000	6,5	1,001,550	7,3	121,090	14,6	1,188,500	14,9	1,190	11,9	7,150	9,855,030
14. Caroline du Sud	8,1	3,184,900	4,9	187,670	6,3	16,810	12,6	224,280	18,0	2,810	—	—	3,615,500
15. Géorgie	11,0	9,079,000	6,3	791,300	8,4	30,960	12,1	1,750,870	11,9	3,210	—	—	11,264,340
16. Floride	9,8	763,530	—	—	—	—	11,7	38,600	—	—	—	—	803,190
17. Alabama	13,0	7,879,300	6,5	317,850	8,4	7,220	13,9	291,640	—	—	—	—	8,499,050
18. Mississipi	13,9	6,713,700	8,6	67,940	9,0	5,490	13,0	179,100	—	—	—	—	6,966,530
19. Louisiane	14,8	3,301,900	—	—	—	—	14,7	12,800	—	—	—	—	3,314,700
20. Texas	17,1	8,635,500	15,3	511,020	15,3	18,050	27,0	360,900	27,0	29,800	—	—	9,555,270
21. Arkansas	21,1	5,882,700	9,0	285,300	11,5	14,950	21,1	286,330	—	—	—	—	6,469,280
22. Tennessee	20,2	15,463,000	6,5	2,704,000	8,1	71,110	18,5	2,036,800	17,3	30,280	9,4	20,800	20,324,600
23. Virginie de l'Ouest	26,1	5,635,730	8,7	972,060	11,5	94,000	24,3	1,004,300	21,6	20,300	15,4	21,400	7,749,290
24. Kentucky	26,5	21,213,200	8,1	2,526,800	7,6	239,700	21,5	2,557,100	18,0	79,200	13,8	1,310	26,877,670
25. Ohio	31,5	32,189,200	10,8	6,732,160	9,9	146,020	21,3	8,396,600	19,6	572,320	10,3	60,730	48,072,030
26. Michigan	27,9	5,125,200	11,0	5,177,700	14,1	78,650	27,2	3,130,500	16,3	137,020	12,9	183,030	13,934,000
27. Indiana	23,9	21,635,300	10,1	7,530,100	12,9	111,010	18,9	4,145,400	20,0	208,600	10,9	50,530	50,771,820
28. Illinois	17,9	52,320,400	12,1	10,280,800	13,9	161,900	27,0	12,857,400	20,7	820,000	7,6	32,610	77,187,090
29. Wisconsin	27,9	5,929,200	11,8	9,538,600	11,1	459,360	31,5	6,858,200	23,9	540,900	9,9	105,010	23,431,200
30. Minnesota	28,3	2,009,200	10,4	10,158,200	13,3	58,240	32,5	4,759,300	23,9	384,800	11,4	16,300	17,386,100
31. Iowa	26,1	38,249,500	11,7	12,581,000	16,2	187,030	29,7	7,682,800	17,1	1,686,300	9,1	30,740	60,364,260
32. Missouri	21,1	25,701,900	11,5	4,328,600	13,0	161,330	25,2	5,697,700	15,9	96,770	11,2	9,410	35,995,680
33. Kansas	35,2	17,093,100	12,6	1,573,700	9,9	119,900	20,7	3,108,800	21,7	136,950	11,2	32,600	22,403,080
34. Nebraska	31,5	2,515,200	13,9	1,298,300	14,4	10,900	27,0	872,600	27,0	129,060	13,0	910	4,856,970
35. Californie	36,9	550,000	19,1	7,786,300	18,0	16,740	27,0	793,300	23,8	3,705,700	21,1	7,170	12,869,110
36. Orégon	27,0	81,150	17,1	1,137,150	32,5	1,350	33,7	877,200	25,2	132,800	18,3	270	2,182,420
37. Névada	27,6	4,350	18,6	126,000	—	—	29,7	27,320	25,2	152,700	—	—	310,370
Les Territoires	25,6	459,560	20,7	859,840	21,1	5,270	31,6	518,870	28,8	150,340	—	—	1,977,850
Totaux	21,1	334,633,870	11,4	102,044,820	11,8	5,493,630	21,9	96,182,100	20,8	11,642,850	15,5	2,815,360	558,942,120

TABLEAU N° 2. (*Suite.*) — **PRODUCTION**

B) CULTURES DIVERSES.

NOMS DES ÉTATS.	POMMES DE TERRE. PRODUIT moyen par hectare.	POMMES DE TERRE. PRODUCTION totale.	FOIN. PRODUIT moyen par hectare.	FOIN. PRODUCTION totale.	TABAC. PRODUIT moyen par hectare.	TABAC. PRODUCTION totale.
	hectolitres.	hectolitres.	quint. mét.	quint. mét.	quint. mét.	quint. mét.
1. MAINE	1 (5	1,096,750	23,5	12,203,100	—	—
2. NEW-HAMPSHIRE	135	1,150,650	26,5	7,330,000	11,4	2,016
3. VERMONT	126	1,840,700	27,5	9,021,400	11,3	1,572
4. MASSACHUSETTS	112	878,100	26,2	4,172,700	16,4	37,738
5. RHODE-ISLAND	76	108,600	21,0	780,700	—	—
6. CONNECTICUT	87	823,000	27,5	5,226,000	16,5	39,110
7. NEW-YORCK	93	9,021,700	25,7	42,833,000	11,2	13,500
8. NEW JERSEY	81	1,293,000	26,0	4,215,800	—	—
9. PENSYLVANIE	86	3,886,540	29,0	21,923,000	13,7	64,685
10. DELAWARE	87	80,910	20,5	316,900	—	—
11. MARYLAND	72	436,030	25,0	1,711,000	7,8	87,630
12. VIRGINIE	63	454,710	25,0	1,016,000	6,8	226,050
13. CAROLINE DU NORD	84	281,400	30,0	854,300	6,0	65,580
14. CAROLINE DU SUD	63	27,050	27,5	226,350	6,1	250
15. GÉORGIE	70	72,800	26,5	198,750	8,4	1,516
16. FLORIDE	—	—	—	—	6,7	335
17. ALABAMA	72	61,120	30,0	171,600	7,4	817
18. MISSISSIPI	73	31,200	32,0	172,150	8,3	373
19. LOUISIANE	54	51,840	30,0	132,300	8,7	157
20. TEXAS	81	80,910	37,5	530,100	9,3	882
21. ARKANSAS	72	148,320	29,7	130,300	7,3	4,310
22. TENNESSEE	67	360,810	31,5	1,360,800	7,5	107,610
23. VIRGINIE DE L'OUEST	63	299,250	27,5	1,294,800	8,7	13,130
24. KENTUCKY	49	625,270	31,0	3,441,000	8,2	639,900
25. OHIO	78	2,188,480	26,5	10,403,000	13,2	147,480
26. MICHIGAN	67	2,470,740	29,0	10,376,200	—	—
27. INDIANA	50	909,000	31,5	9,006,000	9,0	70,920
28. ILLINOIS	56	2,093,400	31,5	23,925,000	9,5	34,380
29. WISCONSIN	61	1,807,390	32,5	13,831,000	11,8	16,090
30. MINNESOTA	70	1,051,700	34,7	8,576,000	—	—
31. IOWA	39	1,187,160	31,5	17,788,000	—	—
32. MISSOURI	31	661,700	31,5	6,116,500	9.0	60,330
33. KANSAS	90	1,130,800	37,5	9,307,100	6,3	957
34. NEBRASKA	25	139,000	35,0	2,003,730	—	—
35. CALIFORNIE	58	1,017,790	34,5	7,253,000	—	—
36. ORÉGON	117	260,250	35,0	1,046,520	..	—
37. NÉVADA	99	63,360	32,5	555,400	—	—
LES TERRITOIRES	108	318,000	35,0	1,520,840	—	—
TOTAUX ET MOYENNES	71	38,488,750	25,3	255,151,000	8,7	1,098,154

TABLEAU N° 3. — **RECENSEMENT DU BÉTAIL**

EN JANVIER 1874.

NOMS DES ÉTATS.	CHEVAUX.	MULETS.	BŒUFS et autre bétail à cornes.	VACHES laitières.	MOUTONS.	PORCS.
1. MAINE	78,000	»	193,000	153,500	410,030	61,800
2. NEW-HAMPSHIRE	47,500	»	114,100	92,700	287,700	37,800
3. VERMONT	71,000	»	128,000	195,700	548,600	53,500
4. MASSACHUSETTS	132,800	»	122,600	136,300	76,300	78,000
5. RHODE-ISLAND	11,700	»	16,000	20,400	25,000	17,100
6. CONNECTICUT	49,730	»	107,800	106,800	85,000	61,700
7. NEW-YORK	650,300	18,900	683,500	1,410,600	2,037,200	631,500
8. NEW-JERSEY	116,700	15,000	83,900	147,900	126,000	163,000
9. PENSYLVANIE	557,000	21,800	722,600	812,800	1,674,000	1,031,400
10. DELAWARE	20,020	4,050	31,700	21,900	23,200	48,200
11. MARYLAND	101,500	10,700	126,000	96,900	183,200	236,200
12. VIRGINIE	180,300	19,600	403,710	211,000	387,500	763,100
13. CAROLINE DU NORD	131,800	48,100	316,700	190,100	274,500	833,300
14. CAROLINE DU SUD	56,400	45,200	184,200	137,800	133,400	322,600
15. GÉORGIE	116,100	92,700	405,300	257,400	236,700	1,197,000
16. FLORIDE	16,630	10,000	383,600	69,000	31,030	183,400
17. ALABAMA	108,800	107,500	331,100	173,100	189,000	990,100
18. MISSISSIPI	88,300	99,100	320,800	180,100	153,600	819,100
19. LOUISIANE	76,700	78,170	173,900	80,700	61,600	217,100
20. TEXAS	699,130	67,700	2,115,900	5.6,500	1,333,700	1,117,400
21. ARKANSAS	103,500	83,600	253,000	151,800	176,300	960,500
22. TENNESSEE	372,050	104,230	353,100	247,700	350,000	1,120,900
23. VIRGINIE DE L'OUEST	101,400	2,300	242,530	121,800	585,501	331,000
24. KENTUCKY	348,900	84,000	340,100	229,400	803,100	2,038,000
25. OHIO	736,000	27,300	887,900	778,500	4.630,001	2,017,100
26. MICHIGAN	234,300	3,030	468,100	350,630	3,180,310	510,800
27. INDIANA	619,530	58,500	780,300	418,400	1,721,303	2,105,700
28. ILLINOIS	1,050,830	96,830	1,273,000	735,100	1,408,103	3,408,700
29. WISCONSIN	345,300	4,800	414,900	442,700	1,187,670	618,800
30. MINNESOTA	152,220	5,000	281,700	186,930	137,100	201,900
31. IOWA	617,003	35,800	852,000	539,500	1,732,030	3,093,700
32. MISSOURI	513,000	89,200	806,300	491,400	1,438,530	2,803,300
33. KANSAS	220,700	10,100	507,230	231,100	141,000	481,000
34. NEBRASKA	56,703	4,400	87,800	49,900	39,170	138,000
35. CALIFORNIE	232,600	20,000	425,903	310,500	4,686,209	418,000
36. ORÉGON	86,400	3,730	123,700	73,500	561,670	171,200
37. NÉVADA	10,100	1,000	41,000	9,701	18,003	4,900
LES TERRITOIRES	99,700	24,400	713,000	258,700	2,610,103	102,800
TOTAUX	9,333,800	1,339,350	16,217,810	10,705,300	33,938,300	30,860,000
			102,304,959			

TROISIÈME PARTIE

NOTICES AGRICOLES

I

FRANCE

I

FRANCE

Nous nous proposons de compléter les informations que nous avons recueillies directement, en réponse au Questionnaire général de l'agriculture française, par certains renseignements complémentaires, lesquels comprennent les trois articles ci-après :

1° Production des céréales depuis 1815;

2° Répartition géographique des principales espèces domestiques;

3° Commerce des produits agricoles.

Cette notice est suivie d'un grand nombre de notes et d'observations qui nous ont été transmises par les divers départements.

CHAPITRE Ier.

RENSEIGNEMENTS GÉNÉRAUX.

§ Ier. — PRODUCTION GÉNÉRALE DES CÉRÉALES DEPUIS 1815.

(D'après les informations du Bureau des subsistances.)

Depuis 60 ans, la superficie cultivée en céréales a augmenté en France de près d'un cinquième, — 19 p. 100, — mais la mesure de cette augmentation est loin d'être la même suivant les espèces, et l'on peut voir, par le tableau suivant, que certaines superficies ont même diminué.

SUPERFICIE CULTIVÉE. (Résultats moyens annuels en hectares.)

PÉRIODES.	FROMENT.	MÉTEIL.	SEIGLE.	ORGE.	AVOINE.	SARRASIN.	MAÏS et MILLET.
1815-1820	4,608,653	894,571	2,591,233	1,170,225	2,943,030	666,460	563,030
1821-1830	4,892,650	885,111	2,751,710	1,234,585	2,575,398	648,780	569,071
1831-1840	5,322,398	888,628	2,654,845	1,292,918	2,830,479	692,314	594,419
1841-1850	5,803,249	852,135	2,611,616	1,229,900	3,001,657	686,145	643,093
1851-1860	6,424,963	639,711	2,185,951	1,106,076	3,063,305	727,647	658,893
1861-1870	6,923,605	591,103	2,003,946	1,116,219	3,274,709	735,678	658,788
1871-1874	6,765,235	505,018	1,895,936	1,136,264	3,249,206	688,158	677,274

On remarquera la continuité des mouvements d'augmentation et de diminution qui se sont produits dans les superficies cultivées. Cette continuité s'explique par la constance des divers besoins auxquels répond la culture des céréales, et doit être, par cela même, en raison de l'augmentation de la population. Toutefois, l'examen des chiffres ci-dessus révèle certaines modifications dans le mode d'alimentation des hommes et des animaux. C'est ainsi que les superficies cultivées en froment, avoine, maïs et millet, ont augmenté [1], tandis que les superficies cultivées en orge et sarrasin restent à l'état stationnaire, et que celles du méteil et du seigle sont depuis longtemps en voie de diminution.

Voici dans quelle mesure ont eu lieu ces mouvements :

ACCROISSEMENT P. 100 DE LA SUPERFICIE CULTIVÉE.

AUGMENTATION.		DIMINUTION.	
Froment	47 p. 100	Méteil	43 p. 100
Avoine	10 —	Seigle	27 —
Sarrasin	3 —	Orge	3 —
Maïs et millet	20 —		

La diminution des superficies cultivées en méteil (mélange de froment et de seigle) et en seigle a été, pendant la période entière, de 31 p. 100 ; elle a été plus que compensée par l'augmentation de la superficie affectée au froment, dont la consommation ne cesse de s'accroître.

RENDEMENT BRUT MOYEN ANNUEL PAR HECTARE EN HECTOLITRES.

PÉRIODES.	FROMENT.	MÉTEIL.	SEIGLE.	ORGE.	AVOINE.	SARRASIN.	MAÏS et MILLET.
1815-1820	10,4	11,1	9,2	13,2	12,8	8,4	10,8
1821-1830	12,1	12,4	10,6	13,3	16,2	11,7	11,0
1831-1840	12,8	13,4	11,8	14,0	17,5	12,0	11,5
1841-1850	13,7	14,5	11,8	15,4	20,1	14,5	14,6
1851-1860	14,0	14,8	12,2	18,0	21,9	14,7	14,7
1861-1870	14,3	14,7	13,1	18,2	22,2	16,0	15,0
1871-1874	14,9	15,4	13,9	18,7	24,3	15,1	15,9

En général, ces chiffres démontrent que, quelle que soit la nature des céréales, le produit moyen a constamment augmenté sous l'influence de l'amélioration des cultures.

Voici dans quelles proportions ont eu lieu ces accroissements:

Froment	43 p. 100	Avoine	89 p. 100
Méteil	38 —	Sarrasin	79 —
Seigle	51 —		
Orge	41 —	Maïs et millet	37 —

1. Nous ne tenons pas compte de la diminution résultant, depuis 1871, de notre perte en territoire.

Il y a donc eu augmentation de produit même dans les superficies qui ont diminué ou ne se sont que faiblement accrues. Mais, c'est surtout pour l'avoine et le froment que les exigences de la consommation ont amené un accroissement considérable à la fois dans les superficies et dans le rendement à l'hectare.

Sous cette double influence, la production totale a suivi la marche ci-après :

PRODUCTION TOTALE EN HECTOLITRES.

PÉRIODES.	FROMENT.	MÉTEIL.	SEIGLE.	ORGE.	AVOINE.	SARRASIN.	MAÏS et MILLET.
1815-1820	47,941,417	9,973,327	24,013,886	15,436,522	37,769,244	5,526,298	6,107,841
1821-1830	59,288,589	11,013,415	29,077,573	16,354,007	41,804,977	7,602,732	6,256,367
1831-1840	68,047,325	11,878,581	31,501,164	18,056,326	49,569,416	8,314,574	6,841,838
1841-1850	79,589,750	12,375,655	31,355,602	19,029,026	60,360,256	9,962,067	9,401,395
1851-1860	90,073,640	9,484,448	26,804,749	19,423,202	67,300,279	10,736,951	9,697,242
1861-1870	98,983,631	8,666,261	26,325,051	20,328,332	72,702,661	11,800,131	9,819,571
1871-1874	101,275,677	7,783,158	26,255,260	21,280,288	78,032,459	10,385,200	10,740,093

C'est sur le froment et l'avoine qu'ont porté de 1815 à 1874 les plus fortes augmentations, ainsi que le démontrent les rapports décroissants ci-dessous :

Froment....... 111 p. 100 — Orge.......... 38 p. 100
Avoine........ 106 —
Sarrasin....... 87 — Seigle.......... 9 —
Maïs et millet.. 75 — Méteil.......... 29 — (Diminution).

La production du méteil aurait donc seule diminué ; on peut en dire autant de celle du seigle, au moins depuis 1841 ; toutes les autres productions ont régulièrement progressé.

LÉGUMES SECS ET POMMES DE TERRE.

PÉRIODES.	SUPERFICIE en hectares.		PRODUIT MOYEN par hectare.		PRODUCTION en hectolitres.	
	Légumes secs.	Pommes de terre.	Légumes secs.	Pommes de terre.	Légumes secs.	Pommes de terre.
			hectol.	hectol.		
1815-1820	245,223	566,933	8,4	59,6	2,075,821	33,826,615
1821-1830	283,950	590,980	9,7	80,3	2,759,733	47,456,401
1831-1840	314,800	805,453	10,6	96,2	3,350,212	77,460,712
1841-1850	322,451	986,489	12,7	95,2	4,101,153	93,943,446
1851-1860	349,509	941,288	12,8	88,3	4,458,691	83,109,934
1861-1870.	339,480	1,146,149	12,6	99,7	4,274,125	114,262,269
1871-1874	323,471	1,261,976	14,6	103,5	4,738,195	130,671,746

D'après ces chiffres, la production des pommes de terre aurait presque quadruplé depuis soixante ans. Voici du reste l'accroissement comparatif, pour cette période, des surfaces, produits moyens et produits totaux des légumes secs et des pommes de terre.

CULTURES.	ACCROISSEMENT P. 100 de 1815 à 1874		
	de la superficie.	du produit moyen par hectare.	du produit total.
Légumes secs.	32 p. 100	74 p. 100.	127 p. 100.
Pommes de terre	122 —	73 —	236 —

Comme pour les céréales, le mouvement d'augmentation est constant pour les pommes de terre. Il faut excepter, toutefois, la période de 1851 à 1860, marquée par les trois mauvaises récoltes de 1852, 1853 et 1854. On constate de même, dans la superficie cultivée en légumes secs, une diminution assez considérable en 1866, suffisante pour affecter la production totale de la période.

CONSOMMATION DU FROMENT.

Les documents officiels auxquels nous avons emprunté les chiffres qui précèdent renferment, sur la récolte du froment, à partir de 1821, des renseignements intéressants que nous résumons par périodes dans le tableau suivant :

FROMENT. (Moyennes annuelles.)

PÉRIODES.	PRODUCTION totale en hectolitres.	POIDS de l'hectolitre.	PRODUCTION en quintaux.	SEMENCE par hectare.	QUANTITÉ employée pour la semence.	PRODUCTION (semence déduite).
		kilogr.		hectolitres.	hectolitres.	hectolitres.
1821-1830.	59,283,589	75,6	44,822,173	2,30	11,251,095	48,034,494
1831-1840.	68,047,325	75,7	51,508,835	2,25	11,975,395	56,071,930
1841-1850.	79,589,759	75,6	60,169,856	2,20	12,767,148	66,822,611
1851-1860.	90,073,640	75,7	68,185,745	2,15	13,813,670	76,259,970
1861-1870.	98,988,631	75,9	78,599,191	2,10	14,539,570	84,449,061
1871-1874.	101,275,677	76,0	76,969,515	2,15	14,545,525	86,730,152

De 1821 à 1874, c'est-à-dire depuis 54 ans, le poids et le volume du froment récolté se sont accrus dans la même proportion, 71 p. 100. Le poids moyen de l'hectolitre a, en effet, très-peu varié, puisque son augmentation dans un si long espace de temps n'est que de 0,5 p. 100.

Il n'en est pas de même de la quantité de semence nécessaire pour un hectare, qui, grâce au perfectionnement des procédés, a diminué de 6,5 p. 100. Il en résulte que la quantité totale de semence employée, malgré l'accroissement considérable de la superficie cultivée, n'a augmenté en 54 ans que de 29 p. 100, soit un peu plus du quart. Ce résultat est intéressant à rapprocher de l'accroissement de la production et peut se traduire ainsi : Il y a 50 ans, 100 hectares exigeaient 230 hectolitres de froment, pour produire 1,210 hectolitres ; actuellement il n'en faut plus que 175 pour obtenir la même quantité de produits ; ou encore : Vers 1825, l'hectolitre de semence donnait 5 hectolitres de froment, tandis que de 1871 à 1874, le même hectolitre a donné, année moyenne, 6,9 hectolitres.

Quant à la consommation, sur laquelle la production doit nécessairement se régler, on peut l'établir à l'aide de la production et des excédants définitifs d'importation sur l'exportation.

C'est ce que nous avons fait dans le tableau suivant, qui résume les mouvements annuels par périodes, à partir de 1828 :

FROMENT. (Résultats moyens annuels.)

PÉRIODES.	PRODUCTION (semence déduite).	EXCÉDANTS définitifs d'importation.	CONSOMMATION (semence déduite).
	hectolitres.	hectolitres.	hectolitres.
1828-1830	50,709,535	1,451,844	52,161,429
1831-1840	56,071,940	644,869	56,716,809
1841-1850	66,822,611	1,089,428	67,912,039
1851-1860	76,259,970	142,984	76,402,954
1861-1870[1]	84,449,061	3,089,615[1]	87,538,676
1871-1875	86,730,152	9,296,321	96,026,473

Ce tableau montre que, malgré certaines années prospères, la production du pays n'a pu suffire à sa consommation. Dans toutes les périodes, en effet, il y a eu un excédant définitif d'importation. On calcule que, depuis 47 ans, la production ne s'est accrue que de 71, tandis que l'accroissement de la consommation a été de 84 p. 100. Pour chaque période le déficit est constant, mais on remarquera combien il s'est aggravé dans la dernière période.

§ 2. — DISTRIBUTION GÉOGRAPHIQUE DES ANIMAUX DOMESTIQUES.

Indépendamment de leur valeur intrinsèque comme animaux de luxe ou de travail, les quarante-huit millions de têtes de bétail relevés en 1873 constituent une source de produits d'une haute importance pour l'alimentation du commerce et de l'industrie. Ajoutons que les mélanges continus auxquels donnent lieu les croisements des races françaises et des races étrangères ont singulièrement amélioré la qualité et augmenté la quantité de ces produits (viande, lait, laine, etc.).

Il est résulté de ces mélanges que les caractères distinctifs des races vont en s'atténuant de plus en plus. Toutefois, leur distribution sur le sol français offre des différences assez marquées pour que l'on puisse donner une idée générale de la répartition géographique des diverses races qui constituent les quatre principales espèces de nos animaux domestiques : espèces chevaline, bovine, ovine et porcine.

On se bornera, d'ailleurs, à ne signaler que les principales races, en caractérisant d'un mot les qualités diverses propres aux plus remarquables d'entre elles.

1. On n'a pas tenu compte de l'année 1870, la production n'ayant pas été relevée pour cette année.

ESPÈCE CHEVALINE.

Dans le Nord, il n'existe que des races communes, les races *boulonnaise, flamande, picarde* et *ardennaise.*

Dans le Centre, on trouve dans les parties nord-ouest et ouest les races suivantes, d'origine anglaise : *normande* (Cotentin, du Merlerault, etc.), *anglo-normande* et *vendéenne.* Les autres races du Centre sont dites communes; mais il faut distinguer entre toutes la race *percheronne,* produit français par excellence, qui fournit les meilleurs chevaux de trait. A l'extrême Est, on rencontre les races *lorraine* et *comtoise,* et à l'Ouest la race *poitevine,* dont les juments servent surtout à produire des mules et des mulets.

Au Sud, indépendamment des races *landaise, navarrine, limousine* et de celles de *la Camargue* et de *la Corse,* toutes d'origine anglaise ou arabe, on trouve les races communes suivantes : *du Médoc, ariégeoise* et *du Rouergue.*

ESPÈCE BOVINE.

On ne relève dans le nord de la France que deux races distinctes, la *flamande* et l'*ardennaise.* La première donne de bonnes vaches laitières.

Dans le Centre, on trouve au nord-ouest et à l'ouest les races *normande, mancelle, bretonne* et *parthenaise.* Les vaches normandes et mancelles sont très-laitières. Il en est de même des bretonnes, malgré la petitesse de leur taille. La race parthenaise est surtout propre au travail. Puis vient la race *charolaise,* que son croisement avec le Durham a perfectionnée considérablement et qui est destinée à l'engraissement. A l'extrême Est, on trouve les races *lorraine* et *fémeline* (ou *comtoise*). Cette dernière, tout en fournissant de bons animaux de travail, donne du lait pour la fabrication des fromages de Gruyère. On peut encore citer comme variétés les races *berrichonne, morvandelle,* etc.

C'est dans le Sud qu'existe la plus grande diversité de races. Entre la race *maraichine,* que l'on trouve dans les marais de la Saintonge, et la race *pyrénéenne* (races de Lourdes, basquaise, tarbaise, etc.), viennent se placer les races *garonnaise* (bazadaise, qui est très-propre à l'engraissement, agenaise, etc.), *ariégeoise, limousine, de Salers, d'Aubrac, du Mezenc, bressane* et *tarentaise.* Les races de Salers et d'Aubrac sont spécialement renommées pour leur aptitude au travail. Enfin, la race tarentaise (Savoie) fournit de bonnes vaches laitières. Beaucoup de sous-races, telles que la *landaise,* la *gasconne,* la *dauphinoise,* ne sont que des variétés des races ci-dessus indiquées.

ESPÈCE OVINE.

Dans le Nord, on trouve la race de *Mauchamps,* race mérinos à laine fine, et la race *flamande,* à laine longue et grossière, mais que l'on croise avantageusement avec le dishley. On citera également la variété *ardennaise.*

Dans le Centre, l'espèce ovine est caractérisée par les races *mérinos* et *métis-mérinos* (moutons cauchois, beaucerons, briards, champenois, bourguignons). Viennent ensuite les races de *la Charmoise* et *solognote :* la première est le produit de nombreux croisements ; la seconde, très-rustique, s'allie souvent avec le southdown.

Dans le Sud, en dehors des variétés de la race mérinos (moutons arlésiens, roussillonnais, de Naz, etc.), on rencontre au premier rang les races *du Larzac, lauraguaise, barbarine, puyricarde* (race de Venz, etc.) et *des bruyères*. Les races du Larzac et des bruyères fournissent des viandes estimées. La race lauraguaise, à laine courte, est très-rustique et a été croisée avec le dishley mérinos. Les brebis sont laitières. On peut citer encore, mais à titre de variétés, les sous-races *briançonnaise, limousine, landaise, ariégeoise.*

ESPÈCE PORCINE.

Les porcs n'offrent pas de races distinctes dans le Nord.

Ces races distinctes se trouvent dans les parties nord-ouest et ouest de la région du Centre, c'est-à-dire dans la Normandie et le Maine, et sont désignées sous le nom de races *augeronne* et *craonnaise*. Dans la partie Est, on remarque la race *lorraine*. La race augeronne, dont on rencontre encore des spécimens à l'Est et à proximité de Paris, a été singulièrement améliorée par le croisement avec les races anglaises.

Trois races se partagent le Sud. Ce sont les races *bressane,* dans la partie Est, *périgourdine* et *béarnaise,* dans la partie ouest. Elles se distinguent des races du Centre en ce qu'elles ont toutes une robe semi-noire ou entièrement noire.

—

§ 3. — COMMERCE DES PRODUITS AGRICOLES.

Nous donnons à la page suivante l'énumération des principaux produits agricoles, d'après la nomenclature adoptée dans les tableaux de douanes.

Les chiffres des importations et des exportations sont ceux du commerce spécial.

Nos recherches ont porté sur les quatre dernières années (1871 à 1874 inclusivement).

Il devient possible, grâce à ces tableaux, d'évaluer, quand on connaît la production, la consommation totale du pays en ce qui concerne ces divers produits.

Le premier de ces tableaux comprend les denrées végétales, le second les produits animaux.

COMMERCE DES PRODUITS AGRICOLES.

DENRÉES AGRICOLES DIVERSES.	UNITÉS.	IMPORTATIONS (Quantités). 1871.	1872.	1873.	1874.	EXPORTATIONS (Quantités). 1871.	1872.	1873.	1874.
Engrais de toutes sortes	Kilogr.	106,816,121	60,053,825	137,048,360	155,575,026	18,135,347	45,004,161	41,703,857	52,519,675
Froment, épeautre et méteil (grains)	Quint. métr.	9,498,382	4,045,181	4,953,827	7,000,873	50,363	2,341,924	1,005,870	782,087
Seigle (grains)	—	55,060	19,140	29,021	125,306	583,750	2,365,457	1,351,301	913,818
Maïs (grains)	—	298,083	223,807	811,149	437,556	68,388	108,870	67,050	128,218
Orge (grains)	—	604,533	807,323	985,204	1,172,714	1,078,110	4,143,603	2,068,780	1,937,728
Sarrasin (grains)	—	111	102	40	926	61,229	105,097	78,101	67,836
Avoine (grains)	—	3,184,207	455,783	788,178	1,357,461	275,908	518,108	517,471	428,636
Graines à ensemencer	—	24,040,091	13,980,069	3,750,610	3,512,700	7,651,918	15,129,560	17,031,661	11,429,152
Grains perlés ou mondés	Kilogr.	361,878	52,153	70,785	23,848	90,572	170,609	349,481	273,019
Riz { Grains	—	31,521,794	17,184,121	29,850,591	25,118,616	4,880,180	2,131,175	1,620,972	3,205,981
Riz { Paille	—	15,953,402	5,911,712	16,704,821	19,350,754	151,050	5,811	1,754	112
Millet	—	1,307,111	518,707	1,827,885	209,536	151,887	480,157	112,303	227,125
Pommes de terre	—	21,219,074	11,298,270	26,700,105	9,068,779	85,830,378	159,303,142	138,056,035	178,868,330
Farines de céréales	Quint. métr.	674,367	152,870	170,572	223,827	69,964	695,698	998,604	772,064
Marrons, châtaignes et leurs farines	Kilogr.	3,088,606	2,907,637	3,340,133	2,013,149	3,613,516	4,172,038	5,402,769	6,447,892
Légumes secs et leurs farines	—	59,000,036	26,024,024	56,518,866	21,118,616	12,123,068	25,344,731	19,807,092	21,159,164
Légumes verts	—	6,578,687	6,797,616	7,973,610	7,838,281	6,610,095	9,796,781	13,758,778	18,203,491
Graines oléagineuses	—	176,989,190	146,059,334	230,018,301	104,243,531	4,719,170	5,027,273	2,069,961	2,252,672
Tourteaux de graines oléagineuses	—	18,156,010	12,195,812	12,215,985	10,603,961	25,580,918	52,122,491	58,950,257	79,243,099
Fruits { oléagineux	—	87,177,840	90,632,898	80,800,360	134,765,332	10,107,257	4,970,785	9,017,910	15,218,860
Fruits { de table	—	52,103,127	63,283,091	71,401,677	61,822,878	35,504,649	25,995,955	20,215,331	63,713,510
Fruits { à distiller	—	650,978	706,166	305,660	784,351	77,214	91,709	107,360	89,009
Betteraves	—	21,891,028	27,228,061	20,060,981	21,113,550	48,159,134	62,388,701	56,157,597	60,189,339
Sucre { brut	—	118,709,171	142,301,716	117,080,966	130,237,204	109,115,038	96,688,777	68,413,386	111,836,485
Sucre { raffiné ou assimilé au raffiné	—	38,510,855	28,763,739	33,906,492	28,611,613	79,666,939 [1]	138,303,202 [1]	149,566,518 [1]	184,701,651 [1]
Sucre { mélasses	—	47,754,207	17,191,490	19,745,828	35,940,639	5,817,072	7,283,421	7,095,980	18,055,802
Chicorée { en racines	—	12,918,713	6,928,066	11,392,922	12,000,610	205,161	57,399	62,016	73,511
Chicorée { moulue (faux café)	—	247,202	817,811	486,907	405,613	336,393	690,520	1,025,162	1,320,778
Houblon	—	1,786,971	2,650,711	1,816,811	1,646,292	1,271,103	1,069,863	1,047,180	1,813,261
Tabacs { en feuilles et côtes	—	17,423,438	19,540,078	20,636,418	28,218,111	154,927	376,590	137,623	444,018
Tabacs { fabriqués et nanels	—	117,978	260,121	196,445	178,297	203,430	168,102	197,754	193,581
Chanvre (en tiges, taillé et peigné)	—	13,003,381	15,538,014	18,130,076	10,573,073	610,035	500,293	965,667	886,482
Lin (en tiges, taillé et peigné)	—	63,690,519	53,746,697	24,580,558	90,163,373	17,529,591	12,852,952	14,148,567	13,267,088
Fourrages (foins, paille et herbes)	—	38,214,907	11,628,711	10,460,870	15,270,250	4,093,809	6,606,510	11,283,081	16,626,490
Vins { ordinaires	Litres.	11,225,804	48,178,088	90,650,532	94,102,855	317,383,200	321,078,700	380,198,600	305,875,600
Vins { de liqueurs	—	3,550,370	3,085,926	3,720,559	3,900,632	14,542,400	18,918,300	17,644,500	17,372,800
Vinaigres { du vin ou de bois	—	313,242	308,020	623,066	1,301,142	2,731,030	8,769,300	8,257,300	8,274,230
Vinaigres { autres	—	85,810	426,500	429,265	104,637	59,700	106,100	63,200	30,500
Cidre, poiré, verjus	—	12,741	6,189	7,067	18,121	3,080,700	1,280,860	934,300	2,409,700
Bière	—	7,697,151	27,550,881	27,030,291	24,611,028	2,064,700	2,516,400	2,813,200	2,190,200
Eaux-de-vie (alcool pur) { de vin	—	107,971	42,508	41,438	23,162	35,325,900	30,316,200	35,777,300	25,312,100
Eaux-de-vie (alcool pur) { autres	—	4,038,505	4,370,011	3,504,633	5,011,133	1,351,231	5,468,153	4,717,500	5,774,293

[1] Sucre raffiné seulement.

ANIMAUX ET PRODUITS ANIMAUX.		UNITÉS.	IMPORTATIONS.				EXPORTATIONS.			
			1871.	1872.	1873.	1874.	1871.	1872.	1873.	1874.
Espèce chevaline	Chevaux entiers	Têtes.	1,922	475	569	503	692	1,166	727	1,012
	Juments	—	7,593	3,383	2,746	2,531	1,018	4,612	5,666	6,425
	Autres	—	20,783	9,949	7,931	7,256	2,673	10,135	16,430	16,264
Mules et mulets		—	312	621	492	330	18,692	13,079	12,136	12,253
Anes et ânesses		—	583	1,414	1,715	1,206	399	1,246	1,394	944
Espèce bovine	Bœufs	—	82,101	75,342	57,623	24,482	3,373	10,548	18,873	25,349
	Vaches	—	79,632	65,536	51,958	46,882	6,011	13,766	13,976	24,578
	Taureaux	—	827	691	932	1,166	25	209	517	1,203
	Veaux	—	35,797	39,015	29,886	45,269	2,768	7,652	16,314	21,365
	Autres (bouvillons, taurillons, génisses)	—	9,708	11,686	11,554	7,789	398	983	16,430	3,546
Espèce ovine	Béliers, moutons et brebis	—	1,313,554	1,740,016	1,578,751	1,136,707	32,388	58,977	60,692	64,007
	Agneaux	—	8,839	9,614	10,366	8,670	1,034	1,704	2,113	3,594
Espèce porcine	Porcs	—	283,399	157,249	74,700	81,015	9,312	68,232	188,992	172,282
	Cochons de lait	—	133,320	116,064	61,063	70,336	3,193	24,159	75,561	50,853
Espèce caprine	Boucs et chèvres	—	7,314	6,116	5,390	4,170	1,777	2,352	2,719	4,222
	Chevreaux	—	1,575	2,610	2,544	2,852	259	615	851	1,169
Viandes	fraîches de boucherie[1]	Kilogr.	796,739	1,471,361	2,049,326	3,324,516	116,672	482,120	1,077,567	1,493,899
	de porc salé	—	21,608,856	20,422,746	19,196,189	7,842,506	4,994,364	5,091,733	2,770,819	2,763,974
Fromages		—	14,669,442	11,172,297	11,262,672	9,930,624	2,658,268	3,048,262	3,135,262	3,815,206
Beurre (frais et salé)		—	2,684,502	3,628,743	3,733,192	3,583,138	20,205,987	23,945,618	31,415,671	36,833,194
Laines de toutes sortes		—	106,635,387	111,265,430	123,556,917	120,406,182	29,845,936	22,504,543	19,444,345	24,413,433
Peaux brutes (grandes et petites)		—	35,451,266	56,333,077	61,221,707	65,629,558	20,225,045	16,934,900	13,661,032	15,475,178
Graisses, suif et saindoux		—	38,900,666	50,313,498	38,071,424	22,927,542	4,103,827	5,832,719	7,636,960	8,318,672
Miel		—	477,938	133,018	664,740	221,360	762,299	796,950	1,152,770	1,266,495
Cire non ouvrée		—	647,428	811,558	452,027	347,639	187,592	279,142	330,383	415,158
Cocons de soie		—	1,702,798	1,697,723	1,780,213	2,027,989	282,923	536,006	479,050	331,691

[1] Non compris la volaille et le gibier.

CHAPITRE II.

RENSEIGNEMENTS PARTICULIERS PAR DÉPARTEMENT.

HAUTES-ALPES. — Le produit annuel total des arbres oléagineux, noyers et amandiers, a été, en 1873, notablement inférieur au produit annuel moyen.

Tout le revenu des pacages et pâturages se réduit à une redevance de 75 cent. à 1 fr., payée pour chaque tête de bétail autorisée à y paître. Ces troupeaux viennent de la Provence.

ARDÈCHE. — Situation agricole médiocre. Dans le sud du département, le phylloxéra a déjà détruit ou menace de détruire sous peu les meilleurs crus, et cette destruction porte, en général, sur un sol impropre à la culture des céréales. D'autre part, depuis vingt ans, la maladie des vers à soie poursuit ses ravages. Dans le nord, la situation serait bonne si les jeunes gens ne désertaient le pays et le métier agricole, pour s'adonner au commerce et à l'industrie.

ARDENNES. — Diminution notable des terrains incultes. La crainte des gelées et le manque de bras restreignent un peu, chaque année, la viticulture. L'outillage agricole perfectionné se multiplie lentement, ainsi que les plantes industrielles. Le cultivateur, en raison de cet accroissement, sera bientôt obligé de recourir aux engrais de commerce.

ARIÉGE. — Mauvaise année pour les céréales. Les farineux, principalement les pommes de terre, ont donné, dans certains quartiers, un produit supérieur à la moyenne ; mais les haricots ont fait défaut dans les terrains légers, résultat dû aux chaleurs extrêmes de juillet et d'août. De toutes les coupes de fourrages, il n'y a que la première qui ait donné un produit supérieur à la moyenne. La vigne seule a donné de bons résultats.

Les progrès agricoles s'introduisent péniblement. Les assolements varient suivant les contrées. Dans la haute Ariége, on sème la pomme de terre sur le seigle et le maïs, et, comme récolte intermédiaire sur le même assolement, le sarrasin. Dans la plaine, c'est toujours du maïs ou une culture fourragère que l'on sème comme accessoire sur les emblavures de froment, méteil et seigle.

AUDE. — La culture des céréales et des oliviers diminue chaque année par suite des plantations de vigne. Dans le canton de Lézignan, les 20,500 hectares de vignes ont produit une moyenne de 30 hectolitres de vin. Le prix de culture est pourtant assez élevé : la journée du vigneron est de 3 fr. en hiver et de 4 fr. en été. L'arrondissement de Castelnaudary ne cultive que des céréales, et sa situation est rendue assez critique par un grand nombre d'émigrations vers le bas Languedoc.

BELFORT (Territoire de). — Le territoire actuel de Belfort est une fraction de l'ancien arrondissement, dont cette ville était le chef-lieu administratif et judiciaire, et qui appartenait au département du Haut-Rhin. Des neuf cantons que comprenait jadis cet arrondissement, il nous en reste quatre, plus ou moins modifiés. En somme, nous avons conservé 106 communes, qui, d'après le recensement officiel de 1872, comprenaient 56,781 âmes et en contiennent environ 63,000 aujourd'hui, par suite de l'émigration alsacienne et du retour des troupes.

Le territoire de Belfort a pour étendue à vol d'oiseau, du nord au sud, 42 kilomètres, et de l'ouest à l'est, 24 kilomètres.

Les cultures y sont : le blé, le froment, le seigle, l'orge, l'avoine, les pommes de terre ; pas de maïs, peu de cultures industrielles. La betterave n'est cultivée qu'en quelques points pour la distillation, et le houblon, sur une étendue insignifiante. La culture du chanvre est réduite aussi à de petites surfaces, et celle du lin est presque nulle.

Les cultures maraîchères des choux réussissent très-bien dans certains terrains ; la production de ce légume est assez considérable ; on l'utilise à la conserve de la choucroute qui est d'excellente qualité.

Le tabac commence à peine à être planté et promet de devenir très-beau. Mais sa culture ne semble pas devoir prendre encore une grande extension.

La principale richesse consiste dans les prairies, où se pratique l'élève du bétail, spécialement des bœufs, dont un grand nombre sont exportés pour la boucherie.

La culture des arbres fruitiers n'est pas encore assez soignée dans les campagnes, malgré les efforts tentés en ce sens. Pour les fruits, surtout pour ceux qui réclament de la chaleur, les villes sont tributaires de l'importation. Les seuls arbres à fruits sont, pour les fruits à noyaux, les pruniers, cerisiers et merisiers ; pour les fruits à pépins, les pommiers, poiriers et cognassiers ; pour les fruits à endocarpe ligneux, le noyer, arbre délicat qui ne réussit qu'en certains points.

Ce territoire renferme de nombreuses forêts. Presque toutes les communes possèdent une forêt : hêtre, bouleau, frêne, charme, chêne ; dans la partie montagneuse (Vosges), sapin.

L'engrais d'étable est le seul employé dans le pays. Cela tient d'abord à son abondance par suite du nombre des prairies et de l'élevage du bétail. Les autres engrais azotés (guano, etc.) n'ont pas d'emploi. Il en est de même des phosphates calcaires. Là où le sol est trop pauvre en calcaire, les marnages et les phosphates seraient trop dispendieux.

Les blés, dans les régions jurassique et tertiaire, viennent parfaitement avec la simple culture traditionnelle. Ils sont de bonne qualité et donnent 75, 76 et 77 kil. à l'hectolitre.

La moyenne de production est de 17 à 18 hectolitres par hectare. Dans la région du lehm jurassique, où le sol est presque totalement argilo-marneux, la production atteint facilement les chiffres de 20 à 22 hectolitres par hectare, et même plus dans certaines parties, avec les soins de la culture.

Il est à remarquer qu'en général, la fumure, qui doit se partager entre les champs et les prés, n'est pas intensive, et qu'elle est peut-être au-dessous de ce qu'elle devrait être. Cela tient aux habitudes routinières des cultivateurs, qui soignent en général peu leurs fumiers et laissent perdre une grande partie de la matière azotée : leurs fumiers d'engrais forment dès lors une masse hydrocarbonée de cellulose végétale (paille), et deviennent insuffisants pour l'assimilation nécessaire de la matière azotée.

Cependant depuis quelques années, il y a un progrès sensible au point de vue des soins à donner au fumier.

L'assolement triennal est presque le seul en usage, le seul d'ailleurs qui soit possible, d'après l'expérience des cultivateurs.

La propriété du sol est extrêmement divisée. On ne trouve que très-peu (15 sur 5,382) d'exploitations dépassant 50 hectares. Cet extrême morcellement ne permet guère les grandes dépenses d'appropriation du sol, non plus que l'emploi de l'outillage perfectionné. Cependant, grâce à l'action lente, il est vrai, mais néanmoins efficace, des comices agricoles, les machines, notamment les machines à battre mues par des chevaux, commencent à se vulgariser, surtout depuis la pénurie de plus en plus accusée d'ouvriers agricoles.

Les faucheuses et moissonneuses n'auront que peu de chance de s'introduire, parce que les reliefs accidentés du sol y mettront un obstacle très-réel, indépendamment de la question économique et de la question technique de l'emploi.

CANTAL. — Sauf dans la *Planèze*, qui récolte du seigle, tout le massif montagneux du Cantal ne se livre guère qu'à l'élève du bétail et à la fabrication du fromage.

CHARENTE. — La culture par assolements est peu pratiquée. La grande et la moyenne propriété s'exploitent généralement par domestiques ou par métayage, rarement par fermage, surtout dans la région viticole. La petite propriété (au-dessous de 15 hectares) est exploitée par le propriétaire lui-même. Il y a beaucoup de petites propriétés, un assez grand nombre de moyennes, très-peu de grandes, sauf dans l'arrondissement de Confolens et dans certaines parties des arrondissements de Ruffec et d'Angoulême.

Les prairies artificielles et le nombre des arbres à fruits ont notablement augmenté depuis dix ans. Les fruits sont en général, à l'exception des cerises, consommés sur place.

L'importance des diverses cultures est calculée d'après la nature du sol et les facilités de placement des produits. Elle varie peu chaque année.

Le colza est spécialement cultivé dans l'arrondissement de Confolens; les cultures potagères et maraîchères sont généralement consommées sur place. Les topinambours et les betteraves sont cultivés pour la nourriture du bétail; toutefois, les betteraves sont, dans le domaine des *Plants*, employées à la fabrication de l'alcool.

CHARENTE-INFÉRIEURE. — La viticulture s'étend chaque année et produit les principaux revenus du département. Les bois diminuent sensiblement, et il en est de même de l'industrie salicole.

CHER. — Grande abondance de noyers et de châtaigniers; quelques amandiers. Tous ces arbres sont disséminés un peu partout, et la gelée de 1873 en a presque anéanti la récolte. Les fourrages sont consommés sur place. Les progrès de l'agriculture moderne pénètrent assez facilement, notamment la charrue Dombasle, avec ou sans train; il en est de même des engrais de commerce.

COTE-D'OR. — Culture variée et prospère, dont l'industrie départementale écoule en grande partie les produits. L'élevage des animaux d'espèce bovine et de race charolaise dans l'Auxois, celui des mérinos dans le Châtillonnais, ont une grande importance. Le houblon réussit fort bien dans nombre de cantons, et la fondation d'une grande sucrerie à Châtillon va développer dans ce pays la culture de la betterave. Les engrais artificiels et commerciaux commencent à se répandre partout; les instruments agricoles se perfectionnent, et les sociétés d'agriculture du département déploient la plus louable activité. Seule, la viticulture a souffert des gelées dans ces dernières années.

Creuse. — Situation assez mauvaise, mais tendant à s'améliorer. Les nouveaux engrais et engins aratoires sont adoptés généralement. L'élève du bétail se fait mieux. Le froment commence à remplacer le seigle; les prairies artificielles prospèrent et deviennent plus nombreuses.

Drôme. — L'agriculture est en progrès. Sur les grandes surfaces montagneuses impropres à la culture, on tente des reboisements. Les deux principales industries sont le mûrier et la vigne. Avant la maladie des vers à soie, la récolte des cocons s'élevait à 4,000,000 de kilogrammes; aujourd'hui elle ne dépasse pas 2,000,000 de kilogrammes. Quant aux vignes, la surface de 38,000 hectares qu'elles occupaient a été, depuis trois ans, réduite de moitié environ par les ravages du phylloxéra. Les vignerons, les attribuant à la sécheresse des six dernières années, attendent avec confiance une année pluvieuse, et plantent encore beaucoup.

Finistère. — Sol presque exclusivement granitique; quelques parties schisteuses, de rares gisements calcaires. Une vaste partie du littoral, formée de sables madréporiques contenant de 80 à 90 p. 100 de carbonate de chaux, est exploitée sous le nom de *ceinture dorée*. Le département compte 290,000 hectares de terres labourables, 260,000 hectares de landes, 40,000 hectares de prairies naturelles et 34,000 hectares de bois, dont un dixième appartenant à l'État. On y rencontre une infinité de sources et de ruisseaux qui, bien dirigés, permettraient d'accroître le nombre des prairies naturelles. Les exploitations sont morcelées en parcelles de moins d'un hectare en général. Les habitations rurales, couvertes en chaume, quelquefois en ardoises, n'ont guère qu'un rez-de-chaussée et un grenier; les étables sont mal installées, bien que les pierres de construction abondent. Les chemins vicinaux sont parfaitement entretenus, et les chemins d'exploitation très-mal; la nature pierreuse du sol les rend cependant peu boueux.

Les principales futaies sont le chêne, le châtaignier et le hêtre; quelques ormes, très-peu de frênes; des pins maritimes sur les fonds argilo-graveleux. Culture maraîchère importante à Roscoff, Saint-Pol-de-Léon et aux environs de Brest; point de vignes, mais de nombreux pommiers produisant 90,000 hectolitres de cidre.

Le département élève beaucoup de chevaux de la race de Léon, et aussi des bêtes de trait et de selle. Les vaches appartiennent surtout aux races bretonne et léonnaise, et ont été récemment croisées avec les Durham et les Ayr. Les races ovine et porcine offrent moins d'importance. Cette dernière s'améliore pourtant par des croisements avec les races anglaises.

Gard. — La maladie des vers à soie avait fait abandonner la sériciculture pour la viticulture. Aujourd'hui les vers à soie se portant un peu mieux et le phylloxéra ayant détruit presque toutes les vignes, on revient aux céréales et à la sériciculture.

Haute-Garonne. — Département essentiellement agricole. La vigne tend à remplacer les guérets; les fourrages sont consommés sur place. Dans les cantons montagneux, la culture pastorale domine.

GIRONDE. — Les plantes sarclées étant rares dans la Gironde, l'introduction de la culture du tabac a été fort utile, parce qu'il est très-facile de la faire alterner avec celle du blé dans les assolements. Dans les terres très-fertiles, on a pu, au moyen du grand trèfle, du sainfoin, etc., selon le terrain, adopter le roulement suivant, désigné sous le nom de tiercement : 1° récolte sarclée; 2° blé; 3° trèfle ou sainfoin. On a foncièrement amélioré des terres médiocres, en y semant des plantes telles que le lupin, le sarrasin, la citrouille, etc., pour enfouir en vert. Dans d'autres parties plus restreintes, s'est maintenu l'assolement biennal pur, blé et repos. Dans le bas Médoc, sur les terrains délaissés par la mer (les *Maltes*), mis en culture sous Henri IV, on sème d'abord du blé, puis des fèves, et ainsi de suite, pendant 8, 10, 12 ans, selon la fertilité du sol. Cette terre est ensuite abandonnée à elle-même après une dernière récolte de blé, et se convertit naturellement en une très-bonne prairie, où croît l'excellent trèfle, dit *maritime* (*Trifolium maritimum*). Dans les landes, on récolte d'abord du seigle, puis, lors de son sarclage, du petit mil, qui, semé dans la raie entre les billons, est chaussé après la moisson et récolté pour son grain et sa paille. Mais ici, les vrais produits sont ceux des troupeaux admis au pâturage, et le fumier qu'on en obtient.

HÉRAULT. — Les progrès du phylloxéra tendent à amener la substitution de la culture des céréales à celle de la vigne. Les instruments aratoires perfectionnés n'ont pas encore été adoptés; ils le seront forcément, à cause de la nature du sol, dans certains anciens vignobles abandonnés.

ILLE-ET-VILAINE. — La création et l'entretien parfait des chemins vicinaux constituent l'agriculture en progrès sensible. Le département fait un grand commerce de beurre et d'œufs avec l'Angleterre.

INDRE-ET-LOIRE. — La vigne s'étend de plus en plus. Comme elle absorbe des engrais sans en produire, ceux-ci sont peu abondants, ce qui amène un rendement de grains médiocre et réduit sensiblement la production fourragère. Il suit de là que le bétail n'est remarquable ni par le nombre ni par la valeur. Le morcellement de la propriété cause, en outre, une grande pénurie de bras.

LANDES. — La création de nombreuses voies de communication qui facilitent l'écoulement des produits, ainsi que l'institution des concours régionaux agricoles et de métayage, ont, depuis quelques années, heureusement métamorphosé le département. Des landes immenses ont été converties en terres labourables ou semées de pins maritimes. Le colon, qui est généralement routinier, finit cependant par adopter les instruments agricoles et les engrais nouveaux, ainsi que le croisement des bestiaux avec des races meilleures. L'accroissement du bien-être a restreint l'émigration vers les centres industriels.

HAUTE-LOIRE. — L'agriculture progresse lentement. Les instruments perfectionnés commencent à se répandre; il n'en est pas de même des amendements et engrais commerciaux. La journée d'un ouvrier a presque doublé depuis quelques années; elle est aujourd'hui de 2 fr. 50 c. à 3 fr. La culture de la vigne prend de l'extension. Des essais de semis de maïs et de garance ont parfaitement réussi.

Loire-Inférieure. — Dans les arrondissements de Châteaubriant et de Saint-Nazaire, le seul assolement pratiqué consiste dans la succession du froment au sarrasin. De faibles surfaces sont empruntées à l'une et à l'autre sole pour les farineux et les verts, et en outre, certaines mauvaises pâtures exigent quelques années de repos. Sur une partie de l'arrondissement de Nantes, rive gauche, et dans celui de Paimbœuf, pas d'assolement proprement dit, mais une culture avec alternance insuffisante de choux, racines et verts, avec la sole de céréales. Une partie de celle-ci reste aussi un an sans culture, servant de mauvaises pâtures. Dans l'arrondissement d'Ancenis et dans la majeure partie de celui de Nantes, l'assolement est mieux entendu; le froment ne revient, en général, que tous les trois ans; les racines, choux verts de printemps, navets et trèfles, entrent dans ce roulement pour une proportion qui s'accroît lentement. Il y a progrès pour l'élève du bétail; mais les capitaux manquent et les étables sont basses et malsaines.

Loiret. — L'agriculture progresse. Les charrues perfectionnées et les engrais commerciaux se répandent. Les gelées ont fait arracher plus de 5,000 hectares de vignes, et transformé en agriculteurs nombre de vignerons. La récolte du safran a été très-belle en 1873, mais l'Espagne fait, sous ce rapport, au Gâtinais une concurrence désastreuse.

Lot. — La situation agricole progresse, notamment la viticulture, mais, par suite de l'émigration vers les villes, les bras manquent et ne peuvent être, dans les coteaux de cette région, remplacés par des machines. Le département récolte une grande quantité de truffes.

Maine-et-Loire. — Pas d'assolement régulier, sauf dans quelques grandes exploitations modèles. En principe, l'assolement doit être triennal dans la grande culture, biennal dans la petite; mais cette clause n'est observée que lors des fins de bail. Le froment suit cependant assez régulièrement cette règle. Il couvre, chaque année, environ les deux cinquièmes des terres labourables du département.

Manche. — Malgré l'augmentation des salaires, les ouvriers agricoles émigrent vers les grands centres. On délaisse la culture des orges, et les terres en labour se transforment en prairies. Les perfectionnements se réduisent à l'adoption de quelques assolements à courte période. La pratique agricole est d'ailleurs très-défectueuse. On admet volontiers les engrais de mer. Les chevaux et animaux de boucherie ont considérablement progressé depuis vingt ans. La production annuelle du beurre atteint environ 11,000,000 de kilogrammes, dont les quatre cinquièmes sont expédiés à Paris et en Angleterre. L'usage du pain de froment et de la viande se généralise dans l'alimentation.

Mayenne. — Les assolements les plus fréquents sont les suivants : l'assolement de six ans : 1re année, froment; 2e année, orge ou avoine de printemps; 3e année, trèfle; 4e année, froment; 5e année, coupages consommés verts, seigle, vesces, maïs, etc; 6e année, plantes sarclées, choux, betteraves, navets, pommes de terre, etc. Cet assolement, auquel on peut reprocher de faire succéder l'orge au froment, a l'avantage de donner suffisamment de fourrages, surtout quand il est soutenu par de bonnes prairies naturelles et des luzernières; il est suivi dans l'arrondissement de Château-Gontier et dans une petite partie de celui de Laval. Dans ce dernier arrondissement et dans quelques cantons de l'arrondissement de Château-Gontier, on suit une rotation quinquennale : 1re année, froment ; 2e année, orge ou avoine de printemps ; 3e année, trèfle ; 4e année, froment ; 5e année, pâture, coupages verts et plantes sarclées. Ce système est inférieur au précédent, comme donnant moins de fourrages, et moins favorable à la propreté des terres labourables. Il doit être préféré toutefois à l'assolement triennal suivant, maintenu par la routine dans presque tout l'arrondissement de Mayenne : 1re année, froment, seigle ou sarrasin ; 2e année, orge ou avoine de printemps ; 3e année, ray-grass, dont une partie est gardée pour graine. Cet assolement ne permet ni de nettoyer, ni de laisser reposer les terres, et ne donne ni fumier, ni fourrages. Quelques terres riches substituent le lin à l'une des deux céréales.

Morbihan. — Malgré de grands progrès, il reste beaucoup à faire ; les nouvelles voies de communication seront d'un grand secours. Les sociétés agricoles entretiennent l'émulation par leurs primes.

Nièvre. — Progrès sensibles, grâce à l'extension des prairies artificielles, à l'augmentation du bétail de choix et à l'emploi mieux entendu des engrais. Dans les terrains argileux et argilo-siliceux, les chaulages ont été très-favorables aux céréales et aux plantes fourragères, ainsi que les marnages qui ont pourtant nui à la betterave. Quelques cantons possèdent aujourd'hui les trois quarts de têtes de gros bétail. Les agriculteurs demandent la réduction, pour la chaux, des tarifs de transports. Les vignes ont souffert des gelées. Pas assez de bras ; trop de foires et de cabarets.

Oise. — Situation satisfaisante. On adopte partout les instruments perfectionnés et les engrais nouveaux ; mais, par suite de l'émigration vers les centres industriels, le prix de la main-d'œuvre s'est accru d'un tiers depuis dix ans et augmente sans cesse. L'établissement de plusieurs sucreries a mis en grand honneur la culture de la betterave, et amené une heureuse modification dans les assolements. On sème la betterave, puis le blé, ensuite l'avoine ou l'orge, après quoi on laisse le sol en jachère franche pendant un an. La vigne est abandonnée peu à peu, parce que la facilité des transports amène dans le pays des vins à bon marché. La récolte du blé, en 1873, n'a pas été bonne, en grande partie à cause des rongeurs. L'élevage des bestiaux est en progrès, notamment celui des mérinos.

Pas-de-Calais. — La prospérité matérielle est grande, et due en partie à ce que les femmes travaillent autant et plus que les hommes, qui fréquentent trop les cabarets. Les jachères disparaissent partout, et la culture de la betterave gagne beaucoup. Pas de pâturages, trop peu d'engrais commerciaux et d'instruments perfectionnés ; pas assez de bras en beaucoup d'endroits, à cause des sucreries et des charbonnages des environs. L'élevage du bétail est en progrès. Le canton de Bapaume réclame l'autorisation de cultiver le tabac.

Puy-de-Dome. — Département essentiellement agricole. Deux régions : la plaine dite la Limagne, et la montagne. Morcellement infini de la propriété, et, par suite, pas d'assolement régulier, mais un soin extrême dans la culture et une grande fertilité. Ce morcellement a lieu même pour les vignes des coteaux. Les céréales, les racines fourragères et industrielles, le colza, le chanvre, les fourrages naturels et artificiels, les fruits, les légumes, etc., tout réussit. Il y a environ 27,000 ou 28,000 hectares de vignes, valant 18,000 à 20,000 fr. l'hectare en moyenne. Dans la montagne, on convertit les terres cultivables en prairies et pacages; on y élève des bestiaux, et l'on y fabrique du beurre et du fromage. Sur les 90,663 hectares de bois, 13,000 ont été, depuis 1843, reboisés par la Société d'agriculture.

BASSES-PYRÉNÉES. — Récolte médiocre en 1873, à cause des gelées d'avril. La seule culture industrielle est le lin; elle est en progrès, et l'on tend à vulgariser le lin de Riga, qui est très-productif. Les prairies artificielles prennent aussi de l'extension. L'élève des mules nuit un peu à l'industrie chevaline; quant à l'espèce bovine, qui est de la race des Pyrénées, elle est remarquable sous tous les rapports. L'outillage agricole a fait quelques progrès, mais le manque de capitaux empêche les engrais commerciaux de se répandre. L'assolement biennal, froment et maïs, est généralement suivi.

PYRÉNÉES-ORIENTALES. — La viticulture tend à remplacer la culture des céréales.

HAUTE-SAVOIE. — Sauf pour les fourrages, la récolte de 1873 a été inférieure à celle d'une année moyenne. La récolte médiocre des seigles, de la vigne et des noix, est due aux gelées du printemps.

TARN. — Trois assolements divers: le plus répandu est l'assolement biennal, pratiqué de la façon suivante, principalement dans la plaine, où les terres sont bonnes : 1re année, blé, jachères ou plantes sarclées ; 2e année, maïs ou blé.

Dans les terrains de qualité inférieure et dans la montagne, le froment est remplacé par le seigle.

L'assolement triennal comprend alors : 1re année, jachères; 2e année, blé; 3e année, maïs.

Dans les bonnes terres, la jachère est généralement occupée par le trèfle, les haricots, les fèves et les pommes de terre.

Dans la région montagneuse, on suit la culture *pastorale mixte,* qui est combinée de la manière suivante : 1re année, seigle avec fumure ; 2e année, avoine ou pommes de terre ; 3e, 4e et 5e années, genêt à balais ; 6e année, seigle sur écobuage.

TARN-ET-GARONNE. — La viticulture prend une grande extension par suite de ses avantages dans les terres légères et du bon prix des vins. Même remarque pour la culture de la grande luzerne. Elle favorise l'élève du bétail, restreint la surface à travailler ou à fumer, et amende le sol.

II

HOLLANDE

II

HOLLANDE

CHAPITRE PREMIER.

RENSEIGNEMENTS GÉNÉRAUX.

§ 1er. — ASSOLEMENTS.

En divisant la surface du pays d'après la culture du sol, on a en hectares :

Dunes maritimes			43,840	hectares.
Bois et plantations			225,000	—
Terres destinées à l'élève du bétail			640,130	—
Terrains propres à l'agriculture	Terres cultivées.	1,747,030	2,371,690	—
	Terres incultes..	624,660		

Ces derniers se subdivisent eux-mêmes en :

Terres sablonneuses	Cultivées	939,690	1,555,790	—
	Incultes	616,100		
Terres argileuses	Cultivées	807,330	815,900	—
	Incultes	8,570		

Voici les subdivisions des terres agricoles sablonneuses :

Assolement triennal	Terres cultivées.	848,260	1,456,750	—
	Terres incultes..	608,490		
Culture flamande	Terres cultivées.	91,440	99,040	—
	Terres incultes..	7,600		

Voici maintenant celles des terres agricoles argileuses :

Culture des grains sur l'argile des rivières	Terres cultivées.	88,690	90,150	—
	Terres incultes..	1,460		
Culture des grains sur l'argile maritime			233,810	—
Culture ordinaire du froment			193,020	—
Culture zélandaise du froment	Terres cultivées.	254,940	262,050	—
	Terres incultes..	7,110		
Culture irrégulière des *polders*			36,870	—

L'assolement triennal proprement dit se rencontre, dans la province de Drenthe, et aussi dans les autres provinces, avec des modifications plus ou moins marquées.

Les deux tiers des terres sont cultivés en seigle, le reste en sarrasin, céréale qui a, depuis cinq siècles déjà, remplacé dans ce pays les jachères mortes. Sur chaque exploitation, quelques parcelles, engraissées avec plus de soin, sont destinées à la culture des pommes de terre, de l'avoine, de l'orge d'été, du colza, du lin ou du trèfle, nécessaires à la consommation des cultivateurs. Après la moisson, l'on sème, sur la moitié des chaumes de seigle, des navets d'automne ou de l'espargoule pour la nourriture du bétail. Dans ce système, au lieu de fumer les prés, on se sert simplement des bruyères pour les troupeaux de brebis et pour la litière des étables. Les métairies dans les terrains sablonneux sont en général de peu d'étendue. On n'y emploie que deux à trois chevaux, parfois même un seul dans le Brabant septentrional. En moyenne, à dix hectares de terre agricole correspondent dix hectares de prairies ou terres fourragères.

La culture flamande est en usage dans la baronnie de Bréda (Brabant septentrional), et dans la Flandre zélandaise. Elle est très-productive, mais exige de grands soins et beaucoup de fumier. La moitié de la terre est cultivée en seigle, sur de petites surfaces sarclées avec soin et fréquemment sous-plantées en carottes; l'autre moitié est cultivée en sarrasin, avoine, pommes de terre et fourrages. Les prairies naturelles, fumées et recouvertes de cendres, sont souvent transformées en terres labourables, et converties plus tard en prairies artificielles.

Les terres argileuses en culture sont, pour la plus grande partie, formées du limon des grandes rivières, telles que le Rhin, la Meuse et l'Escaut, et aussi de terrains conquis par desséchements et endiguements de la mer.

L'assolement est sexennal sur l'argile des rivières, telles que l'Yssel, le Rhin et la Meuse, ainsi que sur l'argile diluviale qu'on trouve dans les parties les plus élevées du Limbourg. Les cultures se succèdent ordinairement de la manière suivante: seigle, fèves, froment, avoine, trèfle et encore froment. On recourt peu aux plantes industrielles, si ce n'est quelquefois au colza; les deux tiers des terres sont ensemencés en céréales, spécialement en blé d'hiver, froment et seigle. On n'y entretient que rarement le bétail, qui, pendant l'été, séjourne dans les prairies, le long des rivières, sauf dans le Limbourg, où il est nourri dans les étables.

Les métairies situées le long de l'Yssel sont plus importantes que celles des terrains sablonneux; elles ont en moyenne de quarante à cinquante hectares, et exigent l'emploi de 4, 5, 6 chevaux et même davantage. On trouve néanmoins dans le Limbourg quelques métairies de plus de soixante hectares, mais la grande majorité des exploitations de cette région ne comporte pas plus de six hectares.

L'argile de la mer se rencontre surtout au nord-est des Pays-Bas, dans les provinces de la Frise et de Groningue, ainsi que le long du Zuyderzée dans la Hollande septentrionale. Dans plusieurs de ces provinces, l'assolement est septennal, y compris une année de jachère morte. Environ un cinquième des terres est ensemencé en froment. Outre le colza et l'orge d'hiver, on y cultive en général des plantes d'été, telles que le lin et l'avoine, dont on obtient de riches moissons. Dans la Frise et sur les terres desséchées de la Hollande méridionale, on ajoute à ces cultures un assolement de trèfle. Dans les alluvions du Dolland (province de Groningue), on combine le trèfle avec le ray-grass.

§ 2. — COMMERCE DES PRODUITS AGRICOLES.

Nous donnons ci-dessous, pour les trente dernières années, le tableau de la valeur estimative des principales récoltes, établie d'après les mercuriales :

ANNÉES.	PRIX du froment (l'hectolitre).	PRIX de la paille de froment (les 1,000 kil.)	VALEUR TOTALE EN FRANCS			ÉVALUATION de la valeur des grains sans la paille d'après le tarif fixe de 1846[1].
			des grains.	de la paille.	Total.	
	fr. c.	fr. c.				
1851-60, moyenne.	24 17	»	270,513,600	»	»	»
1861	24 63	»	269,455,200	59,028,900	328,484,100	207,270,000
1862	23 46	»	282,945,600	55,885,200	338,830,800	230,794,200
1863	20 64	51 60	297,331,800	47,292,000	344,626,800	254,385,000
1864	19 15	60 90	297,404,100	47,048,400	344,452,500	258,192,900
1865	18 48	63 00	274,604,400	57,955,800	332,560,200	245,599,200
1861-65, moyenne	21 27	58 80	284,348,400	53,442,900	337,791,300	239,248,800
1866	20 64	54 60	282,036,300	60,526,200	342,562,500	234,744,300
1867	26 23	58 30	328,622,700	44,347,800	372,970,500	217,541,100
1868	25 18	58 80	361,013,100	52,665,900	413,679,000	236,304,600
1869	20 58	56 70	334,017,600	63,567,000	397,584,600	256,983,300
1870	21 53	59 85	346,380,300	53,558,400	399,938,700	256,851,000
1866-70, moyenne.	22 83	57 75	330,414,000	54,933,900	385,347,900	303,485,700
1861-70, moyenne.	22 05	58 38	317,381,200	54,188,400	361,569,600	239,866,200
1871	25 20	100 80	334,114,200	104,643,000	438,757,200	234,777,900
1872	25 70	81 00	380,979,900	106,392,300	487,372,200	271,681,200

Ont été vendus sur les principaux marchés :

ANNÉES.	CHEVAUX.	BŒUFS, VACHES ET VEAUX.	MOUTONS ET AGNEAUX.	PORCS et COCHONS DE LAIT.
1863.	59,797	500,579	400,554	292,821
1864.	60,975	566,047	504,826	356,022
1865.	54,249	381,523	492,588	298,117
1866.	56,881	169,092[2]	443,733	468,981
1867.	67,554	203,817[2]	491,387	451,785
1868.	68,505	454,244	529,162	474,682
1869.	68,720	502,497	515,791	537,648
1870.	67,342	529,488	545,249	506,231
1871.	69,547	580,246	580,277	517,194
1872.	68,298	533,350	570,582	474,941

PRODUITS ANIMAUX. (Poids en kilogrammes.)

	1863.	1864.	1865.	1866.	1867.	1868.	1869.	1870.	1871.	1872.
Beurre . .	9,936,857	9,711,088	10,048,659	12,087,687	10,385,654	10,979,793	13,011,369	13,025,994	12,313,651	12,836,680
Fromage .	13,225,403	12,775,895	12,328,971	12,810,033	12,517,511	11,904,970	13,339,890	13,609,217	11,409,470	11,661,138

1. Le froment est tarifé à 20 fr. ; le seigle à 14 fr. ; l'orge à 11 fr. 20 c. ; le blé sarrasin à 15 fr. 40 c. ; l'avoine à 7 fr. 70 c. ; les fèves à 14 fr. ; les pois à 17 fr. 50 c. ; les pommes de terre à 2 fr. 10 c., etc.

2. Par suite de la peste bovine, la vente du gros bétail a été interdite sur plusieurs marchés.

COMMERCE EXTÉRIEUR DES PRODUITS AGRICOLES.

NOTA. — Les valeurs indiquées ci-dessous ne sont pas les valeurs réelles, mais des valeurs officielles et fixes datant de 1846.

DÉSIGNATION DES ARTICLES.		IMPORTATION.					EXPORTATION.				
		1868.	1869.	1870.	1871.	1872.	1868.	1869.	1870.	1871.	1872.
Fumier	Quantités en kilogr.	10,232,389	17,138,065	6,367,359	5,256,540	1,320,238	6,286,691	4,152,246	8,075,985	7,136,651	8,813,844
Matière fécale	En tonneaux de 1,000 kilogr.	»	»	»	»	»	6,312	7,920	6,675	6,223	5,590
Guano	En kilogr.	21,677,886	41,448,728	24,308,590	31,590,013	17,887,062	19,014,648	30,078,682	18,358,413	31,301,279	9,330,723
Chilival peter	En kilogr.	3,375,020	4,423,410	7,475,457	7,255,408	11,174,104	5,183,068	4,989,428	6,460,906	8,635,478	10,081,839
Phosphates	Valeur en francs.	1,473,408	1,635,971	236,061	261,250	182,504[1]	»	»	»	»	»
Os	En kilogr.	51,604	31,031	180,721	44,835	80,400	4,494,519	3,860,911	3,231,821	3,079,856	3,132,593
Chiffons de laine	En kilogr.	99,105	98,340	101,611	339,279	114,088	853,244	1,022,569	1,180,514	2,008,605	1,865,211
Cendres	En tonneaux de 1,000 kilogr.	35	71	216	150	115	27,913	29,065	311,781	31,418	38,660
Grains (froment, seigle, orge, blé sarrasin)	En hectol.	4,405,170	4,472,409	5,656,014	8,602,007	4,037,045	1,281,135	1,218,903	2,006,877	2,804,602	410,855
Avoine	En hectol.	253,083	288,853	166,230	422,805	55,500	903,538	1,019,729	753,123	915,651	392,965
Fèves et pois	En hectol.	57,572	74,180	170,522	190,954	60,711	94,415	83,678	170,523	113,880	94,076
Pommes de terre	En hectol.	196,808	181,401	96,604	54,302	193,607	708,219	545,313	451,618	360,450	742,080
Farine de froment, seigle, orge, blé sarrasin	En kilogr.	29,012,652	45,570,745	31,028,012	32,196,176	25,519,029	2,518,679	8,144,400	4,331,486	3,997,036	1,903,234
Farine de pommes de terre	En kilogr.	2,635,045	4,382,872	2,216,675	1,908,508	319,350	6,499,623	8,316,136	6,088,871	8,068,220	4,283,050
Colza	En hectol.	481,557	150,598	217,811	413,515	50,243	88,408	123,501	111,965	39,708	114,061
Graine de lin	En hectol.	719,482	830,601	800,268	1,108,730	720,132	185,202	116,823	107,818	61,381	37,416
Garance	En kilogr.	257,162	133,715	80,440	2,361,310	25,030	579,382	2,700,585	2,150,558	3,117,705	2,132,259
Garancine	Valeur en francs.	926,371	874,761	740,193	2,930,332	1,308,019	3,808,627	3,376,528	2,550,937	3,767,968	3,850,350
Chicorée	En kilogr.	322,909	370,913	220,645	309,277	402,051	5,655,650	6,512,081	4,804,860	5,490,326	6,378,182
Lin	En kilogr.	1,115,528	1,538,807	1,256,780	2,912,622	2,673,078	15,003,835	20,005,274	28,895,036	24,202,494	17,355,804
Chanvre	En kilogr.	5,806,000	6,200,002	5,182,340	6,120,402	9,141,933	1,118,318	2,231,661	1,721,598	2,808,827	2,386,157
Graines de chanvre	En hectol.	5,310	8,618	10,711	16,870	258	18,741	19,847	15,753	23,141	5,304
Houblon	En kilogr.	2,380,350	1,445,550	1,301,877	1,767,257	1,470,631	2,708,980	1,713,011	931,234	2,611,183	1,034,154
Tabac et cigares	En kilogr.	21,390,772	21,500,066	24,059,570	32,429,832	12,532,288	16,082,632	21,232,084	18,540,250	21,729,084	4,412,512
Semence de trèfle	En hectol.	26,352	15,361	19,380	28,791	24,603	18,821	28,069	14,521	11,064	10,315
Foin	En kilogr.	1,514,505	1,187,306	2,220,906	1,261,233	915,092	28,210,955	25,310,448	20,762,567	13,943,990	6,010,903
Paille	Valeur en francs.	73,277	60,893	65,783	76,816	10,937	313,006	472,706	771,306	996,122	271,300
Chevaux	Têtes.	4,971	5,147	4,323	4,553	7,597	9,665	9,387	7,025	10,310	11,949
Bœufs, veaux, etc.	Têtes.	7,214	19,075	13,912	1,532	11,116	101,520	140,236	152,544	223,890	177,089
Beurre	En kilogr.	2,487,532	3,686,410	3,131,317	3,426,488	710,536	16,761,133	20,301,441	21,730,087	20,256,734	15,215,514
Fromage	En kilogr.	858,403	811,835	1,122,395	1,178,310	203,480	26,349,725	30,570,385	30,121,509	28,024,067	26,780
Peaux préparées	Valeur en francs.	13,074,035	14,196,158	14,838,737	19,250,193	21,816,000	11,334,086	14,307,614	13,293,872	17,737,776	10,401,020
Crins de chevaux et de vaches	Valeur en francs.	1,204,768	1,521,848	1,027,321	1,704,144	20,034,424	802,920	329,381	751,234	1,101,110	9,051,680
Moutons et agneaux	Têtes.	15,513	79,837	69,282	2,086	4,781	282,280	371,832	388,312	365,043	280,179

[1] 2,897,833 kilogrammes.

COMMERCE EXTÉRIEUR DES PRODUITS AGRICOLES. *(Suite et fin du tableau.)*

DÉSIGNATION DES ARTICLES.		IMPORTATION.					EXPORTATION.				
		1868.	1869.	1870.	1871.	1872.	1868.	1869.	1870.	1871.	1872.
Laines	En kilogr.	7,272,392	9,109,100	8,495,986	10,088,872	7,648,962	7,818,431	8,848,613	6,958,130	12,104,066	6,979,050
Peaux de moutons	Valeur en francs.	658,118	578,159	413,534	697,584	995,232	463,350	250,963	50,738	119,314	167,485
Porcs	Têtes.	22,062	35,133	28,109	24,908	24,924	79,939	56,991	69,604	143,011	59,648
Soies de porcs	En kilogr.	85,219	61,567	102,195	132,790	275,050	59,278	43,545	61,538	124,198	306,902
Viande fraîche, salée, fumée	En kilogr.	902,032	1,233,286	1,071,739	1,966,687	3,147,860	3,645,091	4,120,926	4,783,735	4,275,930	1,693,614
Suif, graisse, etc.	En kilogr.	9,342,265	9,538,497	8,717,299	15,459,351	21,226,459	3,628,358	3,248,065	2,983,358	4,915,506	7,435,318
Stéarine	En kilogr.	26,781	54,157	304,966	68,352	52,952	2,191,278	2,113,878	946,385	2,377,631	1,649,431
Œufs	Pièces.	21,213,675	24,085,157	19,531,666	26,302,062	1,708,937[1]	4,034,115	3,415,710	3,750,345	6,153,229	511,121[1]
Miel	En kilogr.	1,570,457	1,067,819	1,250,300	919,325	857,149	378,894	316,384	410,649	351,176	86,990
Cire	En kilogr.	938,222	648,835	333,124	558,662	573,515	645,209	502,711	446,376	683,884	620,425
Produits des vergers et pépinières	Valeur en francs.	2,834,615	3,389,125	2,871,575	3,592,539	4,702,643	10,387,681	9,952,604	10,034,001	9,967,301	28,387,386
	Valeur en francs.	26,644,042	27,406,787	24,879,998	26,915,089	27,371,488	6,933,028	8,027,389	8,466,478	7,944,234	7,509,772

[1] Kilogrammes.

L'excédant annuel considérable que présentent les importations en grains et farine, sur les exportations, montre que les produits du sol ne suffisent pas à l'alimentation végétale de la population. Observons toutefois que les distilleries de genièvre des environs de Schudam absorbent annuellement une grande quantité de l'orge produite et importée. On en jugera par le tableau suivant. Au lieu d'orge, les distilleries de la province de Groningue emploient la pomme de terre.

COMMERCE DE L'ORGE.

ANNÉES.	IMPORTATION.		EXPORTATION.		DISTILLERIES. IMPORTATION.		DISTILLERIES. EXPORTATION.	
	Quantité en hectolitres.	Valeur en francs.	Hectolitres.	Francs.	Quantité. en litres.	Valeur en francs.	Litres.	Francs.
1868.	1,130,194	12,725,372	533,761	5,978,128	5,946,627	4,995,167	24,841,130	12,509,263
1869.	1,209,518	13,546,610	718,455	8,046,696	7,577,795	6,365,354	29,262,678	14,791,800
1870.	1,153,076	12,914,450	452,033	5,062,770	9,676,270	8,128,065	32,819,608	17,452,658
1871.	1,358,347	15,213,486	564,017	6,316,989	8,266,755	6,944,072	30,210,014	15,845,858
1872.	941,929	10,519,604	247,300	4,054,640	1,257,136	1,055,993	23,204,033	9,745,693

Le riz joue en outre un grand rôle dans l'alimentation, ainsi que le prouve l'excédant considérable de l'importation sur l'exportation.

COMMERCE DU RIZ.

ANNÉES.	IMPORTATION.		EXPORTATION.		EXCÉDANT de l'importation en kilogrammes.	CONSOMMATION en kilogrammes. par tête.
	En kilogrammes.	Valeur en francs.	En kilogrammes.	Valeur en francs.		
1868.	62,934,679	39,680,348	12,202,258	7,687,424	50,782,421	14,15
1869.	62,393,749	38,308,063	14,494,238	9,131,396	47,899,511	13,36
1870.	49,692,016	31,305,972	18,493,376	11,650 827	31,198,640	8,62
1871.	67,684,415	42,641,180	16,177,258	10,091,674	51,507,157	14,16
1872.	67,591,696	42,582,769	16,056,922	10,104,600	51,534,774	14,02

Le droit sur l'abatage ayant été aboli par la loi du 28 avril 1852, pour les moutons, agneaux, porcs et cochons de lait, on ne connaît le nombre de têtes abattues pour la consommation qu'en ce qui concerne les vaches, bœufs et veaux. Nous donnons ci-dessous un tableau quinquennal du nombre et de la valeur des têtes abattues. Comme l'impôt est proportionnel au prix de la viande, l'augmentation de la valeur par tête indique l'augmentation des prix de vente.

VIANDE DE BOUCHERIE.

ANNÉES.	BŒUFS.			VEAUX.			TOTAL GÉNÉRAL de la valeur en francs.
	Têtes abattues.	Prix par tête en francs.	Valeur totale en francs.	Têtes abattues.	Prix par tête en francs.	Valeur totale en francs.	
1868	164,791	198f47	32,707,675f25	107,092	48f88	5,224,668f79	37,931,354f04
1869	170,271	216 45	36,855,219 98	103,504	52 50	5,436,011 17	42,291,231 15
1870	172,137	214 20	36,882,886 12	103,305	52 25	5,393,077 03	42,280,963 15
1871	170,914	218 72	36,387,068 92	99,834	55 12	5,503,747 53	41,290,816 45
1872	151,050	267 20	40,561,374 75	86,400	61 80	5,599,420 21	46,160,794 96

Depuis l'abolition des droits sur les autres espèces d'animaux, c'est-à-dire depuis le 1er novembre 1852, la consommation de la vianded e porc a beaucoup angmenté, surtout dans les campagnes. Le droit sur la mouture a été aboli le 1er janvier 1856 (loi du 24 juillet 1855). La consommation du froment, évaluée à cette époque à 1,377,000 hectolitres, s'élève aujourd'hui à trois millions d'hectolitres.

§ 3. — ANIMAUX DOMESTIQUES.

On compte en Hollande six races chevalines :

1° La *frisonne* (63,000 chevaux), cheval de trait, grand, robuste, ordinairement noir et bien découplé ;

2° La *gueldroise* (environ 56,000 chevaux), qui a beaucoup dégénéré par le croisement : allure vive, attaches fines, robe foncée, l'encolure cambrée, la croupe droite, la queue haute ;

3° La *hollandaise* (66,000 chevaux), taille moyenne, forte encolure, robe noire, le dos courbé, la queue basse, la tête forte, le nez enfoncé. Les races frisonne et hollandaise fournissent des trotteurs fameux. On les trouve dans les deux Hollandes et dans une partie de la province d'Utrecht ;

4° La race *zélandaise* ou plutôt *flamande*, chevaux forts et larges, la plupart de robe foncée ; excellents chevaux de labour. C'est de cette race que proviennent les « Clydesdalers » écossais et les gigantesques chevaux que les Anglais attellent à leurs traîneaux ;

5° La race du Brabant septentrional (environ 39,000 chevaux) ; vifs, forts, bien formés, bruns ou noirs ;

6° La race forte des Ardennes, qu'on trouve dans une partie du Limbourg (environ 3,000 chevaux). Cette race se rattache à la race normande, et compte pour 100 chevaux environ 2 étalons, généralement employés au labour. En Gueldre, au contraire, on ne compte qu'un étalon sur 250 chevaux ; mais ils sont tous employés à la reproduction.

Le gros bétail (bœufs et vaches) a été soumis à de nombreux croisements. Les races principales sont :

1° La *groningoise* (environ 99,000 têtes) ; taille moyenne, fins, bien formés, donnant beaucoup de lait ;

2° La *frisonne* (26,000 têtes), qu'on trouve aussi beaucoup dans la Drenthe : grands, noirs, de haute taille, donnant beaucoup de lait ; on les engraisse surtout pour l'exportation en Angleterre ;

3° La *hollandaise*, de la vraie race (100,000 têtes), dans la Hollande septentrionale ; forts, mais fins, plutôt blancs que noirs, donnant un lait excellent ; les bœufs sont d'une qualité supérieure pour l'engrais ; on prétend que les Anglais ont tiré de cette race leurs bestiaux à courtes cornes ;

4° La *flamande*, dans la Zélande et sur les îles de la Hollande méridionale (environ 54,000 têtes) ; lourds, grands pour la plupart, gris foncé, de nature puissante, ne donnant pas beaucoup de lait et n'engraissant que très-lentement ;

5° La race *gueldroise* (environ 100,000 têtes) réunit les qualités des races hollandaise et flamande, dont elle paraît tirer son origine. La grande majorité du bétail engraissé, qui de Rotterdam est expédié en Angleterre, appartient à cette race;

6° La *drenthoise* (20,000 têtes), dans la contrée de Salland et la province de Drenthe. De cette race provient la race écossaise du « Ayrshire ». Ce sont des bœufs fins, petits, bien formés, d'un rouge foncé, qui se développent vite et n'exigent qu'une nourriture maigre mais variée. Cette race fournit peu de lait. On la rencontre encore le long du Bas-Rhin et dans la Frise orientale, province de l'ancien royaume de Hanovre.

Les provinces de Groningue, Frise, Drenthe et Gueldre comptent 192,000 têtes de bétailprovenant du croisement des races frisonne, drenthoise et gueldroise; les provinces d'Utrecht, de la Hollande septentrionale au Sud de l'Y, et de la Hollande méridionale possèdent 336,000 bêtes de race croisée (frisonne et gueldroise); le Limbourg et le Brabant septentrional en comptent 249,000 têtes, provenant probablement du croisement des races flamande et hollandaise.

Pour la race ovine, il existe deux grandes classes, les bêtes à courte queue, que l'on trouve dans les parties basses et humides des provinces maritimes, et les bêtes à longue queue, que l'on rencontre par grands troupeaux dans les bruyères, les jachères, et les terrains sablonneux.

Les moutons à courte queue, qui paissent ordinairement dans les prairies avec les vaches, appartiennent à la grande race *groningoise* et sont au nombre de 176,000, dont 80,000 dans la province de Groningue et 96,000 en Frise. La race beaucoup plus petite de l'île de Texel (Hollande septentrionale) comprend 250,000 têtes. Toutes ces races ont perdu leur originalité par des croisements avec les brebis de Leicester et de Lincoln. Le mouton flamand ou zélandais (37,000 têtes) est grand et lourd; il broute dans les bas-fonds sur les bords de la mer. Les moutons des prairies, dits à courte queue, comptent donc environ 463,000 têtes; ceux des bruyères ou à longue queue en comptent 437,000, parmi lesquels 154,000 se trouvent dans la Drenthe. Ils portent des cornes, sont petits pour la plupart, d'une couleur brune tirant sur le blanc, et vivent en troupeaux. On retrouve cette race dans toutes les bruyères de l'Allemagne du Nord.

La race ovine de bruyères de la Velurse (province de Gueldre) est de grande taille. On envoie, en été, les agneaux et moutons dans les prairies qui longent les rivières, et on les y engraisse pour la boucherie. Cette race, qu'on trouve aussi dans les bruyères d'Utrecht et d'Over-Yssel, compte 168,000 têtes. Une troisième race de bruyères est celle de la Campine, qu'on trouve au nombre de 115,000 têtes dans le Brabant septentrional et le Limbourg. Elle diminue chaque année, par suite du défrichement des terres, et n'a d'ailleurs que peu de valeur.

Le croisement des truies avec les verrats anglais du Berkshire et du Yorkshire, ne permet plus guère de les distinguer des races primitives. Les porcs à longues oreilles de la Drenthe sont devenus très-rares. Les cochons à dos plat vivent principalement dans les terres argileuses et dans les deux Hollandes. Depuis longtemps déjà la maladie fait de grands ravages dans la race porcine. Le nombre des porcs livrés annuellement à la boucherie est évalué à 240,000 têtes, dont la grande majorité est engraissée immédiatement et abattue dans l'année.

§ 4. — CONSOMMATION.

Le tableau suivant donne, en milliers d'hectolitres, un aperçu de la consommation des céréales et autres farineux alimentaires :

ANNÉES.	DÉTAIL.	FROMENT.	SEIGLE.	ORGE.	AVOINE.	BLÉ SARRASIN	FÈVES ET POIS.	POMMES DE TERRE.	POPULATION.
1868.	Production	2,000	3,892	1,645	3,651	611	939	15,846	3,588,468
	Importation	945	1,962	1,136	253	360	57	197	
	Exportation	278	455	534	994	14	97	703	
	Consommation	2,667	5,399	2,247	2,910	957	899	15,340	
1869.	Production	2,078	3,823	1,750	3,703	953	1,060	16,122	3,583,970
	Importation	982	1,984	1,210	269	297	74	184	
	Exportation	397	87	718	1,020	17	84	545	
	Consommation	2,658	5,720	2,242	2,952	1,233	1,050	15,761	
1870.	Production	2,057	3,892	1,850	4,093	966	1,160	16,466	3,618,323
	Importation	1,467	3,144	1,153	166	89	171	97	
	Exportation	806	737	452	753	13	119	455	
	Consommation	2,719	6,299	2,551	3,506	1,042	1,212	16,082	
1871.	Production	1,191	2,453	2,038	5,697	1,367	1,539	13,291	3,637,279
	Importation	2,223	4,953	1,358	423	148	200	54	
	Exportation	939	1,384	564	946	8	144	360	
	Consommation	3,475	6,022	2,832	5,174	1,507	1,695	12,985	
1872.	Production	1,951	3,969	1,670	3,824	1,019	1,201	18,739	3,674,660
	Importation	1,241	2,246	942	56	208	57	194	
	Exportation	132	57	247	393	5	92	742	
	Consommation	3,060	6,158	2,365	3,487	1,222	1,166	18,191	

D'après le tableau précédent, l'année 1871 accuse un déficit assez marqué dans la consommation du froment et des pommes de terre, déficit qui a été compensé par une plus grande consommation d'orge, de sarrasin, de riz, de gruau, de pois et de fèves. Le tableau suivant fait connaître la consommation annuelle par tête ou par habitant, en litres, pour le froment et le seigle. Nous croyons toutefois, pour plus d'exactitude, devoir ajouter à ces données l'excédant de l'importation sur l'exportation en farines de blé, excédant déduit du tableau du commerce extérieur des produits agricoles.

CONSOMMATION, PAR TÊTE, DU FROMENT ET DU SEIGLE.

DÉTAIL.	1868.	1869.	1870.	1871.	1872.
Froment par tête, en litres	74,32	74,16	75,15	68,05	83,27
Seigle par tête, en litres	150,45	159,60	174,19	165,56	167,58
Farines de blé, en kilogrammes. (Excédant de l'importation.)	27,363,973	37,426,339	26,694,527	28,221,170	23,550,695
Farines par tête, en kilogrammes	7,63	10,43	7,38	7,76	6,41

Comme article d'alimentation, les gruaux méritent une mention particulière. Leur importation offre annuellement un excédant considérable sur l'exportation.

COMMERCE DES GRUAUX.

DÉSIGNATION.	1868.		1869.		1870.		1871.		1872.	
	Importation.	Exportation.	Importation.	Exportation.	Importation.	Exportation.	Importation.	Exportation.	Importation.	Exportation.
Quantité en kilogrammes . . .	2,020,000	998,832	4,910,978	1,086,074	13,885,006	1,437,944	17,000,375	1,708,617	3,901,404	802,583
Valeur en francs.	848,402	419,509	2,062,610	456,152	5,831,702	603,937	7,140,150	717,616	1,638,590	337,085
	Excédant de l'importation		Excédant de l'importation		Excédant de l'importation		Excédant de l'importation		Excédant de l'importation	
	en kilogrammes.	kilogr. par tête.	en kilogrammes.	kilogr. par tête.	en kilogrammes.	kilogr. par tête.	en kilogrammes.	kilogr. par tête.	en kilogrammes.	kilogr. par tête.
	1,021,174	0,29	3,824,904	1,07	12,457,062	3,44	15,291,758	4,20	3,098,821	0,84

CHAPITRE II.

RENSEIGNEMENTS RELATIFS AUX DIVERSES PROVINCES.

I. — PROVINCE DU BRABANT SEPTENTRIONAL.

Dans cette province, les fruits, qui, à l'exception des fraises, n'ont produit qu'une demi-récolte, ont donné lieu aux résultats commerciaux suivants :

Fraises	173,250	litres.	Valeur vénale :	50,679 fr.
Framboises.	73,500	—	—	25,368
Cerises	44,000	kilogr.	—	18,900
Baies sauvages. . .	15,000	litres.	—	2,835
Baies noires	12,000	kilogr.	—	5,292
Groseilles	22,000	—	—	5,082
Cerises-griottes . .	1,500	—	—	2,205
Mûres.	620	litres.	—	325

La plupart de ces fruits sont exportés en Angleterre et en Belgique.

L'exportation des légumes (choux blancs, rouges et de Savoie) a produit 20,034 fr.

L'arboriculture est pratiquée sur une superficie de 100 à 110 hectares, dispersés dans cinq ou six communes, dont la principale est Oudenbosch, avec 63 hectares.

Les pommes et les poires sont en abondance.

Les terrains boisés contiennent du chêne en petite quantité, et aussi le sapin, l'aune et le peuplier. L'industrie des sabotiers est très-répandue dans cette province; on les compte par milliers; ils fournissent en grande partie de sabots toutes les contrées environnantes.

Les prix de vente des terres varient de 1,050 fr. à 6,300 fr. par hectare. Les terrains propices à l'élève du bétail atteignent les plus hauts prix; ceux qui ne comportent que l'assolement triennal valent à peine 2,000 fr.

II. — PROVINCE DE LA GUELDRE.

Le prix des terres varie de 630 fr. à 7,350 fr. l'hectare. Les terres argileuses sont les plus chères. Pour les prairies, celles qui sont situées en deçà des digues, à proximité des rivières, ont plus de valeur que celles qui se trouvent au delà des digues. Le prix des terres incultes ou bruyères varie de 75 fr. à 420 fr. par hectare.

La Société agricole gueldroise favorise l'introduction des instruments aratoires perfectionnés.

Outre le fumier des étables, on emploie beaucoup de guano.

Cette province se fait remarquer surtout par la beauté de sa race chevaline, qui rivalise avec celles d'Oldenbourg et du Holstein. Les marchés aux chevaux sont très-fréquentés. Les poulains se sont vendus, en 1873, 470 fr., les chevaux d'un an et demi 735 fr. On a payé jusqu'à 2,100 fr. pour un bon cheval. Les bœufs et vaches engraissés se sont vendus 735 fr.

On engraisse en général la moitié de la race bovine, tandis que l'autre moitié sert à la laiterie et à la production du beurre. On calcule qu'une vache donne par an $64^{k},5$ de beurre, ou $1^{k},5$ par semaine pendant 43 semaines de l'année. On engraisse, avec le lait d'une vache, trois veaux du poids de 285 kilogr., soit 95 kilogr. par veau, au prix de 0 fr. 84 cent. le kilogr., ce qui revient à 239 fr. par vache.

Le mouton engraissé, mais tondu, vaut 46 fr., les agneaux engraissés 36 fr. au maximum. Les chèvres et boucs ne sont pas très-répandus dans les Pays-Bas; la Gueldre est la province qui en compte le plus.

On y engraisse aussi beaucoup de porcs à l'automne, et on les exporte en grande quantité, principalement en Angleterre; les cochons de lait sont expédiés en Allemagne.

Parmi les volatiles, on élève surtout les poulets, qu'on vend sur les marchés allemands de Wesel, Dusseldorf et Cologne. Les œufs sont consommés dans le pays ou expédiés en Angleterre.

C'est encore dans la Gueldre que se tient le plus grand marché des ruches d'abeilles et de leurs produits, spécialement dans un grand bourg nommé Vemendal, situé sur les confins des provinces d'Utrecht et de Gueldre.

Les cerises gueldroises jouissent d'une grande réputation. On les exporte, par paniers de 25 à 50 kilogr., à destination des tables et marchés de Londres.

Cette province est une des plus boisées des Pays-Bas. On y trouve le chêne, le hêtre, le peuplier, et surtout le sapin et le chêne de coupe.

Les osiers, saules et autres arbustes plantés le long des digues, rapportent, quand ils ont atteint l'âge de 4 ans, de 840 fr. à 1,100 fr. par hectare. Les jachères occupent une surface de 204 hectares. On poursuit avec activité le défrichement et le reboisement des terres incultes. En 1873, les communes ont vendu, dans ce but, 348 hectares pour une somme de 56,401 fr. Les sables mouvants causent annuellement, dans certaines communes, beaucoup de dégâts.

La culture du tabac est très-répandue dans cette province.

Sur le marché d'Arnheim, que l'on considère au point de vue agricole comme le marché régulateur, le prix moyen des principales céréales et autres farineux alimentaires a varié comme il suit :

PRIX DE L'HECTOLITRE.

	1851-1860.	1861-1870.	1870.	1871.	1872.	1873.
	fr. c.	fr. c.	fr. c.	fr. c.	fr. c.	fr. c.
Froment.	23 83	22 07	21 51	25 20	25 70	27 72
Seigle.	16 57	15 94	16 10	18 11	16 88	17 90
Orge	11 57	12 68	12 60	13 60	12 39	14 97
Avoine	8 61	8 67	8 80	8 87	8 03	9 51
Blé sarrasin	14 70	15 44	16 38	17 05	16 22	17 58
Fèves.	15 68	17 45	17 85	18 92	17 28	19 16
Pois verts.	21 78	21 79	20 96	23 23	21 42	21 87
Colza	26 63	27 85	31 77	32 55	26 15	25 50
Pommes de terre.	5 33	5 06	5 64	6 05	5 80	5 38

III. — PROVINCE DE LA HOLLANDE MÉRIDIONALE.

Les cultures potagères et maraîchères se pratiquent dans cette province sur une grande échelle, et dans tout le Westland (entre Rotterdam, Delft et La Haye) avec une rare perfection. Dans la seule commune de Munster, 65 hectares sont réservés à la culture des asperges; une grande partie de ces légumes est exportée en Angleterre, où on les paie fort cher. Les raisins, notamment, protégés contre les vents du Nord par des murailles en demi-cercle, forment une des branches importantes de commerce.

Les fraises très-renommées de Boskoop ont produit, en 1873, 81,600 fr.

Les choux-fleurs se cultivent en grand dans les communes de Rhynsburg et Valtenburg, sur une superficie de 174 hectares. Le produit moyen par hectare est de 17,000 pieds. Viennent ensuite les oignons, auxquels neuf communes consacrent une surface de 400 hectares, et dont le produit par hectare varie de 200 à 400 hectolitres.

Les tulipes, qui jouissent d'une ancienne renommée, sont cultivées dans trois communes, sur une étendue de 60 hectares.

IV. — PROVINCE DE LA HOLLANDE SEPTENTRIONALE.

Ici, on cultive beaucoup les plantes oléagineuses. Le *colza cot* notamment, cultivé dans l'ancien lac, aujourd'hui desséché, d'Harlem (201 hectares), donne un produit moyen de 30 hectolitres. La graine de moutarde, cultivée sur une étendue de 1,665 hectares, a produit 34,873 hectolitres, soit 20 par hectare, et la graine de carvi a donné, pour 962 hectares, une récolte de 26,525 hectolitres, soit 27 par hectare.

Dans cette province, la culture des plantes légumineuses est très-répandue, notamment celle des choux et choux-fleurs, que l'on sale et dont on fait un grand commerce dans le Langendyk.

La commune d'Aalsmeer est renommée pour ses cornichons, dont on a vendu en

1873, sur les marchés d'Amsterdam et de Leyde, 5,800 hectolitres, qui ont rapporté 47,250 fr. Cette même commune cultive des fraises excellentes; l'année 1873, exceptionnellement abondante, en a donné, pour une superficie de 16 hectares, 500,000 litres, qui, vendus sur les marchés d'Amsterdam, La Haye, Rotterdam et Harlem, ont produit 69,300 fr., soit 13 fr. 86 c. par hectolitre.

Dans cette province, la culture des tulipes, hyacinthes et généralement de toutes les fleurs, est très-répandue, surtout dans les environs d'Harlem, Blommendaal et Vitgeest; on en expédie annuellement, de Blommendaal à l'étranger, pour une valeur de 840,000 fr.

V. — PROVINCE DE ZÉLANDE.

Dans cette province, riche en céréales et surtout en froment, le prix de vente des terres agricoles a varié de 1,680 à 8,800 fr. par hectare. Le fermage est de 180 à 340 fr. par hectare.

L'engrais d'étable est généralement usité; ce n'est que dans la partie orientale de la Flandre zélandaise qu'on se sert de guano et d'engrais artificiels.

VI. — PROVINCE D'UTRECHT.

Cette province se distingue surtout par ses cultures potagères et maraîchères dans les environs de la ville d'Utrecht, et par ses vergers de cerises et de pommes, qui en 1873 n'ont pourtant presque rien produit. La floriculture y est très-avancée. On y élève beaucoup de volailles.

La ville d'Utrecht, point central du royaume, est un grand marché pour les produits agricoles.

VII. — PROVINCE DE FRISE.

L'élève du bétail constitue la richesse de cette province. Le commerce des veaux et poulains se fait en grand avec l'Allemagne; la Belgique et l'Angleterre achètent principalement les bœufs gras, le beurre et le fromage; quant aux chevaux, ils sont presque tous vendus à la France. Les marchands étrangers s'adressant directement aux paysans, les mercuriales des marchés ne peuvent fournir que des données très-incomplètes. Voici néanmoins le chiffre approximatif des ventes effectuées, en 1873, sur les différents marchés de la province :

Chevaux.	4,420	Agneaux	28,949
Poulains	454	Porcs	10,147
Vaches	63,037	Cochons de lait . .	15,119
Veaux	16,030	Beurre en kilogr. .	7,909,493
Moutons	81,673	Fromage	2,076,811

Les prairies ont produit, en moyenne, 4,220 kilogr. de foin par hectare; dans les bonnes terres, le produit peut s'élever jusqu'à 7,000 kilogr.

VIII. — PROVINCE D'OVER-YSSEL.

Les parties les plus fertiles de cette province sont celles qui bordent l'Yssel et le Zuyderzée; ces dernières sont, en général, consacrées à l'élève du bétail. Le tiers de la superficie est formé de sables et bruyères. Cette province est, avec la Drenthe, à la fois la plus arriérée au point de vue agricole, et la moins peuplée. Le défrichement des terres incultes a fait de grands progrès, surtout dans ces dernières années. En 1873, les concessions pour le défrichement se sont étendues à une superficie de 883 hectares.

IX. — PROVINCE DE GRONINGUE.

Dans cette province, la plupart des exploitations comprennent de 60 à 100 hectares et même davantage. Les fermiers paient un bail emphytéotique, indéfiniment renouvelable ; ils peuvent consacrer leurs gains à l'amélioration de leurs terres. Le drainage, les instruments agricoles perfectionnés, les meilleurs systèmes de culture sont très-répandus dans cette province, dont les cultivateurs sont des hommes instruits jouissant d'une grande aisance.

Cette province exporte en Angleterre beaucoup de bétail et de beurre, mais moins cependant que la Frise et les deux Hollandes. Les bestiaux (bœufs et moutons) appartiennent aux races frisonne et groningoise. On croise les brebis avec des béliers de Leicester ou de Lincoln, et les produits ainsi obtenus sont d'excellente qualité.

Dans la seule commune de Zandt, on a drainé, en 1873, 2,012 hectares ; dans une autre, celle de Bierum, de 1,600 à 1,700 hectares. La commune de Belling a dépensé 52,500 fr. pour se procurer du limon du Dollard.

Il existe dans cette province un grand nombre de sociétés agricoles, qui ouvrent chaque année des expositions d'instruments aratoires perfectionnés.

X. — PROVINCE DE DRENTHE.

Le défrichement des terres incultes et principalement des tourbières se poursuit avec activité dans cette province, où il attire d'importants capitaux. 7,600 hectares ont été défrichés depuis 1832. Le grand accroissement de la population depuis 1829, époque du premier recensement, est un indice de la prospérité croissante de cette région.

POPULATION AU		Accroissement décennal.	19 novembre 1849.	Accroissement décennal.	31 décembre 1859.	Accroissement décennal.	1er décembre 1869.	ACCROISSEMENT	
16 novembre 1829.	18 novembre 1839.							décennal.	de 1829 à 1869.
63,868	72,481	13,49	82,738	14,15	94,429	14,13	105,637	11,87	65,40

XI. — PROVINCE DU LIMBOURG.

Les engrais les plus usités dans cette province sont le guano, la chaux, les déchets des pierres poreuses que l'on trouve dans les environs de Maëstricht, et dont on se sert surtout dans les hauts terrains argileux, et, enfin, la suie des cheminées, ainsi que les boues et immondices des villes.

III

AUTRES ÉTATS

D'EUROPE

III

AUTRES ÉTATS D'EUROPE

I. ROYAUME DE DANEMARK.

Depuis quelques années, le seigle et le blé ont fourni de très-belles récoltes en Danemark. Dans les îles, la culture de l'orge tient la première place ; dans le Jutland, c'est au contraire l'avoine que l'on sème de préférence.

La betterave et la pomme de terre tendent à supplanter partout les autres plantes commerciales. Quant aux colzas, ils ont subi depuis cinq ou six ans une dépression notable.

Dans le Jutland, où l'élevage du gros bétail et des chevaux pour l'exportation est très-répandu, les prairies artificielles ont beaucoup augmenté. Ce fait concorde d'ailleurs avec de nombreux défrichements et desséchements entrepris depuis peu. Ces travaux ont d'autant plus d'importance au point de vue de la prospérité nationale, que, dans tout le Danemark, l'immense majorité des capitaux se porte vers l'agriculture, qui leur fournit un placement en général très-avantageux.

Le drainage est très-usité dans le royaume, dans les îles surtout ; mais il doit être exercé avec prudence, la sécheresse causant toujours beaucoup de tort aux terres soumises à cette opération. On ne doit pas risquer de compromettre par des essais trop hardis l'avenir réservé à la culture de la betterave, qui est aujourd'hui pratiquée sur une grande échelle pour faire concurrence aux sucres coloniaux.

Le sol, généralement peu accidenté, se prête à l'emploi des machines agricoles. Aussi, les batteuses, vanneuses et faucheuses se répandent-elles beaucoup dans les exploitations danoises ; ce qui, en dehors de leur prix élevé, en rend difficile l'adoption universelle, c'est la nature un peu caillouteuse des terres labourables.

Les charrues à vapeur sont spécialement en faveur, et sortent, pour la plupart, des fabriques d'Angleterre.

II. ROYAUMES DE SUÈDE ET DE NORVÉGE.

Les indications fournies sur les royaumes de Suède et de Norvége sont très-incomplètes, et les renseignements statistiques agricoles proprement dits, qui n'ont aucun caractère officiel, sont dus, pour la plupart, à des sociétés agricoles, chargées dans chaque province d'opérer une évaluation cadastrale du territoire cultivable et d'y introduire les méthodes nouvelles.

On estime toutefois que les trois quarts du sol sont cultivés par les propriétaires eux-mêmes.

L'assolement est le plus souvent biennal ou triennal.

III. GRAND-DUCHÉ DE FINLANDE.

De même qu'en Suède et en Norvége, l'unité cadastrale est en Finlande le *mantal,* unité qui, pour faciliter la perception de l'impôt foncier, reste indéterminée. C'est ainsi que deux propriétés, l'une de 100 hectares, l'autre de 1,000 hectares, pourront, d'après la qualité des terres et le revenu qu'elles produisent, n'être évaluées qu'à un seul *mantal* chacune : système défectueux et irrationnel, qui consiste à transformer finalement une mesure agraire en une véritable unité fiscale.

Il résulte de là une impossibilité presque absolue d'arriver à connaître le territoire agricole de la Finlande. Tous les chiffres communiqués sont donc simplement le résultat d'évaluations ou d'approximations remontant parfois à plus de deux siècles.

Il y a lieu pourtant de signaler un procédé de culture assez étrange, que l'immense étendue des forêts de la Finlande (21,000,000 d'hectares) a vulgarisé en ce pays, et principalement dans le Nord et dans l'Est. On coupe les bois sur une surface plus ou moins étendue, puis, aussitôt qu'ils sont secs, on les brûle et l'on sème dans la cendre. Après une ou deux récoltes, on laisse ces terres en jachères, et elles restent dès lors incultes ou sont de nouveau converties en forêts, suivant le cas. Ce procédé produit des récoltes excessivement variées; mais, comme son extension pourrait être très-nuisible, l'emploi en est réglé par le Gouvernement.

IV. ROYAUME DE BAVIÈRE.

Sous le double rapport de la quantité et de la qualité, la récolte des céréales a été mauvaise, en 1873, dans le royaume de Bavière. Il en est résulté, pour ces produits, une forte élévation de prix sur les marchés.

En revanche, les pommes de terre, notamment dans le Palatinat, ont été excessivement abondantes, mais de qualité très-inférieure, à cause de la maladie qui a sévi presque partout sur elles. Depuis plusieurs années d'ailleurs, cette maladie augmente d'une façon inquiétante en extension et en intensité, principalement dans toute la Franconie.

La récolte des fourrages annuels (navets, carottes, betteraves) et celle des légumes se sont maintenues aux chiffres des années précédentes.

En ce qui concerne les plantes industrielles, le tabac et surtout le houblon ont fourni des résultats excellents à tous les points de vue.

De toutes les récoltes, la plus mauvaise a été, sans comparaison, celle du vin, qui, principalement dans le Palatinat et la Basse-Franconie, est restée inférieure, comme quantité et comme qualité, même aux années 1871 et 1872, considérées déjà comme très-mal partagées.

Le trèfle, le foin et le regain ont donné des résultats à peu près identiques à ceux des années précédentes.

La récolte des arbres fruitiers, de même que celle de la vigne, a été, depuis 1871, et plus que jamais en 1873, véritablement pitoyable. La moyenne des arrondissements qui se sont déclarés satisfaits est d'environ 3 p. 100. Parmi les diverses espèces, ce sont les prunes qui ont fourni relativement les chiffres les plus élevés.

Les résultats fâcheux de la récolte générale de 1873 sont d'autant moins explicables, que la grêle, qui sévit en général avec beaucoup de violence en Bavière, y a exercé cette année-là moins de ravages que jamais.

V. GRAND-DUCHÉ DE BADE.

Considérations générales. — Le grand-duché de Bade, qui comprend d'une part les vastes plaines et coteaux de la vallée supérieure du Rhin, et d'autre part les montagnes boisées de la Forêt-Noire, présente au point de vue agricole une rare variété.

Une grande fertilité, favorisée par la douceur du climat, règne dans toute cette région du Rhin, si renommée par ses vignobles, et cela dans des conditions à peu près identiques pour le grand-duché de Bade, la Hesse et le Palatinat bavarois.

Céréales, légumes secs, prairies naturelles et artificielles, plantes industrielles, (tabac, houblon, betteraves à sucre, chanvre, chicorée), arbres fruitiers, vignes, toutes ces cultures réussissent admirablement. Les bords du lac de Constance et la vallée de la Tauber produisent, comme les coteaux du Rhin, des vins d'excellente qualité.

Seule la Forêt-Noire, contrée relativement pauvre, ne présente guère que des pâturages, et aussi, dans ses parties élevées, quelques champs de seigle, d'avoine et de pommes de terre. Les jachères mortes et les terrains incultes, très-rares dans les districts de la plaine, s'y rencontrent aussi fréquemment. Certaines terres, particulièrement fécondes de la vallée du Rhin, fournissent jusqu'à deux récoltes par an.

Assolements. — L'assolement triennal est le plus généralement adopté (1° blé d'hiver; 2° blé d'été; 3° trèfle, légumes secs, etc.). Dans la plaine, il est aussi parfois sexennal, la troisième année étant généralement consacrée aux pommes de terre ou au trèfle. Dans certains cercles même, il n'existe pas de rotation régulière; mais cela ne se présente que rarement, attendu que, dans beaucoup d'endroits, la routine administrative a maintenu jusqu'à ce jour le mode suranné du *Flurzwang* ou assolement obligatoire, d'après lequel les terres cultivables de chaque village, divisées en trois parties (Winterfeld, Sommerfeld et Brachfeld), restent assujetties à une sole commune. Ce système irrationnel, basé sur l'extrême division du territoire agricole et l'insuffisance des voies de communication entre les diverses parcelles appartenant aux mêmes propriétaires, est condamné à disparaître dans un avenir prochain.

VI. GRAND-DUCHÉ DE HESSE-DARMSTADT.

La situation agricole du grand-duché de Hesse-Darmstadt est presque identique à celle des plaines badoises.

L'assolement le plus habituel, basé sur une fumure triennale, se divise en trois, six, et même neuf soles. On pratique aussi des assolements de quatre et huit ans, mais cela n'a lieu qu'exceptionnellement.

VII. GRAND-DUCHÉ DE SAXE-WEIMAR.

Depuis 25 ans environ, le grand-duché de Saxe-Weimar possède un comité agricole, qui charge périodiquement un de ses membres d'aller inspecter les campagnes, avec mission d'y introduire, par des conférences publiques, les méthodes nouvelles et de réformer les coutumes vicieuses.

Les résultats matériels de cette institution, excellente en elle-même, paraissent loin d'être satisfaisants, si l'on en juge par les derniers rapports publiés. De la lecture de ces documents, on tire en effet les conclusions suivantes :

Le paysan, paresseux et ignorant, ne se donne pas la peine, en général, de labourer le sol à plus de 3 à 4 pouces de profondeur. Les engrais, les bêtes et instruments de trait, enfin le fourrage et la paille manquent presque partout.

La fumure triennale est la plus usitée, mais on compte beaucoup de jachères mortes, et l'exploitation des fonds agricoles est encore entravée par l'extrême morcellement de la propriété et l'insuffisance des voies de communication.

Le bétail passe, dans de maigres pâturages, la plus grande partie de l'été et souvent même de l'automne. Les taureaux, mal nourris et mis en service avant l'âge, ne donnent que des produits inférieurs, de sorte que les races, loin de s'améliorer, vont au contraire en dégénérant.

Soit comme cause première, soit comme conséquence de cette situation fâcheuse, on peut signaler spécialement l'exploitation du petit cultivateur par les usuriers et par les courtiers, qui lui achètent ses produits à bas prix sur les marchés, pour le compte des grands propriétaires.

VIII. DUCHÉ DE SAXE-ALTENBOURG.

Nous trouvons, à côté des renseignements fournis dans le questionnaire par le duché de Saxe-Altenbourg, le tableau statistique suivant des individus des deux sexes, qui vivent, dans ce pays, de l'exploitation des produits agricoles et forestiers :

	HOMMES.	FEMMES.
Individus faisant valoir eux-mêmes à titre précaire ou non	5,712	389
Aides et ouvriers	1,414	460
Domestiques et journaliers	3,345	4,750
Parents vivant du travail des individus qui font valoir eux-mêmes	7,391	10,050
Parents vivant du travail des aides, ouvriers et domestiques	217	486
Totaux	18,079	19,744
Total général	37,823	

IX. ROYAUME DE HONGRIE.

Les classifications statistiques adoptées dans le royaume de Hongrie, différant beaucoup des nôtres, les renseignements que nous fournit ce pays sont assez incomplets.

Voici pourtant, sur les assolements, quelques détails intéressants.

Les petits cultivateurs pratiquent de préférence les assolements triennal et quadriennal, et modifient fréquemment le sol par des engrais ou des amendements.

Les grands propriétaires adoptent, en général, l'assolement de dix à douze ans, pendant lequel ils fument deux ou trois fois leurs terres. Il y a aussi d'autres exploitations où la luzerne et autres fourrages sont fauchés consécutivement pendant deux ou trois ans, pour servir ensuite de pâturages et revenir plus tard à l'assolement habituel.

X. PRINCIPAUTÉ DE ROUMANIE.

Une brochure publiée en 1867 par le prince Soutzo, sous le titre d'*Observations statistiques*, nous permet de donner sur la Roumanie quelques renseignements agricoles en dehors de ceux qui nous ont été fournis par le questionnaire.

La Roumanie est un pays excessivement fertile, dont l'agriculture est l'unique source de richesse ; mais les voies de communications économiques et rapides y font défaut presque partout, et les nouveaux engins agricoles, notamment les machines à vapeur, n'y ont pas encore pénétré suffisamment.

Cette dernière circonstance explique comment on rencontre dans ce pays, pour 100 hommes valides, environ 70 agriculteurs. Beaucoup d'entre eux dirigent pour leur propre compte de modestes exploitations agricoles, à côté desquelles on en rencontre d'une immense étendue, de 1,000 à 100,000 hectares.

Production. — Grâce à la richesse du sol, qui, longtemps couvert de forêts magnifiques, présente encore aux laboureurs des terrains vierges couverts d'humus, la culture n'exige que peu de peine et de frais.

La composition du sol, les amendements, les engrais, le drainage et les irrigations sont en général inconnus dans ce pays. Les assolements ne se font que d'une manière routinière. On alterne ordinairement le blé et le maïs, en recourant aux jachères lorsque le produit vient à diminuer.

Les charrues, construites grossièrement et sans aucune notion des forces de traction et de résistance, sont munies de versoirs en bois, et traînées par 4 ou 6 bœufs, selon la nature des terres.

Les gelées causent de grands ravages dans les régions montagneuses de la principauté.

On ne rencontre guère en Roumanie que des prairies naturelles, à l'exception de quelques champs de luzerne. Pendant les grandes chaleurs, le bétail est conduit dans les pâturages, et après la moisson il séjourne dans les chaumes. Les cultivateurs qui engraissent des bœufs pour l'exploitation, les nourrissent de paille et de tiges de maïs.

En 1867, le prix moyen de l'hectare était de 206 fr.

IV

AUSTRALIE

IV

POSSESSIONS AUSTRALIENNES

§ 1er. — SUPERFICIE.

Les possessions australiennes se composent : 1° du continent australien ; 2° des îles de la Tasmanie et de la Nouvelle-Zélande ; 3° de l'archipel des îles Fidji au nombre de 225.

Si on laisse de côté les îles Fidji, dont les ressources agricoles sont inconnues, la superficie totale des possessions australiennes est évaluée à 8,069,900 kilomètres carrés, un peu moins des $^8/_9$ de l'Europe entière. Le continent australien entre dans ce chiffre pour 7,729,920 kilomètres carrés, la Tasmanie (île de Van Diémen) pour 67,925 kilomètres carrés, et les îles de la Nouvelle-Zélande pour 272,655 kilomètres carrés. Les terres exploitées d'une façon continue sont dites *terres aliénées* et représentent 2,67 p. 100 du total. Mais la proportion est très-différente suivant qu'il s'agit du continent ou des îles.

La différence de ces rapports tient à l'étendue énorme de certaines colonies du continent et à ce que près de 2,000,000 de kilomètres carrés situés dans les terres *non aliénées* de ces colonies sont néanmoins utilisés pour l'élevage des troupeaux.

Les terres *aliénées* se subdivisent elles-mêmes en terres cultivées et non cultivées. Voici le tableau, par colonie, de la division complète du territoire :

SUPERFICIE DU TERRITOIRE EN 1873 (en kilomètres carrés).

POSSESSIONS AUSTRALIENNES.		TERRES aliénées		TERRES non aliénées à la fin de 1873.	TOTAL.	RAPPORT P. 100 à la superficie totale		
						des terres aliénées		des terres non aliénées.
		cultivées.	non cultivées.			cultivées.	non cultivées.	
		kil. carrés.	kil. carrés.	kilom. carrés.	kil. carrés.			
Continent australien.	Victoria	3,899,6	34,160	190,469,4	228,529	1,70	14,95	83,35
	Nouvelle-Galles du Sud .	1,846	57,311	780,904	840,061	0,22	6,83	92,95
	Australie du Sud	4,949,4	14,983,5	2,347,767,1	2,367,700	0,19	0,60	99,21
	Queensland.	259	5,191	1,749,000	1,754,450	0,02	0,29	99,69
	Australie de l'Ouest. . .	209	9,267,5	2,529,703,5	2,539,180	0,01	0,37	99,62
		11,163,0	120,913,0	7,597,844,0	7,729,920			
Iles	Tasmanie	678	15,027	52,219,8	67,925	0,99	22,13	76,88
	Nouvelle-Zélande. . . .	2,004	64,911	205,140	272,055	0,71	23,89	75,40
	TOTAUX.	13,845,0	200,851	7,855,203,8	8,069,900	0,17	2,50	97,33
						100		

On voit que si les 2,67 p. 100 du territoire sont *aliénés,* 0,17 p. 100 seulement sont cultivés. L'étude des éléments de détail par colonie montre que ce sont les colonies à espace restreint qui renferment proportionnellement le plus de cultures. C'est ainsi que Victoria, la Tasmanie et la Nouvelle-Zélande offrent les chiffres minima de territoire et les rapports maxima de superficie cultivée. D'autre part, la proportion très-élevée des terres *aliénées,* mais non cultivées, dans certaines colonies s'explique : pour Victoria et la Nouvelle-Galles par l'extension des gîtes aurifères et carbonifères, et pour la Nouvelle-Zélande par la présence d'immenses prairies.

Voici comment se répartissent les principales cultures des possessions australiennes :

SUPERFICIE DES TERRES CULTIVÉES EN 1873-1874 (en hectares).

POSSESSIONS AUSTRALIENNES.	CÉRÉALES (y compris les fèves et pois).	POMMES DE TERRE.	FOIN sec (superficie consacrée à la récolte du).	FOURRAGES verts (superficie consacrée à la récolte des).	CULTURES industrielles.	VIGNES.	AUTRES cultures.	JACHÈRES.	TOTAL.
Victoria	203,480	15,550	46,500	85,500	280	2,120	9,430	27,100	389,960
Nouvelle-Galles du Sud.	122,780	5,730	28,500	15,090	2,780	1,820	7,900	»	184,600
Australie du Sud	324,690	1,530	57,420	9,000	180	2,100	6,020	94,000	494,940
Queensland.	10,510	1,130	2,050	760	9,520	150	1,780	»	25,900
Australie de l'Ouest . . .	13,680	190	5,030	1,400	»	300	300	»	20,900
Tasmanie.	38,600	3,200	10,500	620	180	180	5,090	9,430	67,800
Nouvelle-Zélande. . . .	107,490	5,100	17,500	10,310	20	300	11,180	48,500	200,400
Totaux	821,230	32,430	167,500	122,680	12,900	6,970	41,700	179,030	1,384,500[1]

Les céréales constituent donc la principale culture des possessions australiennes. Leur superficie représente 59 p. 100 de la superficie livrée à la culture. Voici, par rapport au total, la part contributive de chaque culture :

Céréales.	59,3	p. 100.
Pommes de terre	2,4	—
Foin sec.	12,1	—
Fourrages verts	8,8	—
Cultures industrielles	0,9	—
Vignes.	0,5	—
Autres cultures	3,1	—
Jachères.	12,9	—

En dehors du degré de civilisation plus ou moins avancé qu'offrent les diverses colonies, lequel influe directement sur le mode d'exploitation des terres, les conditions climatériques de chacune d'elles leur imposent des cultures très-distinctes. Au point de vue agricole, l'Australie du Sud tient la tête des possessions australiennes,

1. Ce chiffre diffère, de 48,500 hectares, de celui que donne le *Registrar general de Victoria* dans un travail sur l'ensemble des possessions australiennes. Cette différence provient des jachères de la Nouvelle-Zélande, dont ce document ne parle pas, et que nous avons relevées dans l'*Abstract* anglais relatif aux colonies anglaises.

et sa superficie cultivée en céréales présente le chiffre maximum. Sur les 821,040 hectares affectés à cette culture dans les sept colonies, l'Australie du Sud en compte près des $^2/_5$, mais le sol commence à s'appauvrir faute d'un bon mode d'assolement. Les pommes de terre sont cultivées partout, mais principalement dans la colonie de Victoria.

Les $^7/_8$ des fourrages secs sont fournis par les trois premières colonies et par la Nouvelle-Zélande. En Australie, ces fourrages proviennent, d'une part, des céréales et surtout de l'avoine, et d'autre part, mais en proportion plus faible, des prairies artificielles. Ces dernières produisent principalement les fourrages verts destinés à la nourriture du bétail; il y a lieu toutefois de noter que, sur les 122,680 hectares compris sous le nom de fourrages verts dans le tableau ci-dessus, 96,000 sont indiqués comme prairies artificielles non utilisées (*laid down*). On comprend aussi dans les fourrages verts certains fourrages, tels que le *Mangelwurzel*, dont 700 hectares sont cultivés en Victoria.

Si l'on veut se faire une idée des immenses espaces consacrés à la nourriture et à l'élève des bestiaux dans les possessions australiennes, il est indispensable de remarquer que la Nouvelle-Zélande comprend plus de 400,000 hectares de prairies artificielles, dont il n'est pas fait mention dans le tableau, et que les pâturages du continent que fréquentent les squatters n'ont pour ainsi dire pas de limites; en 1873, on évaluait le terrain mis à leur disposition, en Victoria seulement, à 10 millions d'hectares, c'est-à-dire à près de la moitié du territoire total de cette colonie[1].

On rencontre les cultures industrielles dans la Nouvelle-Galles du Sud et en Queensland, et la vigne dans toutes les colonies, mais surtout en Victoria et dans l'Australie du Sud.

La superficie cultivée en céréales se subdivise par espèces ainsi qu'il suit:

1° **CÉRÉALES.** (Superficie cultivée en hectares.)

POSSESSIONS AUSTRALIENNES.	FROMENT.	ORGE.	AVOINE.	MAÏS.	AUTRES.	TOTAL.
Victoria	141,600	10,230	44,830	790	6,030	203,480
Nouvelle-Galles du Sud	67,300	1,430	6,500	46,900	650	122,780
Australie du Sud	317,100	4,780	810	»	2,000	324,690
Queensland	1,410	350	80	8,560	110	10,510
Australie de l'Ouest	10,400	2,050	600	50	580	13,680
Tasmanie	23,700	2,600	10,300	»	1,500	38,600
Nouvelle-Zélande	53,500	6,170	45,500	300	2,020	107,490
Totaux	615,010	27,610	109,120	56,600	12,890	821,230

Le froment est la céréale de beaucoup la plus répandue. L'Australie du Sud, à elle seule, possède plus de la moitié de la superficie consacrée à cette culture; viennent ensuite, comme pays de céréales et par ordre d'importance, Victoria, la Nouvelle-Galles du Sud et la Nouvelle-Zélande. On observera que Victoria et la Nouvelle-Zélande cultivent de préférence le froment, l'orge et l'avoine, tandis que

1. Voir page 184, sous la rubrique : *Culture pastorale*.

le maïs est cultivé presque exclusivement dans la Nouvelle-Galles du Sud, et dans des proportions moindres en Queensland.

Les céréales comprises dans la colonne *autres* sont : le seigle, le sarrasin et le millet. Les documents australiens comprennent aussi sous ce titre le sorgho, l'*arrow-root*, et les fèves et pois. En Victoria, par exemple, on rencontre 290 hectares en seigle, 2 en sarrasin et 5,738 en millet, sorgho, pois et haricots; dans la Nouvelle-Galles du Sud, 500 hectares en seigle, 95 en millet, 40 en sorgho et 15 en *arrow-root;* dans l'Australie du Sud, 2,000 hectares en pois ; en Queensland, 20 hectares en *arrow-root* et 90 en seigle, millet et sorgho, etc., etc.

Voici maintenant quelques détails sur un certain nombre d'autres cultures :

2° CULTURES DIVERSES. (Superficies cultivées, en hectares.)

POSSESSIONS AUSTRALIENNES.	CULTURES INDUSTRIELLES.					AUTRES CULTURES.		
	Tabac.	Coton.	Cannes à sucre.	Autres.	Total.	Jardins et vergers.	Cultures non spécifiées.	Total.
Victoria.	230	»	»	50	280	6,600	2,830	9,430
Nouvelle-Galles du Sud.	80	»	2,700	»	2,780	6,500	1,400	7,900
Australie du Sud. . . .	»	»	»	180	180	2,800	3,420	6,220
Queensland.	20	4,800	4,700	»	9,520	700	1,080	1,780
Australie de l'Ouest. . .	»	»	»	»	»	200	100	300
Tasmanie	5	»	»	175	180	»	5,060	5,060
Nouvelle-Zélande. . . .	20	»	»	»	20	4,000	4,200	8,200
Totaux.	355	4,800	7,400	405	12,960	20,800	18,090	38,890

Au point de vue de la localisation des cultures, on remarque que la culture du coton n'existe que dans Queensland, et celle des cannes à sucre dans Queensland et la Nouvelle-Galles du Sud. Celle du tabac est plus uniformément répandue, bien qu'elle n'ait encore qu'une faible importance.

Les autres cultures industrielles sont le houblon et le lin. Le houblon est cultivé en Victoria (40 hectares) et surtout en Tasmanie (175 hectares); le lin en Victoria (10 hectares) et dans l'Australie du Sud (180 hectares).

Les cultures non spécifiées comprennent, en général, les cultures potagères et maraîchères (turneps, carottes, oignons, etc.).

§ 2. — PRODUCTION.

Les documents anglais et australiens ne donnent, pour l'ensemble des colonies, que des renseignements relatifs à certaines productions : les céréales, les pommes de terre et le foin.

En voici le détail par colonie :

1° CÉRÉALES. (Récolte de 1873-1874.)

POSSESSIONS AUSTRALIENNES.	FROMENT.		ORGE.		AVOINE.		MAÏS.		AUTRES.		TOTAL.
	Produit moyen par hectare.	Produit total.	Produit moyen par hectare.	Produit total.	Produit moyen par hectare.	Produit total.	Produit moyen par hectare.	Produit total.	Produit moyen par hectare.	Produit total.	
	hectol.	hectol.	hectol.	hectol.	hectol.	hectol.	hectol.	hectol.	hectol.	hectol.	hectolitres.
Victoria.	11,8	1,670,880	1,8	184,140	15,0	672,450	17,6	13,900	12,5	75,370	2,616,740
Nlle Galles du Sud .	11,5	773,950	16,9	24,170	17,0	110,050	31,7	1,486,730	14,0	9,100	2,404,000
Australie du Sud. .	6,8	2,156,280	11,9	53,010	10,0	8,100	»	»	10,5	21,000	2,238,390
Queensland	11,8	16,640	16,9	5,990	17,0	1,360	31,8	272,210	14,0	1,540	297,740
Australie de l'Ouest.	11,7	121,630	15,0	30,750	17,5	10,500	16,0	800	11,5	6,670	170,400
Tasmanie	13,9	329,430	17,7	46,020	19,0	205,200	»	»	14,5	21,750	602,400
Nouvelle-Zélande. .	22,1	1,182,350	18,9	116,610	24,9	1,132,950	15,0	4,500	14,5	29,290	2,465,700
Totaux et moyennes	10,2	6,251,210	16,7	460,690	19,6	2,140,610	31,4	1,778,140	12,8	164,720	10,795,370

On trouve les produits maxima, pour le froment dans l'Australie du Sud, pour l'orge en Victoria, et pour l'avoine dans la Nouvelle-Zélande. Le classement de la production totale ne correspond pas exactement au classement par superficie, vu l'importance inégale du rendement par hectare. A ce point de vue, c'est la Nouvelle-Zélande qui l'emporte de beaucoup sur les autres colonies pour le froment, l'orge et l'avoine. L'Australie du Sud, au contraire, présente des produits moyens minima En résumé, au point de vue du rendement total, Victoria, la Nouvelle-Zélande, la Nouvelle-Galles du Sud et l'Australie du Sud produisent près de 10 millions d'hectolitres de céréales, soit les $^{9}/_{10}$ de la production totale, à laquelle chacune de ces colonies contribue d'ailleurs pour une part à peu près égale.

Dans les productions de la colonne intitulée *autres*, figurent, pour Victoria, 2,800 hectolitres de seigle et 72,500 hectolitres de millet, pois et haricots; pour la Nouvelle-Galles du Sud, 6,350 hectolitres de seigle et 1,570 hectolitres de millet; pour l'Australie du Sud, 21,000 hectolitres de pois. En outre, la production de l'*arrow-root* avait été de 11,720 kilogr. dans la Nouvelle-Galles du Sud et de 22,150 kilogr. en Queensland. Enfin, les 40 hectares cultivés en sorgho dans la Nouvelle-Galles avaient produit 44,000 kilogr.

2° POMMES DE TERRE, FOIN.

POSSESSIONS AUSTRALIENNES.	POMMES DE TERRE.		FOIN.	
	Produit moyen par hectare.	Produit total.	Produit moyen par hectare.	Produit total.
	quint. mét.	quintaux mét.	quint. mét.	quintaux mét.
Victoria.	71,5	1,111,820	35,0	1,627,500
Nouvelle-Galles du Sud	74,5	426,880	40,0	1,140,000
Australie du Sud.	85,9	131,430	30,0	1,722,600
Queensland	74,5	84,180	40,0	82,000
Australie de l'Ouest	66,7	12,670	55,0	276,650
Tasmanie	79,0	252,800	31,0	325,500
Nouvelle-Zélande	111,5	553,350	37,0	647,500
Totaux et moyennes	79,3	2,573,130	34,7	5,821,750

Pour les pommes de terre et le foin, ce sont la Nouvelle-Zélande et l'Australie de l'Ouest qui présentent les chiffres maxima. En ce qui concerne le foin, les trois premières colonies donnent, à elles seules, plus des $^3/_4$ de la production.

A défaut de renseignements sur l'ensemble des possessions australiennes pour certaines productions, telles que le vin, le sucre, etc., voici quelques chiffres relatifs aux quatre premières colonies pour 1872 et 1873 :

3° PRODUITS DIVERS.

POSSESSIONS AUSTRALIENNES.	VINS.	SUCRE.	COTON.	TABAC.
	hectolitres.	quintaux métr.	quintaux métr.	quintaux métr.
Victoria	21,750	»	»	1,000
Nouvelle-Galles du Sud	25,920	48,910	»	450
Australie du Sud	31,500	»	»	»
Queensland	900	65,000	11,500	70

Ajoutons que la production du houblon a été de 1,350 hectolitres pour 205 hectares, et que le lin natif de la Nouvelle-Zélande, dont la production exacte n'est pas connue, donne lieu à un fort commerce d'exportation. On exporte également de la Tasmanie et de la Nouvelle-Zélande des quantités importantes de bois de construction (pins, chênes, eucalyptus, etc.).

§ 3. — ANIMAUX.

On compte dans les possessions australiennes plus de 65 millions de têtes de bétail, ainsi réparties :

EFFECTIF EN 1874.

POSSESSIONS AUSTRALIENNES.	CHEVAUX.	BÊTES à cornes.	MOUTONS.	PORCS.	TOTAL des têtes.
Victoria	480,312	853,763	11,323,080	160,336	12,547,521
Nouvelle-Galles du Sud	328,014	2,710,374	19,928,590	238,342	23,205,320
Australie du Sud	87,455	174,381	5,617,419	87,336	5,966,591
Queensland	99,243	1,343,093	7,268,946	42,884	8,754,166
Australie de l'Ouest	26,290	47,610	748,536	20,948	843,414
Tasmanie	22,612	106,308	1,490,746	59,628	1,679,294
Nouvelle-Zélande	99,261	494,113	11,674,863	123,741	12,391,978
Totaux	813,217	5,759,672	58,052,180	733,215	65,388,284

Les 89 p. 100 des têtes appartiennent à la race ovine, dont les troupeaux les plus nombreux se trouvent dans la Nouvelle-Galles du Sud, Victoria et la Nouvelle-Zélande. Quant à la race bovine, c'est dans la Nouvelle-Galles et Queensland que paissent les grands troupeaux de bêtes à cornes. Dans le chiffre des bêtes à cornes figurent les chèvres, qui sont au nombre d'environ 270,000 dans les possessions australiennes, savoir 122,000 en Victoria et 70,000 dans la Nouvelle-Galles du Sud.

Le nombre des bœufs s'est accru de 147 p. 100 depuis 10 ans et celui des moutons de 230 p. 100. A cet accroissement correspond une augmentation considérable de la production de la laine, des cuirs et peaux, du suif et des viandes conservées, salées ou non.

Il n'est pas sans intérêt de faire connaître les valeurs des exportations australiennes se rapportant à ces quatre natures de produits, pour les années 1863 et 1873 [1].

EXPORTATIONS.

POSSESSIONS AUSTRALIENNES.	LAINE.		SUIF.		CUIRS ET PEAUX.		VIANDES CONSERVÉES.	
	1863.	1873.	1863.	1873.	1863.	1873.	1863.	1873.
	fr.	fr.	fr.	fr.	fr.	fr.	fr.	fr.
Victoria	50,123,000	143,465,000	846,000	5,827,000	2,656,000	1,343,000	291,700	6,054,000
Nouvelle-Galles du Sud	45,700,000	69,590,000	1,118,500	3,180,000	2,504,000	1,117,700	18,800	3,478,000
Australie du Sud	19,413,000	42,215,000	»	1,206,000 [2]	»	»	»	299,600 [2]
Queensland	19,419,000	34,364,000	767,900	1,272,000	481,120	2,317,000	5,160	1,644,006
Tasmanie	10,196,000	7,851,000	»	»	»	»	»	»
Nouvelle-Zélande	20,762,000	67,632,000	40,600	1,678,000	»	411,500 [3]	»	3,850,000

Quoi qu'il en soit, et à part quelques variations, surtout dans l'exportation des cuirs et peaux, il est facile de constater un énorme accroissement dans la valeur des exportations des articles ci-dessus.

Pour l'Australie de l'Ouest, on sait seulement que la valeur de l'exportation des laines a varié de 1868 à 1870, de 2,450,000 fr. à 2,235,000 fr.

§ 4. — ÉCONOMIE RURALE.

1° Aliénation des terres. — On a vu que la proportion des terres non encore aliénées est encore considérable, 97,33 p. 100. Ces terres sont dites terres de la couronne, et, à ce titre, concédées gratuitement ou vendues par le gouvernement anglais. Telles sont les deux formes que revêt l'aliénation. Le paiement se fait au comptant ou par à-compte, et dans ce dernier cas la terre ne devient propriété de l'acheteur que lorsqu'il a rempli toutes les obligations de son contrat. C'est ainsi qu'en Victoria seulement 1,250,000 hectares avaient été conditionnellement vendus à la fin de 1873, et, à ce titre, n'étaient pas compris dans les terres aliénées. L'étendue des terrains concédés par rapport aux terrains vendus n'est pas connue exactement. On n'en peut guère juger par la colonie de Victoria dont la statistique donne 100 hectares concédés contre 600,000 hectares vendus, le Gouvernement favorisant de préférence les nouvelles colonies.

Voici quel était, en 1873, le prix moyen de l'hectare :

Victoria	73f,40c	Australie de l'Ouest	30f,70c
Nouvelle-Galles du Sud	29 ,50	Tasmanie	69 ,40
Australie du Sud	25 ,20	Nouvelle-Zélande	47 ,10
Queensland	38 ,10		

1. *Statistical abstract for the colonial possessions of the United Kingdom.*
2. Chiffres de 1870.
3. Ce renseignement ne se rapporte qu'aux peaux de mouton.

Depuis l'origine des concessions vénales jusqu'au commencement de 1874, la couronne a retiré une somme de près de 900 millions de francs de la vente des terres dans les cinq colonies ci-dessous :

Victoria.	450,200,000	860,949,000 fr.
Nouvelle-Galles du Sud. .	185,530,000	
Australie du Sud	146,964,000	
Queensland	41,734,000	
Tasmanie	36,521,000	

2° Culture pastorale. — Les pacages et pâturages du continent australien couvrent des surfaces immenses, qu'on ne peut exactement mesurer, mais dont l'étendue approximative serait représentée par les chiffres suivants : Victoria, 10 millions d'hectares; Nouvelle-Galles du Sud, 65 millions; Australie du Sud, 20 millions; Queensland, 50 millions; soit, pour les 4 colonies, près des $^{3}/_{10}$ du territoire.

3° Exploitations. — *Personnel et matériel agricoles.* — Le nombre des exploitations agricoles de Victoria en territoire aliéné était en 1873 de 34,596, dont près de 50 p. 100 exploitées par les propriétaires eux-mêmes. L'étendue moyenne d'une propriété était de 70 hectares. On comptait 12,474 exploitations au-dessous de 20 hectares; 13,357 de 20 à 80; 5,097 de 80 à 140; 1,222 de 140 à 200 et 2,452 au-dessus de 200[1]. Le personnel agricole se composait de 76,990 individus, dont 52,950 hommes et 24,040 femmes. En outre, dans les *squatting-runs*, on comptait 4,509 hommes et 1,307 femmes.

Les autres colonies ne donnent pas de renseignements sur ce point. Seule, la Nouvelle-Galles du Sud a indiqué le nombre de ses exploitations : il s'élève à 31,821, dont 21,447 dirigées par les propriétaires eux-mêmes, et 10,374 affermées en tout ou en partie.

Quant au matériel agricole : machines, outils, moyens de transport, Victoria l'évaluait, en 1873, à 38 millions de francs. Cette colonie comptait 28,211 charrues du pays ou perfectionnées, 981 batteuses à vapeur ou non, 753 faucheuses et 5,514 moissonneuses ; de son côté, Queensland possédait 211 machines à vapeur (locomobiles ou autres), 2,791 charrues, dont 1 à vapeur ; 1,015 machines à battre, 13 moissonneuses, etc.

---

1. Ces chiffres ne comprennent pas les exploitations d'une étendue inférieure à 40 ares.

V

ÉTATS-UNIS

V

ÉTATS-UNIS

§ 1er. — SUPERFICIE.

D'après le *Census* américain de 1870, le territoire national des États-Unis (États et territoires) a une étendue superficielle de 10,330,000 kilom. carrés, dont 1,020,000 kilom. carrés environ sont occupés par les grands lacs et les cours d'eau; si l'on fait abstraction de ces lacs et cours d'eau, il reste 9,310,000 kilom. carrés de terres, qui se subdivisent ainsi qu'il suit :

SUPERFICIE TERRITORIALE EN 1870.

DIVISION DU TERRITOIRE.	NOMBRE de kilomètres carrés.	RAPPORT p. 100.
Terres cultivées	763,230	8,2
Bois et forêts	637,000	6,8
Autres terres défrichables	247,020	2,7
Territoire agricole	1,647,250	17,7
Terres susceptibles de culture pastorale	5,642,750	60,6
Terres absolument incultes	2,020,000	21,7
Superficie totale	9,310,000	100

On voit que, dans ce total, le territoire agricole n'entre que pour 18 p. 100 environ, et le territoire cultivé pour 8,2 p. 100, ou un douzième. Quant aux terres absolument incultes, dont l'étendue est de 2 millions de kilomètres, la plus grande partie est située dans l'Alaska (ancienne Amérique russe), où il n'y en a pas moins de 1,400,000 kilom. carrés, et le surplus dans les espaces compris entre le Mississipi et les montagnes Rocheuses. Les cinq millions et demi de kilomètres carrés encore inexploités représentent presque exclusivement des surfaces où l'agriculture pastorale est appelée à jouer un grand rôle. Enfin, les 1,647,250 kilom. carrés indiqués sous le nom de territoire agricole, se subdivisent eux-mêmes en 763,000 kilom. carrés de terres dites améliorées (*improved*), c'est-à-dire consacrées à une culture déterminée, et 884,000 kilom. carrés de terres dites non améliorées (*unimproved*), représentant des terrains défrichables.

La statistique agricole de 1873, publiée par le Ministère de l'Agriculture de Washington, ne fournit pas le total de la superficie cultivée, mais, à défaut de ce renseignement, que l'on ne recueille directement qu'à l'époque des recensements décennaux, on peut le calculer à l'aide du rapport moyen d'accroissement déduit des trois recensements de 1850, 1860 et 1870[1]. On constate ainsi que le total des terres cultivées est, en 1873, d'environ 772,160 kilom. carrés, ce qui accuserait, sur 1870, une augmentation de 8,930 kilom. carrés.

Il résulte d'ailleurs d'autres sources d'informations, que la plupart des États ne tiennent pas un compte exact de l'étendue des défrichements, qui est bien supérieure à celle qu'indiquent les états du recensement. On peut donc affirmer que l'évaluation qui précède est au-dessous de la vérité.

Entrons maintenant dans le détail des principales cultures; le tableau suivant fait connaître la superficie qu'elles ont occupée pendant les années 1871, 1872 et 1873 :

SUPERFICIE DES PRINCIPALES CULTURES (en hectares).

NATURE DES CULTURES.	1871.	1872.	1873.
	hectares.	hectares.	hectares.
Maïs	13,636,000	14,210,700	15,835,600
Froment	7,977,500	8,343,300	8,957,400
Seigle	427,800	419,400	464,740
Avoine.	3,346,300	3,600,200	3,939,700
Orge.	471,000	551,600	560,400
Sarrasin	165,500	179,400	183,480
Total des céréales	26,024,100	27,304,600	29,941,320
Pommes de terre	491,600	532,500	523,200
Foin.	7,603,800	8,127,500	8,845,200
Tabac.	140,200	166,600	194,280
Coton	2,951,200	3,400,000	3,777,400
Superficie totale.	37,210,900	39,531,200	43,281,400

Les principales cultures ci-dessus dénommées forment les 56 p. 100 du territoire cultivé tel que nous l'avons calculé plus haut pour 1873. Voici, pour cette année, la part contributive de chacune d'elles.

Sur 100 hectares cultivés, on comptait :

		Hectares.
Céréales, 38,67 p. 100.	Maïs	20,50 p. 100.
	Froment . .	11,50
	Avoine. . .	5,10
	Orge. . . .	0,73
	Seigle . . .	0,60
	Sarrasin . .	0,24

Foin, 11,40 ; coton, 4,90 ; pommes de terre, 0,78, et tabac, 0,25 p. 100.

Quant aux autres cultures, elles comprennent les plantes industrielles, telles que la canne à sucre, le sorgho, le lin, le chanvre, etc. ; les cultures potagères et maraîchères, les fourrages verts, les vergers. Les documents officiels ne fournissent aucune indication sur les superficies occupées par chacune de ces cultures. Dans leur ensemble, elles forment les 44 centièmes du territoire cultivé.

1. Proportion p. 100 des terres *improved* aux terres *unimproved*. { En 1850. . 38.5 p. 100 ; En 1860. . 40.1 — ; En 1870. . 46.3 — } Accroissement moyen annuel des terres *improved*. . . . . { 0.39 p. 100, à la condition que l'étendue du territoire agricole n'ait pas changé.

En ce qui concerne les diverses céréales, les pommes de terre, les fourrages secs et le tabac, nous avons réussi, après de laborieux calculs, à dresser un tableau qui contient, pour chacun des 37 États qui composent l'Union, ainsi que pour les territoires réunis, le nombre d'hectares qui constituent la superficie afférente à chaque culture.

Ce tableau, que nous avons dressé dans la 2e partie de notre travail (voir page 120) donne lieu aux observations ci-après :

L'Illinois, avec plus de 4 millions d'hectares, puis l'Iowa, l'Indiana, l'Ohio, avec plus de 2 millions, tiennent la tête des pays à céréales. Le Missouri les suit de près.

Ce sont le maïs et le froment qui dominent dans les États ci-dessus. Mais on doit citer en outre les superficies considérables ensemencées en avoine, orge et sarrasin dans les États de New-York ; en maïs, froment et avoine dans la Pensylvanie ; en froment et orge dans la Californie. En résumé, on peut dire que ce sont les États de l'Ouest et particulièrement ceux qui avoisinent les grands lacs Supérieur, Michigan, Érié, Ontario, c'est-à-dire les frontières de la Confédération canadienne, qui présentent la plus grande superficie cultivée en céréales. Elle peut être évaluée aux deux tiers de la superficie totale.

Les pommes de terre sont cultivées principalement dans deux États du Centre : New-York et Pensylvanie, et aussi à l'Ouest dans l'Illinois. Ces États, ainsi que ceux du Maine et de l'Iowa, possèdent également de très-grandes prairies.

Quant au tabac, on en cultive plus de 5,000 hectares dans 9 États, dont les principaux sont, par ordre d'importance : le Kentucky, la Virginie, le Tennessee, la Caroline du Nord, le Maryland, etc. La surface du Kentucky plantée en tabac représente, à elle seule, plus des $\frac{2}{5}$ du total.

Le tableau que nous analysons ne contient pas la superficie consacrée, dans les États du Sud, à la culture du coton, mais on trouvera plus loin les chiffres de la production.

§ 2. — PRODUCTION.

Voici quels ont été, en 1873, le rendement par hectare et la production totale des principales cultures :

PRODUCTION AGRICOLE. (1873).

NATURE DES CULTURES.	PRODUCTION moyenne par hectare.	PRODUCTION totale.
Céréales.	hectolitres.	hectolitres.
Maïs	21,4	338,633,870
Froment	11,4	102,044,820
Seigle	11,8	5,493,030
Avoine	24,9	98,282,190
Orge	20,8	11,642,850
Sarrasin	15,5	2,845,360
Total et moyenne	18,7	558,942,120
Pommes de terre	73,0	38,482,750
	quintaux métriques.	quintaux métriques.
Foin	28,8	255,153,000
Tabac	8,7	1,692,104
Coton	2,3	8,788,500

Dans le tableau qui précède, on a omis de faire figurer le riz, dont la production était évaluée, en 1870, à 442,000 hectolitres. En adoptant ce chiffre pour 1873, on trouve que, pour 1,000 hectolitres de céréales, les quantités fournies par les diverses espèces se classent ainsi, par ordre décroissant :

605	hectolitres	de maïs,
185	—	de froment,
175	—	d'avoine,
20	—	d'orge,
10	—	de seigle,
4	—	de sarrasin,
1	—	de riz.
1,000		

On a signalé depuis longtemps l'importance de l'exportation du froment américain sur les marchés d'Europe. En 1873, sur 102 millions d'hectolitres récoltés, le quart, environ 26 millions, a été exporté, et 12 millions ont été réservés pour la semence. Il est donc resté 62 millions d'hectolitres pour la consommation indigène. L'exportation du froment a doublé depuis 6 ou 7 ans. En 1867, elle n'était, en effet, que de 13,076,000 hectolitres pour une production totale de 76 millions d'hectolitres. L'exportation s'est donc accrue plus rapidement que la production.

Le tableau n° 2 (voir page 122) fait connaître, pour chaque État, et pour les territoires réunis, le rendement moyen et le chiffre total des productions ci-dessus, le coton excepté.

C'est toujours l'Illinois qui est à la tête des pays à céréales avec une production énorme de 77 millions d'hectolitres de grains de tout genre. A sa suite viennent se placer l'Iowa et l'Ohio, avec 60 et 48 millions d'hectolitres. Ces trois États fournissent le tiers de la production totale. On doit citer ensuite, par ordre d'importance : l'Indiana, le Missouri, la Pensylvanie, le Kentucky, le Wisconsin, New-York, le Kansas et le Tennessee, dont les produits totaux varient de 22 à 36 millions d'hectolitres. C'est surtout en maïs, froment et avoine, que consiste la production de la plupart de ces États. On remarquera cependant que la Pensylvanie, qui produit surtout du maïs et de l'avoine, présente le chiffre maximum de la production en seigle. Pour l'orge et le sarrasin, l'État de New-York a une production également très-importante. La Californie, qui cultive toutes les céréales, fournit des chiffres considérables pour le froment et le sarrasin.

En résumé, tous les États avoisinant les grands lacs produisent d'immenses quantités de céréales, qui, dirigées vers les ports de Chicago et de Buffalo, sur les lacs Michigan et Érié, donnent lieu à l'important commerce d'exportation dont on a trouvé les chiffres plus haut.

Au point de vue du rendement moyen, ce sont, pour 1873, les États de l'Ohio et de la Californie qui donnent le produit le plus élevé pour le maïs ; ceux de Massachussets, du Texas, de Connecticut, pour le froment ; le Minnesota et l'Orégon, pour le seigle ; le New-Hampshire, le Minnesota et l'Orégon, pour l'avoine ; le Nebraska, pour l'orge, et enfin le Delaware pour le sarrasin. Les territoires ne figurent dans nos tableaux que dans leur ensemble. — On peut voir que leur rendement moyen est assez élevé pour le froment, l'avoine et l'orge.

Ce sont les États de New-York et de Pensylvanie, ainsi que les États de l'Ouest (Illinois, Ohio, etc.), qui fournissent la plus grande quantité de pommes de terre. Les États de l'Est, dont les superficies sont restreintes, offrent un rendement à l'hectare si considérable, que leur production en devient très-importante. C'est ainsi que, dans le New-Hampshire, on a récolté jusqu'à 135 hectolitres par hectare ; c'est là le chiffre maximum ; on peut citer à la suite de cet État, le Wisconsin, l'Orégon et le Massachussets.

Enfin, les grandes productions de tabac se rencontrent dans le Kentucky, la Virginie, l'Ohio, le Tennessee, le Maryland, la Pensylvanie et la Caroline du Nord. L'Ohio et la Pensylvanie ne doivent leur chiffre élevé de production qu'à l'importance de leur rendement moyen. Ce rendement est également très-élevé dans les petits États de l'Est ainsi que dans le Connecticut.

Coton. — A défaut de renseignements détaillés sur cette production en 1873, on se bornera à produire les renseignements consignés dans les *Census* de 1850, 1860 et 1870, et qui sont reproduits dans le *Census* de 1870.

PRODUCTION DU COTON.

NOMS DES ÉTATS.	1850.	1860.	1870.
	quintaux métriq.	quintaux métriq.	quintaux métriq.
Virginie	7,100	22,860	330
Caroline du Nord	132,900	261,900	260,800
Caroline du Sud	541,620	636,120	404,100
Géorgie	898,400	1,263,000	853,000
Floride	81,240	117,240	71,600
Alabama	1,015,900	1,781,800	778,100
Mississipi	871,700	2,161,500	1,016,800
Louisiane	321,660	1,400,000	631,400
Texas	104,520	776,500	631,080
Arkansas	117,540	661,200	446,220
Tennessee	350,100	533,500	327,240
Kentucky	1,360	»	1,940
Illinois	»	2,670	840
Missouri	»	74,100	2,230
Autres États (7)	30	390	310
Totaux	4,444,070	9,695,780	5,420,660

Ces chiffres donnent la mesure des effets désastreux de la guerre de sécession sur la culture des États du Sud. On sait, en effet, que l'émancipation des noirs a eu pour résultat immédiat de modifier profondément le mode de travail des terres. Les États du Sud, où se concentre la culture du coton et de la canne à sucre, marchent cependant vers un avenir meilleur. C'est ainsi que la diminution du coton constatée de 1860 à 1870 (10 ans — 4,275,120 quintaux métriques) est presque compensée par les 3,367,840 quintaux, montant de l'augmentation relevée de l'année 1870 à l'année 1873, dont la production s'est élevée, comme on l'a vu plus haut, à 8,788,500 quintaux.

Quoi qu'il en soit, ce sont les États du Mississipi, de la Géorgie et de l'Alabama qui sont toujours les principaux producteurs du coton. La Louisiane n'avait pas encore reconquis, en 1870, le rang qu'elle occupait en 1860; elle est, il est vrai, avec la Virginie et le Missouri, au nombre des États qui ont été le plus cruellement frappés.

Indépendamment du coton, dont la production est encore si considérable, les États-Unis récoltent une certaine quantité de chanvre, de lin et même de soie. Voici les chiffres relevés en 1850, 1860 et 1870.

TEXTILES.	1850.	1860.	1870.
	quintaux métriques.	quintaux métriques.	quintaux métriques.
Chanvre	348,700	744,930	127,500
Lin	34,700	21,400	122,100
Soie. (Poids des cocons.)	49	53	17

De 1860 à 1870, la production du chanvre a diminué au profit du lin. La diminution de la production du chanvre s'est surtout fait sentir dans le Kentucky et le Missouri, où la récolte de 1870 n'est que le quart de celle de 1860. Le même effet s'est étendu au lin pour ces deux États, mais a été compensé et bien au delà par les énormes augmentations relevées, de 1860 à 1870, dans les États de l'Illinois, de l'Ohio, de l'Iowa et de l'Orégon. C'est l'Ohio qui tient ici la tête avec une augmentation de 75,000 quintaux en 10 ans.

La production de la soie, d'ailleurs insignifiante, est en voie de diminution d'après le tableau ci-dessus. En 1873, le produit n'a pas dépassé 18 quintaux de cocons. C'est en Californie qu'on trouve le chiffre maximum.

Sucre. — La canne à sucre, dont la récolte a beaucoup diminué depuis la guerre de sécession, a produit, en 1873, environ 650,000 quintaux de sucre et 558,000 hectolitres de mélasse. En 1861, la plus forte année connue comme rendement, le produit avait dépassé 4 millions de quintaux de sucre. C'est la Louisiane qui présente le chiffre maximum de production; viennent ensuite tous les États du Sud. Voici comment le *Census* de 1870 répartit, pour 1869, la production des onze États suivants :

RENDEMENT DE LA CANNE A SUCRE EN SUCRE CRISTALLISÉ ET EN MÉLASSE (1869), en hectolitres.

NOMS DES ÉTATS.	SUCRE CRISTALLISÉ.	MÉLASSE.
Caroline du Nord	90	1,520
Caroline du Sud	2,640	19,650
Géorgie	1,610	24,960
Floride	2,330	15,480
Alabama	80	8,000
Mississipi	120	6,840
Louisiane	201,750	206,320
Texas	5,050	11,970
Arkansas	230	3,240
Missouri	120	1,600
Tennessee	3,520	160
Totaux	217,540	299,740

Ce sont la Louisiane et le Texas qui ont fourni proportionnellement la plus grande quantité de sucre cristallisé. L'Arkansas est le dernier État où ait été introduite la culture de la canne à sucre. Cette culture tend à décroître dans la Caroline du Sud et le Tennessee.

L'érable, le sorgho et la betterave sont également cultivés sur le territoire de l'Union. La culture de la betterave a été expérimentée en Californie et a produit, en 1873, 4,000 kilogr. de sucre. Quant à l'érable, il avait fourni, en 1870, 12,780 kilogr. de sucre et 40,000 hectolitres de mélasse. C'est le sorgho dont le produit gagne le plus en importance; son rendement en sucre cristallisé est insignifiant, mais la quantité de mélasse produite est considérable. Importé de France en 1854, par les soins du ministère de l'agriculture de Washington, le sorgho a produit, en 1870, 706,000 hectolitres de mélasse. Toutefois, dans certaines localités, sa culture ne rend pas tout ce qu'on en avait espéré.

Si l'on tient compte de l'exportation, bien faible d'ailleurs, des produits indigènes en sucre et en mélasse — 50,000 quintaux de sucre environ et 130,000 hectolitres de mélasse, en 1873, — il restait, pour la consommation, 600,000 quintaux de sucre et plus de 1,100,000 hectolitres de mélasse, quantités bien insuffisantes, puisque la consommation par habitant est évaluée, d'après les documents officiels, à $18^k,12$ de sucre et $11^l,25$ de mélasse. L'importation étrangère vient combler la différence. Après la guerre de sécession, en 1868, cette importation s'élevait à 4 millions et demi de quintaux; elle n'a cessé d'augmenter depuis et atteignait presque 7 millions en 1873. Les mélasses étrangères qui, en 1868, représentaient 4 millions d'hectolitres, tendent au contraire à diminuer.

On trouvera plus loin, sous le titre de *Produits animaux*, les renseignements relatifs à la production de la laine, de la cire, du miel, etc.

§ 3. — ANIMAUX.

Le nombre des animaux de ferme, en janvier 1874, était de plus de 100 millions, ainsi répartis :

Chevaux	9,333,800	102,395,650.
Mulets	1,339,350	
Bœufs et autres bêtes à cornes.	16,218,100	
Vaches laitières.	10,705,300	
Moutons	33,938,200	
Porcs	30,860,900	

Le tableau N° 3 (voir page 125) fournit ces renseignements pour chaque État, ainsi que pour les territoires réunis.

En ce qui concerne l'espèce chevaline, c'est l'Illinois qui occupe le premier rang avec plus d'un million de têtes; viennent ensuite, par ordre décroissant d'importance, les États de Texas, New-York, Indiana, Iowa, Pensylvanie et Missouri, dans chacun desquels on relève plus de 500,000 à 600,000 chevaux. L'Alabama et le Tennessee comptent, en revanche, le plus de mulets (100,000).

Le bétail à cornes l'emporte dans le Texas : 2,400,000 têtes, plus du septième du total, et dans l'Illinois, 1,270,000 têtes. L'Ohio, l'Iowa, le Missouri, l'Indiana, la Pensylvanie, l'État de New-York, classés par importance décroissante, comptent chacun de 800,000 à 600,000 têtes, et les territoires en bloc 713,000.

C'est dans les États à petites cultures de New-York et de Pensylvanie que l'on trouve le plus grand nombre de vaches laitières : 1,410,000 et 800,000, soit plus du cinquième du total. L'Illinois vient ensuite avec 725,000 têtes.

La race ovine domine principalement en Californie et dans l'Ohio. Le premier de ces États compte jusqu'à près de 5 millions de têtes, et le second 4,600,000. Viennent ensuite le Michigan avec 3,500,000 têtes et New-York avec plus de 2 millions, et enfin l'ensemble des territoires avec 2,600,000 têtes. Le nombre des moutons dans les quatre États ci-dessus et les territoires représente plus de la moitié du nombre total.

Quant aux porcs, dont le nombre est considérable, ils se trouvent surtout dans les États de l'Ouest ; l'Illinois et l'Iowa en comptent 3 millions et demi, le Missouri, l'Indiana, l'Ohio, le Kentucky plus de 2 millions.

En résumé, à part le grand nombre de bœufs signalé dans le Texas et celui relevé pour les moutons en Californie et dans les territoires, c'est dans les États de l'Ouest et dans les deux États du centre, de New-York et de Pensylvanie, que l'on trouve les plus grandes quantités de bétail.

Produits animaux. — A défaut de renseignements sur les produits animaux en 1873, voici quelle était leur importance en 1870 :

Beurre	2,313,360	quintaux métriques.
Lait	95,142,000	hectolitres.
Fromage	240,714	quintaux métriques.
Laine	450,200	—
Miel[1]	66,163	—
Cire	2,840	—

Les rapports officiels mentionnent une augmentation générale de tous ces produits de 1870 à 1873, et donnent pour exemple le chiffre de l'exportation des fromages, qui s'est élevé, en 1873, à 411 millions de quintaux ; c'est presque le double de la production de 1870.

La production de la laine est de sa nature plus variable ; elle est, néanmoins, en voie d'augmentation. Voici, pour 1870, la part de chaque État dans cette nature de produit :

1. Le nombre des ruches d'abeilles était évalué, en 1875, à 3 millions, appartenant à 70,000 apiculteurs.

PRODUCTION DE LA LAINE.

NOMS DES ÉTATS.	PRODUCTION totale.	NOMS DES ÉTATS.	PRODUCTION totale.	NOMS DES ÉTATS.	PRODUCTION totale.
	Qtx métriques.		Qtx métriques.		Qtx métriques
Maine.	8,000	Géorgie.	3,810	Wisconsin	18,400
New-Hampshire. . . .	5,080	Floride.	170	Minnesota	1,800
Vermont.	14,000	Alabama	1,710	Iowa.	13,350
Massachussets.	1,350	Mississipi.	1,300	Missouri	16,450
Rhode-Island	350	Louisiane.	630	Kansas	1,510
Connecticut.	1,140	Texas.	5,630	Nebraska.	330
New-York.	48,000	Arkansas.	970	Californie.	51,500
New-Jersey.	1,510	Tennessee.	6,250	Orégon.	4,860
Pensylvanie	30,000	Virginie de l'Ouest . .	7,170	Nevada.	120
Delaware.	260	Kentucky.	10,050		
Maryland.	1,950	Ohio	92,400	Les Territoires . . .	5,420
Virginie.	3,780	Michigan	38,000		
Caroline du Nord. . .	3,600	Indiana.	22,650	Total.	450,200
Caroline du Sud. . . .	700	Illinois.	26,000		

Comme on devait le prévoir d'après la distribution des espèces animales, c'est dans l'Ohio et la Californie que l'on trouve la plus grande quantité de laine, 92,000 et 51,500 quintaux métriques, soit près du tiers du total. L'État de New-York, qui vient ensuite par ordre décroissant d'importance, a un rendement moyen très-élevé. Il en résulte que l'État de New-York, avec un nombre de moutons inférieur d'un tiers à celui que présente l'État de Michigan, fournit une production lainière supérieure d'un quart, 48,000 quintaux contre 38,000 quintaux. On peut citer encore la Pensylvanie, l'Illinois et l'Indiana, dont la production varie de 30,000 à 32,000 quintaux.

Une particularité à noter est la petite quantité de laine produite par les nombreux troupeaux de moutons des territoires. En dehors du Nouveau-Mexique et du Colorado[1], qui en fournissent un peu (de 1,000 à 3,000 quintaux), les autres territoires donnent des chiffres absolument insignifiants.

Avant de terminer l'étude des produits animaux, on doit signaler l'importance tout à fait exceptionnelle de l'espèce porcine. Le total des porcs atteint en effet presque celui des moutons. C'est que ces animaux donnent lieu à un commerce très-important, surtout dans les États du Nord-Ouest. Du 1er décembre 1873 au 1er mars 1874, il a été abattu, d'après les documents officiels, 5,460,200 porcs dans les États ci-dessous :

Illinois.	1,887,328
Ohio	906,804
Missouri	746,366
Indiana.	715,703
Iowa	369,278
A reporter.	4,625,479

1. Ce territoire a été élevé au rang d'État par décision du 4 mars 1875.

Report.	4,625,479
Wisconsin	333,514
Kentucky	257,259
Michigan	71,549
Kansas	64,037
Minnesota.	32,700
Nebraska.	29,085
Tennessee.	26,577
États limitrophes	26,000
Total	5,466,200

Dans la saison correspondante, en 1872-1873, il n'en avait été abattu que 5,410,314, ce qui donne une augmentation de 55,886 têtes. Il ne faut pas toutefois juger de l'accroissement de ce commerce par le nombre de têtes livrées à la consommation. En effet, le poids moyen de l'animal n'a été, pour 1873-1874, que de 96k,73 contre 104k,59 en 1872-1873; d'où résulte une perte définitive, pour la consommation, de 371,000 quintaux représentant près de 4,000 porcs.

§ 4. — ÉCONOMIE RURALE.

Exploitations. — *Étendue moyenne.* — Sur les 164 millions d'hectares du territoire agricole, on comptait, en 1870, 2,659,985 exploitations pour une population agricole de tout âge et de tout sexe, que l'on peut évaluer à 18 millions environ ; ce qui correspond depuis 1860 à une augmentation de 615,908, et depuis 1850, à une augmentation de 1,210,912 dans le nombre des exploitations ou fermes.

Voici, pour 1870, un tableau de l'étendue des exploitations :

ÉTENDUE DES EXPLOITATIONS.

CATÉGORIES D'ÉTENDUE.	NOMBRE d'exploitations.	P. 1,000.
Au-dessous de 1 hectare	6,875	2
De 1 hectare à 4 hectares.	172,021	65
4 — 8 —	294,607	111
8 — 20 —	847,614	319
20 — 40 —	754,221	284
40 — 200 —	565,054	212
200 — 400 —	15,873	6
Au-dessus de 400 hectares	3,720	1
Total.	2,659,985	1,000

L'étendue moyenne d'une exploitation serait d'environ 60 hectares. Si l'on rapproche les renseignements du tableau ci-dessus des chiffres relevés en 1860, on constate que le nombre des fermes a augmenté dans chaque catégorie, à l'exception des deux dernières, qui comprennent les exploitations de 200 hectares et au-dessus.

Instruments agricoles. — Leur valeur totale a été évaluée, en 1870, à 1 milliard 752 millions de francs, en augmentation sur 1860 de 473 millions de francs. Les charrues perfectionnées deviennent d'un usage général. Les faucheuses, les moissonneuses mécaniques sont partout employées. Il en est de même des batteuses à vapeur ou à manége et des semoirs mécaniques.

Les documents américains fournissent, à cet égard, des renseignements recueillis lors d'une enquête faite par le gouvernement de Washington, dans le plus grand nombre des États, sur les mérites respectifs de l'ancienne méthode et du semoir moderne, au point de vue de la quantité employée pour l'ensemencement. A production égale, la dernière colonne du tableau suivant, dressé d'après ces documents, indique l'économie produite par la machine :

ÉTATS.	BLÉ D'HIVER. QUANTITÉ DE SEMENCE EMPLOYÉE PAR HECTARE		
	à la volée.	au semoir.	Différence.
	hectolitres.	hectolitres.	hectolitres.
New-York	1,62	1,44	0,18
New-Jersey	1,75	1,44	0,31
Pensylvanie	1,56	1,34	0,22
Delaware	1,57	1,35	0,22
Maryland	1,53	1,29	0,24
Virginie	1,30	1,09	0,21
Caroline du Nord	0,96	0,75	0,21
Caroline du Sud	0,90	0,63	0,27
Géorgie	0,90	0,81	0,09
Texas	1,06	0,81	0,25
Tennessee	1,08	0,99	0,09
Virginie de l'Ouest	1,38	1,20	0,18
Kentucky	1,22	0,99	0,23
Ohio	1,41	1,18	0,23
Michigan	1,46	1,20	0,26
Indiana	1,33	1,09	0,24
Illinois	1,37	1,11	0,26
Missouri	1,37	1,09	0,28
Kansas	1,34	1,11	0,22
Nebraska	1,40	1,12	0,28
Orégon	1,35	1,09	0,26
Alabama	0,90	»	»
Mississipi	1,12	»	»
Arkansas	0,90	»	»
Californie	1,20	»	»
Moyennes des vingt premiers États	1,32	1,10	0,22

Le Gouvernement délivre constamment des brevets pour de nouveaux instruments et de nouveaux procédés d'agriculture. La fabrication et la vente des machines agricoles forment déjà des branches importantes d'industrie et de commerce ; elles sont devenues l'objet d'un commerce d'exportation considérable et sans cesse croissant.

Les détails suivants, concernant l'emploi des matières fertilisantes et les divers modes d'assolement sont presque textuellement empruntés au rapport qui nous a été adressé par le Ministre de l'agriculture de Washington, en réponse à notre questionnaire de statistique agricole, et que nous nous bornons généralement à traduire.

« *Matières fertilisantes. — Engrais. — Amélioration du sol.* — Il n'existe aucune statistique autorisée relativement à l'emploi des matières fertilisantes et des engrais.

« Cependant les dernières enquêtes du département de l'agriculture démontrent que, dans les États de la Nouvelle-Angleterre (États du Nord-Est), bien que l'intérêt manufacturier l'emporte de beaucoup sur l'intérêt agricole, des efforts intelligents et énergiques ont été faits dans beaucoup de localités pour améliorer le sol par les drainages et les engrais. Dans d'autres, le manque de capitaux et la prépondérance d'autres intérêts industriels ont été la cause de quelques plaintes qui se sont élevées au sujet de l'épuisement du sol. Les excréments des animaux, recueillis tant dans les fermes que dans les bourgs et les villes, sont utilisés, et dans beaucoup de cas, on les transporte, par eau ou sur rails, à des centaines de kilomètres.

« Dans les États du Centre (New-York, New-Jersey, Pensylvanie et Delaware), la culture est une carrière plus indépendante, et, par suite, l'on s'y adonne plus méthodiquement. On se sert des engrais domestiques, aussi bien que de la chaux, des engrais de poissons et des herbes de mer. Le trèfle est employé comme engrais souterrain pour rendre la fertilité au sol. Le drainage et autres procédés d'amélioration sont également pratiqués sur une grande échelle.

« Dans les États atlantiques du Sud, l'introduction des nouvelles conditions de production, conséquences de l'abolition de l'esclavage, a forcé les agriculteurs à abandonner leurs vieilles méthodes de culture intensive, pour les remplacer par un système plus rémunérateur. Dans le Maryland, les efforts qu'on a faits dans ce sens paraissent avoir été couronnés de succès, et en Virginie, les progrès sont notables et encourageants.

« Dans les autres États atlantiques et dans les États du Golfe, les matières fertilisantes sont plutôt employées pour hâter la production, que comme système d'amélioration permanente du sol. La tendance des vieux planteurs à ne borner leurs essais qu'à quelques cultures principales résiste encore à la sévère leçon de l'expérience ; il en résulte que le sol ne s'améliore que dans une proportion très-restreinte. On ne recueille pas avec soin les engrais domestiques, et l'emploi du trèfle comme engrais, ainsi que le drainage souterrain, ne sont que peu connus.

« Les États méridionaux du Centre, au sud de la rivière de l'Ohio, ont fait de grands progrès. Au nord de l'Ohio, l'usage des engrais commerciaux et des engrais domestiques est général, aussi bien que le drainage et l'emploi des engrais souterrains. Dans un petit nombre d'États, les vieilles idées prévalent encore, mais ces pays ne sont pas les plus florissants. La tendance générale est d'améliorer le sol d'une manière permanente.

« A l'ouest du Mississipi, la grande étendue de terres vierges qui attendent la culture, et la grande fertilité des nouvelles fermes diminuent tellement la valeur de la production que l'amélioration des sols épuisés est un procédé sans profit. Mais, comme les établissements se multiplient et que la production des terres nouvelles décroît, l'amélioration du sol devient plus praticable.

« Sur la côte du Pacifique, on améliore les terres en les laissant en jachère pendant l'été et en les irriguant. Ce sont là les seuls procédés d'amélioration du sol. Les étés secs ne sont pas favorables à la décomposition des engrais. L'on n'en fait qu'une petite quantité, qui est entièrement absorbée par la culture maraîchère.

« *Modes d'assolement.* — La culture en rotation est plus systématique et plus générale dans les États du Centre et dans quelques comtés de la Nouvelle-Angleterre. Des industries spéciales, telles que les laiteries et les cultures maraîchères à proximité des grandes cités, ne peuvent adopter le système de cultures alternantes, obligées qu'elles sont de répéter souvent les mêmes cultures. Dans ce cas, la fertilité du sol est entretenue par l'application des engrais commerciaux et des engrais domestiques. La culture en rotation est générale dans le Maryland et tend à le devenir dans l'État de Virginie, où l'on répétait exagérément les cultures; dans les autres États atlantiques et dans les États du Golfe, on ne la pratique que fort peu.

« La culture répétée du coton est une manie invétérée, que les leçons de l'expérience ont été impuissantes à guérir. L'on rencontre des terres qui ont été plantées en coton pendant cinquante années consécutives; mais le sol ne supporte une telle culture que dans des cas exceptionnels, lorsque, par exemple, il est fertilisé tous les ans par le limon d'une rivière qui l'inonde.

« Dans les États méridionaux du Centre, la culture en rotation commence à être pratiquée; mais, au nord de l'Ohio, bien qu'il y ait encore des exceptions très-notables, ce système est général. Dans l'Ohio, le sol est inondé chaque année par la Scioto, et, après cinquante ans de culture en grains, rapporte encore de 54 à 90 hectolitres par hectare.

« Dans la plupart des pays à l'ouest du Mississipi et de la côte du Pacifique, le système de rotation n'est que nominal ou tout à fait rudimentaire. Dans l'Orégon, l'on a constaté, après une trentième récolte de blé de printemps d'Australie, un rendement moyen de 23,6 hectolitres par hectare.

« Les systèmes de rotation embrassent généralement une période de 3 à 5 ans. Le maïs est souvent planté au printemps dans un fonds bien fumé. Viennent ensuite l'avoine, le froment et deux récoltes d'herbes. Le froment est traité par les hyperphosphates. Ce mode de rotation est connu sous le nom de rotation de Pensylvanie. C'est un bon spécimen des méthodes orientales (*européennes*). Ce système, quelque peu modifié, se retrouve dans l'Ohio et dans les États qui l'avoisinent. »

Dans l'État de Virginie, un quart environ du pays observe un mode de rotation assez régulier embrassant : 1° les engrais; 2° le froment ou l'avoine ; 3° le trèfle.

Plus loin dans le Sud et dans quelques cas, les planteurs font alternativement une récolte de coton et une autre de grains.

Sur quelques terrains, des cultures spéciales, telles que celles du riz et de la canne à sucre, monopolisent le sol d'année en année.

Dans la Virginie occidentale, dans le Tennessee et le Kentucky, un petit nombre de pays ont adopté avec beaucoup de succès une période de trois années comprenant : le maïs, le petit grain et l'herbe. Le tabac est quelquefois ajouté à cette série comme quatrième culture. Au nord de l'Ohio, les cultivateurs tendent, en quelques endroits, à porter la période à cinq ou six ans. Trois années de culture de trèfle sont suivies par une culture de maïs, et pendant une ou deux années, par une autre culture de petits grains.

Dans l'État d'Indiana, quelques fermiers allemands pratiquent avec succès un système qui consiste à faire trois cultures doubles à la suite, deux de grains, deux de froment et deux de trèfle. Enfin, plus loin dans l'Ouest, il n'existe aucune méthode qui puisse être considérée comme étant d'un usage commun.

VI

CANADA

VI

CANADA

On sait que le Dominion du Canada, ou Confédération canadienne, comprend actuellement toute la partie nord du continent américain, qui s'étend depuis la frontière des États-Unis jusqu'au pôle arctique, à l'exception toutefois de la partie extrême nord-ouest, connue autrefois sous le nom d'Amérique russe, et qui constitue aujourd'hui dans les États-Unis de l'Amérique du Nord le territoire d'Alaska[1].

Cette superficie considérable, que le dernier *Census* évalue, pour 1871, à 9,059,800 kilom. carrés, se répartit ainsi qu'il suit :

SUPERFICIE DU DOMINION (en kilomètres carrés).

DIVISIONS DU TERRITOIRE.		SUPERFICIE totale.
Provinces de . . .	Ontario	279,150
	Québec	500,789
	Nouveau-Brunswick	70,763
	Nouvelle-Écosse (avec l'île du Cap-Breton)	56,283
	Prince-Édouard (île du)	5,439
	Total	912,424
	Manitoba	36,260
	Colombie britannique (avec l'île de Vancouver)	922,040
Territoire de la baie d'Hudson, Labrador, terres de Rupert et du Nord-Ouest, et îles avoisinant le pôle et la baie d'Hudson		7,189,094
	Total général	9,059,818

La Colombie britannique, sur l'océan Pacifique, et le Manitoba (établissements de la Rivière-Rouge, situés près de la frontière américaine de l'État du Minnesota) n'ont été cédés par la Compagnie de la baie d'Hudson que depuis ces dernières années : la Colombie l'a été en 1858, lorsque s'est accentué le mouvement industriel provoqué par la découverte des mines d'or, et le Manitoba en 1870. De ces deux provinces, dont la population totale ne dépasse pas 50,000 habitants, le Manitoba seul paraît appelé à un certain avenir agricole, mais aucun document sérieux ne permet d'en préciser l'importance actuelle. Quant au territoire de la baie d'Hudson et des îles adjacentes, dont l'immense superficie (7 millions de kilomètres carrés) s'étend à l'ouest de Manitoba et à l'est de la Colombie, pour se prolonger ensuite jusqu'au

1. Il faudrait aussi distraire une partie de la côte du Labrador qui dépend administrativement de Terre-Neuve. Mais cette superficie n'a jamais été relevée séparément et a toujours été comprise dans le continent canadien.

pôle, il ne peut en être question lorsqu'il s'agit de statistique agricole. Tout au plus possède-t-on quelques renseignements peu certains sur les produits de la chasse et de la pêche, uniques occupations des 60,000 marchands, chasseurs ou Indiens, qui parcourent ces immenses déserts.

On voit que la civilisation est exclusivement concentrée dans les cinq provinces du sud-est du Dominion qui figurent en tête du tableau précédent, et dont la population, qui s'élève à 3,579,782 habitants, représente environ les 29/30 de celle du Dominion entier. C'est à ces cinq provinces que se rapportent les renseignements agricoles ci-après.

§ 1er. — SUPERFICIE.

Les 912,424 kilomètres carrés qui représentent la superficie de ces cinq provinces se partagent ainsi qu'il suit entre la terre ferme et les eaux :

SUPERFICIE EN 1871 (en kilomètres carrés).

DIVISIONS DU TERRITOIRE.		TERRE FERME.	EAUX intérieures [2].	SUPERFICIE totale.
Provinces continentales [1].	Ontario	263,340	15,810	279,150
	Québec	485,520	15,269	500,789
	Nouveau-Brunswick	70,024	739	70,763
	Nouvelle-Écosse	54,130	2,153	56,283
	Totaux	873,014	33,971	906,985
Ile du Prince-Édouard		5,439	»	5,439
	Totaux généraux	878,453	»	912,424

Quant à la terre ferme, le tableau suivant indique comment elle se répartit entre les terres *aliénées* proprement dites et les terres que nous appellerons *non aliénées*, bien que certaines parties soient louées pour l'exploitation des forêts ou des mines.

SUPERFICIE DES TERRES (en kilomètres carrés).

DIVISIONS DU TERRITOIRE.	TERRES ALIÉNÉES. Territoire agricole : défriché.	non défriché.	Forêts primitives.	TOTAL.	Propriétés bâties.	TERRES non aliénées.	TOTAL général.
Ontario	35,334	29,312	13,777	78,423	3,171	181,746	263,340
Québec	22,816	21,287	26,703	70,806	2,138	412,576	485,520
Nouveau-Brunswick	4,685	10,623	6,507	21,815	430	47,779	70,024
Nouvelle-Écosse	6,508	13,617	6,301	26,429	605	27,096	54,130
Totaux	69,343	74,839	53,291	197,473	6,344	669,197	873,014
Ile du Prince-Édouard	1,780	2,332	»	4,112	179	1,148	5,439

1. Ces provinces représentent, les deux premières, l'ancien Canada (Haut et Bas), et les deux dernières, l'ancienne Acadie.
2. Non compris la superficie de la partie canadienne des eaux frontières des États-Unis (partie du Saint-Laurent et des grands lacs : 70,000 kilomètres carrés).

On voit d'après cela que les terres non aliénées forment plus des trois quarts du territoire total. Mais, tandis qu'à Québec la proportion est de 85 p. 100, elle descend à 50 p. 100 dans la Nouvelle-Écosse, et même à 21 p. 100 dans l'île du Prince-Édouard. Des variations analogues se produisent, mais en sens inverse, dans la proportion du territoire agricole.

Si l'on s'en tient à la première colonne du territoire agricole, c'est-à-dire aux terrains défrichés, on trouve qu'ils se subdivisent, d'après la nature des cultures, conformément aux chiffres ci-après.

On remarquera que dans ce tableau une colonne spéciale est affectée aux superficies ensemencées en froment, tandis que les céréales autres que le froment sont confondues avec les autres cultures; mais cette confusion n'a pas été faite en ce qui concerne la production.

SUPERFICIE DES TERRES DÉFRICHÉES EN 1871 (en hectares).

DIVISIONS DU TERRITOIRE.	TERRITOIRE CULTIVÉ PROPREMENT DIT.				PATURAGES.	JARDINS et VERGERS.	TOTAL.
	Froment.	Pommes de terre.	Autres cultures[1].	TOTAL.			
Ontario	546,350	69,860	1,998,770	2,614,980	835,670	82,800	3,533,450
Québec	97,090	51,270	1,337,360	1,485,720	777,270	18,580	2,281,570
Nouveau-Brunswick	7,550	19,080	284,750	311,380	154,040	3,040	468,460
Nouvelle-Écosse	7,720	21,030	287,310	316,060	329,330	5,440	650,830
Totaux	658,710	161,240	3,908,190	4,728,140	2,096,310	109,860	6,934,310
Ile du Prince-Édouard	9,800	12,400	155,840				178,040
Totaux généraux	668,510	173,640					7,112,350

§ 2. — PRODUCTION.

D'après le *Census* de 1871, la production totale du Canada en céréales se serait élevée à environ 33 millions d'hectolitres, sur lesquels 30 millions proviennent des cinq provinces du Sud-Est. Cette dernière production se décompose ainsi :

PRODUCTION DES CÉRÉALES (en hectolitres).

NATURE DES PRODUCTIONS.	ONTARIO.	QUÉBEC.	NOUVEAU-BRUNSWICK.	NOUVELLE-ÉCOSSE.	PRINCE-ÉDOUARD (Ile du).	TOTAL.
Froment de printemps	2,867,000	748,000	74,000	81,000	97,000	3,867,000
— d'hiver	2,307,300	9,100	500	1,100	450	2,318,450
Orge	3,440,100	606,600	25,400	107,600	64,000	4,243,700
Avoine	8,053,900	5,497,800	1,106,800	797,500	1,136,000	16,592,000
Seigle	199,000	166,000	8,000	12,000	»	385,000
Sarrasin	212,000	609,500	447,000	85,000	27,000	1,380,500
Maïs	1,144,600	219,500	10,500	8,400	800	1,383,800
Totaux	18,223,900	7,856,500	1,672,200	1,092,600	1,325,250	30,170,450

On voit que la province d'Ontario occupe le premier rang, et Québec le second. Ces deux provinces, à elles seules, fournissent les cinq sixièmes de la production

1. Céréales diverses (orge, avoine, seigle, etc.), cultures industrielles, etc., etc.

totale. Au point de vue de l'importance de la production, les diverses céréales se classent ainsi : l'avoine (dont la production est de beaucoup la plus considérable), le froment, l'orge, le maïs, le sarrasin et le seigle.

Le Saint-Laurent et les grands lacs frontières des États-Unis favorisent singulièrement le commerce des céréales. Les provinces d'Ontario et de Québec, qui ont pour débouchés principaux, la première les États-Unis par les grands lacs, la seconde l'Angleterre par le Saint-Laurent, fournissaient, en 1871, un chiffre d'exportation de près de 3 millions d'hectolitres de céréales, dont 1,260,000 de froment. En 1874, la seule exportation du froment s'est élevée à 2,400,000 hectolitres.

Voici, d'après la même source d'information, quelques détails sur un certain nombre d'autres productions :

PRODUCTIONS DIVERSES (en hectolitres ou quintaux métriques).

NATURE DES PRODUCTIONS.		ONTARIO.	QUÉBEC.	NOUVEAU-BRUNSWICK.	NOUVELLE-ÉCOSSE.	PRINCE-ÉDOUARD (Ile du).	TOTAL.
Pommes de terre. . . .	Hec'ol.	6,230,000	6,560,000	2,335,000	2,022,000	1,225,000	18,431,000
Pois	—	2,782,000	800,000	10,300	7,200	300	3,599,800
Fèves	—	39,000	29,000	7,000	5,500	200	80,700
Graines de millet et de trèfle	—	69,000	52,000	3,000	2,900	4,300	131,200
Navets.	—	8,163,000	295,000	219,000	170,000	142,000	8,989,000
Autres racines	—	983,000	216,000	36,000	55,000	1,000	1,291,000
Graines de lin	—	7,500	33,300	1,100	1,000	»	42,900
Pommes	—	1,994,000	149,000	46,000	124,000	»	2,313,000
Autres fruits.	—	88,000	36,700	850	4,600	»	130,150
Foin.	Quint. métr.	18,225,000	12,379,000	3,482,400	4,481,700	690,000	39,258,100
Sucre d'érable	—	25,000	42,000	1,500	600	»	69,100
Tabac	—	1,600	4,800	2	1	280	6,683
Houblon.	—	4,750	2,000	50	50	»	6,850
Chanvre (filasse)	—	4,700	5,100	150	450	120	10,520
Raisins.	—	4,100	350	7	30	»	4,487

Bien qu'en dehors de ces cinq provinces, on récolte des pommes de terre, des pois, des navets et du foin, etc., les chiffres ci-dessus représentent assez fidèlement la production agricole de l'ensemble des États qui forment le Dominion.

BOIS ET FORÊTS.

L'exploitation des bois et forêts constitue la branche la plus importante de l'industrie canadienne et donne lieu à un fort commerce d'exportation. La production totale du Dominion est inconnue, mais on peut évaluer à 6,175,005 stères celle des quatre provinces d'Ontario, de Québec, du Nouveau-Brunswick et de la Nouvelle-Écosse, sans compter le bois de chauffage dont on ne peut évaluer avec précision l'énorme quantité.

PRODUITS DES FORÊTS EN 1871 (en stères).

ESSENCES.	PROVINCES. Ontario.	Québec.	Nouveau-Brunswick.	Nouvelle-Écosse.
Pin blanc ou jaune.	423,000	255,000	9,400	6,800
— rouge.	44,000	9,800	1,400	600
Chêne équarri.	89,000	1,600	300	2,700
Épinette rouge (tamarin).	35,000	114,000	10,400	3,300
Érable et merisier.	2,600	14,000	24,000	14,500
Orme.	51,000	1,400	30	5
Noyer. noir.	3,300	»	»	»
Noyer. tendre.	2,000	700	5	60
Noyer. dur.	4,400	1,000	»	5
Bois de sciage. Pin.	1,140,000	1,000,000	240,000	90,000
Bois de sciage. Autres.	240,000	720,000	700,000	170,000
Autres bois	302,000	297,000	62,600	88,100
Totaux.	2,336,300	2,414,500	1,048,135	376,070

§ 3. — ANIMAUX.

Le *Census* canadien donne les résultats du dénombrement des animaux domestiques pour l'année 1871. On remarquera que ce document distingue les animaux destinés au travail de ceux dont les produits constituent des revenus et qu'on appelle, pour cette raison, *farm stock* ou animaux de rente.

DÉNOMBREMENT DU BÉTAIL.

DIVISIONS DU TERRITOIRE.	ESPÈCE CHEVALINE. ANIMAUX DE TRAVAIL. Chevaux et juments.	ESPÈCE CHEVALINE. ANIMAUX DE TRAVAIL. Poulains et pouliches	ESPÈCE BOVINE. ANIMAUX de travail. Bœufs.	ESPÈCE BOVINE. ANIMAUX DE RENTE. Vaches laitières.	ESPÈCE BOVINE. ANIMAUX DE RENTE. Autres bêtes.	ESPÈCE OVINE. ANIMAUX de rente. Moutons.	ESPÈCE PORCINE. ANIMAUX de rente. Porcs.	TOTAL des animaux de travail.	TOTAL des animaux de rente.
Ontario.	368,585	120,416	47,941	638,759	716,474	1,514,914	874,664	536,942	3,744,811
Québec.	196,339	57,038	48,348	406,542	328,572	1,007,800	234,418	301,725	1,977,332
Nouveau-Brunswick.	36,322	8,464	11,132	83,220	69,335	231,418	65,805	55,918	452,778
Nouvelle-Écosse	41,925	7,654	32,214	122,688	119,065	398,377	54,162	81,798	694,292
Totaux.	643,171	193,572	139,635	1,251,209	1,233,446	3,155,509	1,229,049	976,878	6,869,213
	836,743		2,624,290			3,155,509	1,229,049	7,845,591	
Ile du Prince-Édouard.	25,329		62,984			147,364	52,514	288,191	
Totaux généraux.	862,072		2,687,274			3,302,873	1,281,563	8,133,782	

On a recensé, en outre, dans les quatre premières provinces, 144,791 ruches d'abeilles, dont 94,600 dans la province d'Ontario.

Voici les chiffres de production des principaux produits animaux :

PRODUITS ANIMAUX EN 1871 (en quintaux métriques).

NATURE DES PRODUITS.	ONTARIO.	QUÉBEC.	NOUVEAU-BRUNSWICK.	NOUVELLE-ÉCOSSE.	PRINCE-ÉDOUARD. (Ile du)	TOTAL.
Beurre	150,492	97,157	20,463	28,647	3,920	300,679
Fromage domestique	13,731	2,049	619	3,539	620	20,558
Laine	25,700	11,153	3,204	4,551	»	44,608
Miel	5,008	2,653	380	100	»	8,141

En dehors du fromage fabriqué pour les besoins de la consommation intérieure, qui figure dans ce tableau sous le nom de fromage domestique, il est fabriqué une quantité beaucoup plus considérable de fromages divers, dont la plus grande partie est exportée en Angleterre.

§ 4. — ÉCONOMIE RURALE.

POPULATION AGRICOLE. — ÉTENDUE DES EXPLOITATIONS.

Les documents canadiens ne font pas connaître le nombre des exploitations agricoles, mais ils fournissent quelques détails sur la population qui les occupait en 1871, en indiquant la répartition des travailleurs suivant l'étendue des exploitations. Nous reproduisons ces deux tableaux.

POPULATION AGRICOLE.

DIVISIONS DU TERRITOIRE.	PROPRIÉTAIRES.	FERMIERS.	JOURNALIERS et domestiques.	TOTAL des occupants (*occupiers*).	MÉNAGÈRES ou enfants ne travaillant pas directement	TOTAL.
Ontario	144,212	27,340	706	172,258	56,450	228,708
Québec	109,059	7,895	1,132	118,086	42,555	160,641
Nouveau-Brunswick	29,059	2,034	109	31,202	9,192	40,394
Nouvelle-Écosse	43,830	2,314	172	46,316	3,453	49,769
Totaux	326,160	39,583	2,119	367,862	111,650	479,512

NOMBRE D'OCCUPANTS D'APRÈS L'ÉTENDUE DES EXPLOITATIONS.

DIVISIONS DU TERRITOIRE.	Au-dessous de 4 hectares.	De 4 à 20 hectares.	De 20 à 40 hectares.	De 40 à 80 hectares.	Au-dessus de 80 hectares.
Ontario	19,951	38,882	71,864	33,984	7,574
Québec	10,510	22,379	44,410	30,891	9,896
Nouveau-Brunswick	2,669	6,415	11,888	6,900	3,330
Nouvelle-Écosse	7,148	11,201	13,138	10,401	4,428
Totaux	40,281	78,887	141,300	82,176	25,228
	367,862				

Ces deux tableaux permettent d'assigner définitivement à la province d'Ontario le premier rang dans l'agriculture du Canada ; Québec vient immédiatement après.

A défaut de renseignements directs sur l'étendue des diverses exploitations agricoles, ces mêmes tableaux démontrent que leur étendue moyenne est, pour les quatre provinces réunies, d'environ 30 hectares.

INSTRUMENTS AGRICOLES.

Indépendamment de 1,395,000 voitures légères ou de transport (charrettes, wagons, traîneaux, etc.), l'outillage agricole des cinq provinces comprenait en 1871 :

573,000 charrues et herses ;
63,000 râteaux à cheval ;
45,806 moissonneuses et faucheuses ;
32,342 machines à battre ;
69,147 cribles.

La fabrication des instruments aratoires occupe 2,500 personnes et donne lieu à une production d'une valeur de plus de 13 millions de francs.

INDUSTRIES AGRICOLES DIVERSES.

On peut, en outre, rattacher aux industries agricoles 8,458 fabriques diverses, qui occupaient près de 50,000 ouvriers, dont 35,000 dans les scieries de bois.

En voici la nomenclature :

5,301 moulins à scier le bois ;
2,440 — à farine ;
40 — à broyer le lin ;
353 fromageries ;
193 établissements de salaison de viande ;
131 pelleteries.

C'est dans l'Ontario et dans la province de Québec que se trouve le plus grand nombre de scieries de bois. La production de ces établissements s'est élevée, en 1871, pour les quatre provinces continentales, à plus de 150 millions de francs.

TABLE ALPHABÉTIQUE

TABLE ALPHABÉTIQUE

NOTE IMPORTANTE. — Les chiffres romains indiquent la page de l'Introduction, les chiffres arabes indiquent celle des Tableaux et des Notices agricoles. — La lettre *t* renvoie aux Tableaux, la lettre *n* aux Notices.

Nancy. — Imprimerie Berger-Levrault et Cie.

www.ingramcontent.com/pod-product-compliance
Lightning Source LLC
Chambersburg PA
CBHW070501200326
41519CB00013B/2668
9782012770836